U0331885

中南大学
地球科学
学术文库

丙申 何继善

中南大学地球科学学术文库

中南大学地球科学与信息物理学院　组织编撰

铁氧化物型铜金矿床地质
地球化学特征和矿床成因

张德贤　戴塔根　潘君庆　著

有色金属成矿预测与地质环境监测教育部重点实验室
有色资源与地质灾害探查湖南省重点实验室

联合资助

中南大学出版社
www.csupress.com.cn

·长沙·

内容简介

Introduction

　　铁氧化物型铜金矿床(Iron Oxides Copper-Gold Deposits, 简称 IOCG)是 20 世纪 90 年代提出来的一种矿床类型, 在 2000 年左右已成为了国际地质学界热点之一。铁氧化物型铜金矿床主要分为两个端元, 即磁铁矿为主的矿床(如加拿大 Great Bear 地区, 澳大利亚 Cloncurry 地区)和赤铁矿为主的矿床(如南澳大利亚的 Olympic Dam)。目前, 人们对于铁氧化物型铜金矿床还在不断的认识之中。

　　本书主要对全球不同地区的铁氧化物型铜金矿床地质地球化学特征进行了系统总结, 并以澳大利亚 Cloncurry 地区的 Ernest Henry 矿床这一典型的 IOCG 矿床为例进行了深入的矿物学和矿床学研究。Ernest Henry 矿床中矿体主要赋存于由多成分(角砾、基质和充填物)组成的变火山岩的角砾岩系统中。在 Ernest Henry 矿床中存在着两种类型的角砾岩, 而且在角砾岩特征和矿石品位之间存在明显的相关性。Ernest Henry 矿床中的 Cu – Au 矿化与角砾岩密切相关, 成矿过程包括多期次的热液活动, 至少牵涉到了两种不同的成矿流体(岩浆流体和盆地流体)。早期的 Na – Ca 蚀变在整个 Cloncurry 地区广泛存在, 在 Ernest Henry 矿床中尤为重要, 它被后期的 K – Mn – Fe – (Ba)蚀变和 Cu – Au 矿化所叠加。石英的微量元素特征和阴极发光特征以及钾长石的阴极面扫描也显示了矿物成分和成矿过程的复杂性, 在来自矿体浅部的钾长石中, Na 的含量相对较高, 而钾长石中的 Ba 是通过晚期的碳酸盐带进的。磁铁矿和黄铁矿的微量元素地球化学特征可用于区分矿体和区域无矿化或弱矿化的含矿岩石。高 $w(\text{Mn})/w(\text{Ti})$ 比可用于区分 Ernest Henry 与 Cloncurry 地区其他 IOCG 矿床中的磁铁矿和其他无矿化的富磁铁矿的角砾岩体。在 Ernest Henry 矿床内, 电子探针面扫描表明磁铁矿中元素分布不具有环带性。LA – ICP – MS 结构分析显示磁铁矿中微量元素含量的变化很大，在横穿矿床的样品中可达到 2 ~ 3 个数量级，甚至在一个颗粒之间也有很大的变化。

随着对铁氧化物型铜金（IOCG）矿床认识的不断加深，越来越多的科研工作者开始关注这种类型的矿床。在本专著中，作者展示了一种从宏观到微观对铁氧化物型铜金矿床进行研究的方法，并对全球铁氧化物型铜金矿床的地质地球化学特征进行了系统总结。

本书的相关成果可为矿床学和成因矿物学研究者提供参考，对于开展矿物微区、微量测试手段以及矿床成因研究和勘探均有重要的示范作用，既具理论参考价值，又具实践勘查借鉴作用。

作者简介

张德贤 男,1978 年 4 月生,甘肃武威人。现任中南大学讲师、硕士研究生指导老师,国际矿床地质协会(SGA)会员,经济地质协会(SEG)会员。主要从事矿物微区微量元素地球化学和矿床地质方面的科研和教学工作。1999—2003 年在中南大学地质工程(A)专业学习;2003—2005 年任教于河北交通职业技术学院;2005 年考取中南大学矿物学、岩石学、矿床学专业硕士研究生,于 2007 年提前攻读博士学位;2009 年受国家留学基金委资助赴澳大利亚留学,在澳大利亚 James Cook 大学的 Economic Geology Research Unit(EGRU)学习,并完成博士论文,2011 年获中南大学矿物学、岩石学、矿床学专业博士学位;并于 2012 年任教于中南大学地球科学与信息物理学院地质资源系,同年进入中南大学矿业工程博士后科研流动站深造。先后主持、参与国家级课题(面上基金、深地资源勘查开采专项)、省部级课题和企业横向课题 20 余项;公开发表学术论文 40 余篇,参编教材和著作 2 部;获"钻石奖"、"西南铝"教育奖、"地质教育奖"、中国黄金协会科学技术一等奖和湖南省地质学会优秀奖等多项荣誉。

戴塔根 男,1952 年 8 月生,湖南涟源人。曾任中南大学地球科学与信息物理学院院长、中南大学设计研究院名誉院长,教授、博士生导师、政府特殊津贴获得者。兼任湖南省矿物岩石地球化学学会理事长(兼学术委员会主任委员)、湖南省地质学会副理事长(兼学术委员会主任委员)、湖南省宝玉石协会副会长、湖南省科协委员、湖南省留学归国人员联谊会理事、中国矿物岩石地球化学学会常务理事、中国地质教育协会理事、国际矿床成因协会会员、国家教育部地矿学科教学指导委员会委员。先后完成科研课题 30 多项。获省部级科技进步一等奖和二等奖各 1 项，三等奖 2 项，四等奖 1 项，获厅级奖 5 项。公开发表学术论文 100 多篇，其中 SCI 收录 30 多篇。出版专著和教材《微量元素地球化学及应用》《环境地质学》《勘查学》《C/C＋＋语言教程》《大学专业基础英语》（地矿分册）等 10 余种，主编出版论文集 10 部，计 500 多万字；另编写英文教材 *Applied Geochemistry* 和 *Modern Analytical Technique for Polymetallic Nodules* 等多种。

潘君庆 男，1981 年 5 月生，湖北十堰人。中南大学地球科学和信息物理学院博士研究生，主要从事矿产资源勘查开发、储量评审和国土资源规划等方面的科研工作。1999—2003 年在中南大学地质工程专业本科学习；2003—2006 年在中南大学地质工程专业攻读硕士研究生；2006 年至今在湖南省国土资源厅工作。2012 年考取中南大学国土资源信息工程的博士研究生。先后参与湖南省地质勘查项目、矿产资源储量评审及国土资源规划的管理和研究工作。

总序

中南大学地球科学与信息物理学院具有辉煌的历史、优良的传统与鲜明的特色，在有色金属资源勘查领域享誉海内外。陈国达院士提出的地洼学说(陆内活化)成矿学理论，影响了半个多世纪的大地构造与成矿学研究及找矿勘探实践。何继善院士发明电磁法系统探测方法与装备，获得了巨大的找矿勘探效益。所倡导与践行的地质学与地球物理学、地质方法与物探技术、大比例尺找矿预测与高精度深部探测的密切结合，形成了品牌效应的"中南找矿模式"。

有色金属属于国家重要的战略资源。有色金属成矿地质作用最为复杂，找矿勘查难度最大。正是有色金属资源宝贵性、成矿特殊性与找矿挑战性，铸就了中南大学地球科学发展的辉煌历史，赋予了找矿勘查工作的鲜明特色。六十多年来，中南大学地球科学研究在地质、物探、测绘、探矿工程、地质灾害和地理信息等领域，在陆内活化成矿作用与找矿勘查、地球物理探测技术与装备制造、深部成矿过程模拟与三维预测、复杂地质工程理论与新技术以及地质灾害监测等研究方向，取得了丰硕的研究成果，做出了巨大的科技贡献，产生了广泛的社会影响。当前，中南大学地球科学研究，瞄准国际发展方向和国家重大需求，立足于我国复杂地质背景下资源勘查与环境地质的理论与方法创新研究，致力于多学科联合开展有色金属资源前沿探索与应用研究，保持与提升在中南大学"地质、采矿、选矿、冶金、材料"特色与优势学科链中的地位和作用，已发展成为基础坚实、实力雄厚、特色鲜明、国际知名、国内一流的以有色金属资源为主兼顾油气、岩土、地灾、环境领域的人才培养基地和科学研究中心。

中南大学有色金属成矿预测与地质环境监测教育部重点实验室、有色资源与地质灾害探查湖南省重点实验室，联合资助出版"中南大学地球科学学术文库"，旨在集中反映中南大学地球科学与信息物理学院近年来取得的系列研究成果。所依托的主要研究机构包括：中南大学地质调查研究院、中南大学资源勘查与环境地质研究院和中南大学长沙大地构造研究所。

本书库内容主要涵盖：继承和发展地洼学说与陆内活化成矿学理论所取得的重要研究进展，开发和应用双频激电仪、伪随机和广域电磁法系统所取得的重要研究成果，开拓和利用多元信息找矿预测与隐伏矿大比例尺定位预测所取得的重要找矿成果，探明和研发深部"第二勘查空间"成矿过程模拟与三维定量预测方法所取得的重要研究成果，预警和防治复杂地质工程与矿山地质灾害所取得的重要技术成果。本书库中提出了有色金属资源勘查理论、方法、技术和装备一体化的系统研究成果，展示了多项突破性、范例式、可推广的找矿勘查实例。本书库对于有色金属资源预测、地质矿产勘探、地质环境监测、地质灾害探查以及地质工程预防，特别对于有色金属深部资源从形成规律到分布规律理论与应用研究，具有重要的借鉴作用和参考价值。

感谢中南大学出版社为策划和出版该文库所给予的大力支持。感谢何继善先生热情指导和题词。希望广大读者对本书库专著中存在的不足和错误提出宝贵的意见，使"中南大学地球科学学术文库"更加完善。

是为序。

2016 年 10 月

前言

20 世纪中叶以来，随着全球经济的飞速发展，矿业得到了迅速的发展，矿床成因类型也得到了极大的丰富，如斑岩矿床、矽卡岩矿床、浅成低温热液矿床、造山带型金矿床等。

铁氧化物铜金矿床（Iron Oxides Copper – Gold Deposits，简称 IOCG）是由 Hitzman 于 1992 年提出的，该概念的出现与澳大利亚南澳地区 Olympic Dam 矿床的发现密现相关。近 30 年来，铁氧化物铜金矿床研究已在全球范围内得到了极大的发展，如澳大利亚 Gawler Craton 地区的 Olympic Dam 和 Prominent Hill 与 Cloncurry 地区的 Ernest Henry 和 Eloise 等，加拿大西北地区的 Great Bear 岩浆带和 Yukon 地区的 Wernecke Mountain，瑞典北部的 Luossavaara 和 Kiruna，巴西 Carajás 地区的 Salobo、Critalino、Sossego 和 Alemão，智利的 Candelaria 和 Manto Verde 等矿床。但在中国，铁氧化物铜金矿床研究的发展十分缓慢，在 20 世纪 80 年代，涂光炽先生将 Olympic Dam 认为是超大型矿床的独生子，20 世纪 90 年代有少量作者将中国白云鄂博、云南东川稀矿山与 Olympic Dam 进行了初步的对比研究。到 21 世纪初，陆续开始有了相关书籍的出版，它们提出在中国有可能是铁氧化物铜金矿床的有内蒙古白云鄂博、海南石碌、四川拉拉、新疆老山口和乔夏哈拉、云南大红山和迤纳厂、东川稀矿山 – 滥泥坪矿床。因此，十分有必要开展系统的全球铁氧化物铜金矿床（IOCG）地质地球化学特征和矿床成因的对比研究。

除此之外，电子探针（EMPA）、扫描电镜（SEM）和阴极发光（CL）测试技术的结合已广泛应用于岩石、矿物的鉴定和成岩成矿作用的研究。激光剥蚀耦合等离子体质谱（LA – ICP – MS）的出现，更是极大地推动了矿物学和矿床学向原位、微区、微量的探测方向发展。

基于以上两个原因，本书主要内容包括全球铁氧化物铜金矿床的系统综述，并以澳大利亚 Magnetite-dominated IOCG 矿床 Ernest Henry 为例，应用电子探针（EMPA）和激光剥蚀耦合等离子体质谱（LA – ICP – MS）测试技术调查了该矿床中的黄铁矿和磁铁矿中微量元素的分布以及含量特征，并运用 SEM – CL、EMPA – CL 详细研究了成矿过程中不同期次的石英和长石的阴极发光特征等内容。

本书受国家重点研发计划课题（编号：2017YFC0601503 和 2017YFC0602402）、国家自然科学基金（编号：41672082）和澳大利亚 ARC-XSTRATA LINKAGE PROJECT 共同资助。

限于作者水平，书中定有欠妥之处，敬请专家学者们批评指正。

目录 /

Contents

第1章 绪 论

1.1 引言

自1975年澳大利亚南澳的超大型矿床Olympic Dam Cu – Au – U(– REE)矿床(20亿t矿石,35%铁,1.6%铜,0.06%铀,0.6 g/t金和3.5 g/t银)被发现以来,越来越多的地质学家们(Roberts和Hudson,1983;Scott和Taylor,1987)开始关注富铁氧化物矿床,但其独特的特征又很难将其归为某一种已知矿床类型。随着研究不断深入,根据其显著特征,例如,富氧化铁、大量角砾岩筒控矿、形成于元古宙等,地质学家(Bell,1983;Youles,1984;Hitzman)将奥林匹克坝与美国密苏里西南部的铁矿省(Barton和Johnson,1996;Barton和Johnson,2004)、加拿大Yukong地区的Wernecke山(Corriveau,2005;Corriveau,2007;Corriveau等,2009;Corriveau等,2011;Gillen,2010;Kendrick等,2008)、南澳大利亚Mount Painter地区、中国白云鄂博(Kim等,2005;Xu等,2008;Zhang等,2003)、Sweden Kiruna(Harlov等,2002b;Smith等,2007)等矿床进行了对比。随后,越来越多的地质学家开始对IOCG矿床进行研究(Mortimer等,1988;Mumme等,1988;O'Driscoll,1986;Oreskes和Einaudi,1990;Oreskes和Einaudi,1992;Youles,1984)。Hitzman(1992)第一次提出了IOCG(Iron oxide copper和gold deposit)这个概念以描述这一特定类型矿床的成矿时代、构造、矿物学特征、围岩蚀变等特征(Corriveau,2005;Groves等,2010;Mark等,2006b;Oliver等,2008;Porter,2000a;Porter,2002;Williams等,2005b)。铁氧化物型铜金矿床(IOCG)的提出可以认为是过去40~50年继斑岩铜矿、块状硫化物(包括VMS型和SEDEX型)、浅成低温热液型金矿之后,矿床学研究和勘查的又一个新高潮。尽管Hitzman(1992)当初仅仅将这些矿床限定为元古宙,现在发现这种矿床从太古宙到新生代都有分布,除了上述的主要元素外,在一些矿床中还不同程度地含有钴、银、铋、钼、氟、碲、硒,甚至锡、钨、铅锌和钡等元素(Niiranen等,2005;Niiranen等,2007)。

在中国,IOCG型矿床研究刚刚起步,张兴春等(2003)和王绍伟(2004)曾对这类矿床的国际研究现状进行过初步的介绍。在最近几年,许德如等(2007)初步论述了石碌铁钴铜(金)矿床可能为IOCG型矿床。毛景文等(2008)就IOCG矿床的基本特征、研究现状及找矿勘查方面进行了回顾和总结。聂凤军等人(2008)在对 IOCG 矿床的地质特征、成因机理与找矿模型综述研究后提出中国新疆、云南、安徽、四川和海南等省的一些铁－铜矿床如雅满苏、天湖、老山口、乔夏哈拉、大红山、鹅头厂、拉拉、大小岭和石碌等矿床可能属于 IOCG 矿床范畴。方维萱等人(2009)提出全球铁氧化物型铜金矿床形成了 3 类不同的大陆动力学背景,三种典型的成矿模式为:一是以澳大利亚奥林匹克坝超大型铜－铁－金－铀－稀土元素矿床为代表,形成于元古宙(19～14 亿年前)大陆裂谷盆地热水沉积和后期盆地流体叠加改造;二是南美(以智利为代表)IOCG 矿床形成于洋壳俯冲背景下岛弧造山带,与深部地幔柱上升形成的岛弧造山带中局部拉伸环境密切有关;三是中国云南—四川铁钛铜金氧化物型矿床,先期铁铜金氧化物型矿床形成于中元古代大陆裂谷盆地(无洋壳化),后期与古地幔柱作用有关的深源碱性闪长岩－辉长岩侵位发生高氧化叠加成矿形成了典型的铁钛铜金氧化物型矿床。除此之外,还有一些学者(朱志敏等,2009;李泽琴,2002;聂凤军等,2008;许德如等,2007)就国内一些矿床的地质特征与典型的 IOCG 矿床地质特征进行了对比。

IOCG 矿床的主要特征是:(1)元素组合为 Fe－Cu－Au－Co－U－REE－Ba－F;(2)与铜金矿化有关的母岩主要为含铁的岩石(ironstone)富集;(3)矿床内和矿床周边有广泛的交代作用;(4)高盐度水±碳酸盐流化;(5)矿化温度为高温(氧化物阶段可达 600℃)至中温(硫化物阶段 300～500℃);(6)矿床主要分布于具有大量火山活动的地区,但是也有例外,有一些矿床缺乏与侵入岩间的直接关系;(7)矿床常位于断层和剪切带附近,区域构造上来说常接近于深部断裂、剪切带和线理(Barton 和 Johnson,1996;Corriveau,2005;Corriveau,2007;Hitzman 等,1992;Niiranen 等,2005;Niiranen 等,2007;Oliver 等,2004;Pollard,2001;Williams 等,2001)。对于全球 IOCG 矿床的定义、研究史、大地构造背景、时空分布、围岩蚀变、矿化情况和矿床成因将在第 2 章做进一步的探讨。Hitzman(1992)把 IOCG 矿床划分为两个端元,即以磁铁矿为主的 IOCG 矿床(Magnetite－dominated IOCG deposit)和赤铁矿为主的 IOCG 矿床(Hematite－dominated IOCG deposit),并总结出这两种类型矿床涉及的两种完全互不相关的热液过程(Hitzman,2000b)。铁氧化物和铁硫化物类型的矿化在时间上与不同成矿阶段是重合的,成矿阶段可能跨越 100～10 Ma(Mark 等,2006b)。

Cloncurry 地区位于澳大利亚昆士兰州的西北部,区内发育有一系列元古宙的铁氧化物铜金矿床,从北往南依次分布有 Ernest Henry、Great Australia、Eloise、Mount Elliott、Starra 和 Osborne 等多个铁氧化物铜金矿床(彩图 1),该地区是澳大利亚除 Olympic Dam 之外的又一个重要的铁氧化物铜金成矿省,区内的铁氧化物铜金(IOCG)成矿省具有成矿时长达 100Ma(1600～1500Ma)的成矿热液活动,形成了一系列近 SN 向展布的 IOCG 矿床,同时在区域上广泛发育有大面积的钠钙质蚀变作用以及与主要的 Cu – Au 矿化有关的富 Fe – K 的蚀变叠加。从成矿时代上来看，该区既发育有区域变质作用期间或之前形成的 IOCG 矿床（如 Osberne 矿床），也发育有区域变质作用之后与花岗岩浆侵位有关的 IOCG 矿床（如 Ernest Henry 矿床）。从成矿作用与蚀变关系来看，该区既发育有大量与富铁氧化物有关的 IOCG 矿床，同时也有部分矿床的 Cu – Au 矿化并不出现在富磁铁矿蚀变组合中，而是产于富磁黄铁矿组合中（如 Eloise 矿床），这些矿床与区内同沉积和变质期后成因的以磁铁矿为主的含铁岩石关系紧密（Davidson，1998；Davidson 和 Dixon，1992；Hatton 和 Davidson，2004；Mark 等，2006b；Perring 等，2000a；Perring 等，2001；Pollard，2001；Rotherham，1997）。变质期后形成的含铁岩石在 Cloncurry 地区广泛发育，然而同沉积的含铁岩石却与区内的 Cu – Au 矿床有着重要的时空联系（Davidson，1992；Davidson，1994；Davidson，1998；Davidson 和 Dixon，1992；Hatton 和 Davidson，2004；Mark 等，2006b；Perring 等，2000a；Perring 等，2001）。位于 Cloncurry 地区中的含铁岩石（Ironstone）主要由磁铁矿组成，局部见赤铁矿，还有少量的其他副矿物如石英、斜长石、方柱石、角闪石、磷灰石等。此外，以磁铁矿为主的含铁岩石中发育一系列的岩石类型，通常是由交代和热液充填形成（Mark 等，2006b）。大量的以磁铁矿为主的含铁岩石广泛分布于 Williams 和 Naraku 岩基富钾侵入岩的外围，具有直接的岩浆成因（Perring 等，2001），而且在后期侵入岩演化过程中产生或脱溶出了大量的含 Fe、Cu 和 Ba 的超盐岩流体（Perring 等，2000a）。区内广泛发育的含铁岩石与 Cu – Au 矿化之间是否有直接或者间接的成因联系一直争议不断，是否同时形成对于区分研究区内矿化和无矿化的岩石有着重要的成因指示作用（Oliver 等，2004）。

此次研究工作受澳大利亚 ARC（Australia Research Center）与 Xstrata 公司的项目资金资助，工作内容为研究 Cloncurry 地区含铁岩石中磁铁矿的来源，通过该项研究来区分无矿与含矿的含铁岩石。本项目主要以 Ernest Henry 矿床为典型代表，以 Ernest Henry IOCG 矿床的物理化学特征和磁铁矿中微量元素作为主要研究对象，并与区域中的含铁岩石作了简单的对比。除此之外，本次研究还对 Ernest Henry 的其他矿物，如石英、钾长石进行了详细研究。

1.2 目标和任务

本书的研究目标和任务在于：

（1）认识和调查 Ernest Henry 铁氧化物型铜金矿床的流体演化过程。

（2）认识含铁岩石在 Ernest Henry IOCG 矿床成矿过程中的作用，进一步认识其在整个 Cloncurry 地区的区域成矿作用以及对于全球以磁铁矿为主的 IOCG 矿床的成矿作用。

（3）测定无矿化或弱矿化含铁岩石（包括部分区域含铁岩石甚至全球 IOCG 矿床中不同类型矿床中的含铁岩石）中磁铁矿和硫化物中的微量元素，并与与矿化有关的含铁岩石（主要以 Ernest Henry IOCG 矿床作为典型代表）进行对比，从而认识磁铁矿和微量元素的地球化学性质，进一步区分不同磁铁矿和硫化物类型的地球化学信息，以及不同类型的磁铁矿和硫化物的来源，并寻找磁铁矿和硫化物微量元素中有鉴别意义的元素及元素组合。

（4）识别重要的硫化物＋磁铁矿蚀变共生组合中磁铁矿的蚀变信息与矿化之间的时空关系。

（5）分析单矿物如磁铁矿、赤铁矿、黄铁矿、黄铜矿、长石和石英的微量元素；查定 Ernest Henry IOCG 矿床成矿流体的地球化学性质和与 Cu－Au 矿化有关的物理化学条件。

（6）提取 Cloncurry 地区铁氧化物和硫化物微量元素示踪指标体系，建立 Ernest Henry IOCG 矿床成因模型，并应用于 IOCG 矿床的找矿勘查工作。

1.3 研究方法

本研究野外工作主要通过对 Ernest Henry IOCG 矿床 8 个钻孔中的蚀变变化及矿化情况进行重新编录，进而认识 Ernest Henry 矿床这一大型的热液系统，另外，对于本区内的一些靶区如 Mount Pit 和其他如 Osborne、Starra、Mount Elloit 等 IOCG 矿床亦进行了调查取样。重点是研究 Ernest Henry IOCG 矿床这一热液系统，在野外工作中对 Ernest Henry IOCG 矿床中 8 个钻孔（EH438，EH501，EH545，EH554，EH569，EH665，EH690 和 EH691）约 13000 m 岩芯进行了详细的重新编录，编录内容包括对不同期次矿物共生组合、矿化、蚀变、岩性变化、脉的发育程度等进行了详细记录和分析，并对约 10000 m 的岩心进行了每隔两米的（取样间隔）磁性测量（使用 portable magnetic susceptibility meter 进行测量），并对约 13000 m 钻孔岩芯中每两米内黄铜矿脉的发育程度、第二世代磁铁矿（second generation magnetite，简称 SGBX）的分布情况进行了记录，除此之外，对于岩石的物理组成按照角砾、细粒钾长石、充填基质的百分比进行了详细编录。在 Ernest Henry 矿床共采集了 185 块钻孔岩芯用于后续的研究，其中 78 块被磨制成薄片（厚约 30 μm）及光薄片（厚约 150 μm），其中前者主要用于偏光显微镜下的岩矿鉴定，而后者主要用于激光剥蚀等离子质谱分析（LA－ICP－MS）、扫描电镜耦合阴极发光（SEM－CL）、电子探针（EMPA）元素分析、面扫描分析和 XCL 的分析。

本次研究中涉及的重要实验主要包括应用 LA－ICP－MS 进行铁氧化物和铁硫化物的微量元素分析、石英的阴极发光研究（SEM－CL）和电子探针分析。电子探针分析包括三部分内容，一是对磁铁矿和硫化物进行点分析，分析结果与 LA

-ICP-MS 分析进行对比，确定分析方法和分析精度；二是对部分磁铁矿和硫化物进行元素面分析；三是应用 EMPA 耦合阴极发光（EMPA-XCL）对钾长石进行元素面分析。具体的研究方法和实验方法见第 2 章、第 3 章、第 4 章、第 6 章相关小节。

1.3.1　普通光学显微镜鉴定

在 James Cook University（简称 JCU）的 Economic Geology Research Unit（简称 EGRU），我们主要使用两台 Leica 偏光显微镜，它可以用于所有基础的偏光显微镜检查工作如岩石学、矿物学、构造地质学（微观地质构造形貌特征的研究）。一套 Leica 应用套装（Leica application suite，简称 LAS）的软件和一个数码相机（也是这个集成系统的一部分），可以自动创建，微观环境的图像并在 LAS 软件中设定正确的比例尺，用这套偏反光显微镜可以获取自己想要的相关信息。

此次研究中，我们从 Ernest Henry IOCG 矿床的 8 个钻孔中采集了 224 块岩芯样品，其中 111 块被送去制成薄片和光薄片。本次研究过程中还对样品做了两次详细描述，一次是在野外对钻孔编录过程的详细研究和推测，另一次是在送样前对样品的再一次检查和描述。本次研究中我们共磨制了 78 块光薄片（150 μm）和 73 块薄片（30 μm），所有的样品磨制好后都进行了详细的镜下观察。其中薄片主要用于详细的岩石学研究，如矿物生成顺序、不同生成阶段矿物共生组合、矿床中存在的蚀变以及矿化情况等。而光薄片则主要用于 LA-ICP-MS、SEM-CL、EMPA 点分析、EMPA 面分析和 EMPA-XCL 分析。

1.3.2　激光剥蚀等离子质谱仪

在 AAC 的 ICP-MS 系统是 GeoLas 200 准分子激光剥蚀系统。一个短波长（193 nm）的激光设备和一系列的固体材料与 ICP-MS 耦合，激光中设备采样的光斑尺寸大小为 5~160 μm。剥蚀的材料通过 ICP-MS 进行分析，既可以进行原位分析，也可以进行同位素的微分析。相对于"大体积"样品分析，即便是非常小的区域（比如单个矿物颗粒）也可以直接在固体材料上进行分析。

ICP-MS 是一项快速而且灵敏的测试手段，主要用于多元素分析。样品可以通过溶液或激光剥蚀进入到质谱，在质谱里将元素转化为离子，由于这些离子具有不同的光谱和价态，用一个质谱仪即可将他们区分开来。其本质是通过过滤让具有特定光谱和价比率的阳离子通过探测器。尽管仪器的测量是连续的（每次一个光谱/价），但是它不能太快，否则将会导致后续的过程中有一个"同步"获取的优先性。

在 AAC 目前有两台 Varian ICP-MS 820 series 仪器，其中一台用于分析"轻矿物"，如石英、长石、磷灰石、独居石等。另一台用于分析"重矿物"或者"脏矿物"，如磁铁矿、黄铁矿、黄铜矿等。这两台仪器都可以采用溶液样品或激光剥蚀的固体分析。

ICP - MS 提供了元素周期表中大部分元素的定量分析，尤其是微量元素或超微量元素(相当于百万分之一到十亿分之一的含量)分析。值得注意的是，周期表中的有一些元素可能会产生负离子，不能用 ICP - MS 进行分析。ICP - MS 主要用于测定不同类型的材料中的元素组成。

用 ICP - MS 测量的样品可以通过溶液引入，也可以通过激光引入(固相)。激光剥蚀的材料通常是安装在环氧树脂做的一个玻璃片上或者直接通过切制薄片或光薄片进行。对于不同的材料，光薄片的厚度要根据剥蚀速率决定。

在本次研究中，我们在 JCU 的 Advanced Analysis Center(简称 AAC)用四极质谱仪分析了约 250 个单个的磁铁矿和一些黄铁矿、黄铜矿颗粒。采样点的大小为 32 ~ 60 μm。激光频率为 10 Hz，激光束能量维持在 6 J/cm²，每个点上测 65 s，其中包括 30 s 的背景值测量(关闭激光)和 35 s 的分析信号采集。用 NIST SRM610 和 SRM612 作为分析磁铁矿(少量赤铁矿)的内标，用 MASS - 1 作为硫化物(如黄铁矿、黄铜矿等)的内标。外标统一用 Fe。数据处理方法详见第 6 章。

1.3.3 电子探针分析

电子探针结合了扫描电子显微镜(高放大率、高分辨率图像)和微米级的元素分析，和 SEM 一样，当电子束在样品表面扫描时，电子束与材料中的原子反应产生一系列可测量的效应，和样品产生 X 射线的影响信息一样，通过测量这些 X 射线的能量或者波长就可以确定所出现的元素，对比 X 射线的强度和已知成分的标准就可以获得准确的数据。

在 JCU 的 AAC 实验中心，我们用一台 Jeol JXA8200 "Superprobe"并加载了：

(1)5 个波段的波谱(5 wavelength dispersive spectrometers，简称 WDS)。

(2)能谱(energy dispersive spectrometer，简称 EDS)。

(3)钨和 LAB6 的电子枪。

(4)背射电子图像(backscatter electron imaging，简称 BEI)。

(5)二次电子图像(secondary electron imaging，简称 SEI)。

(6)阴极发光 - 波长光谱系统，即 cathodoluminescence(CL)- wavelength spectrometer system。

(7)高速、高分辨率、大的载物台。

EMPA 可以用于许多研究领域，主要是用于微米级的化学分析(如单个颗粒或小范围分析)。上述仪器目前可以进行大小在 1 ~ 3 μm 周期表中从 B 到 U 元素的分析。除此单个点分析以外，还可以进行线扫描(如黄铁矿、石榴子石，从矿物的中心到核部)或元素面扫描(如石英、磷灰石、锆石、长石)。在后面的分析中，通过格子状的分析元素的空间分布形式将会被显示在图像上。

有一些样品,受到电子束轰击时能产生可见光,这就是阴极发光现象(cathodoluminescence, CL)。CL 的变化通常是由化学成分变化或者结构变形所致,因此可以用于区分不同期次的矿物。在 AAC、EMPA 加载了一台 XCLent 波谱,它可以产生 CL 图像,该图像可以显示 CL 强度沿着真实光波波长变化的空间分布。

和 SEM 一样,用于 EMPA 的样品需要处在比较稳定的真空条件下,如果不能导电,还需要进行镀膜(一般情况下用碳膜,少数情况下镀金)。对于定量分析,通常需要将样品安装在一个平整的抛光了的平面(抛光的薄片或者树脂支架)之上。

本次研究中,我们在 JCU 的 AAC 进行了电子探针分析(electron microprobe analyses 简称 EMPA),具体工作包括(1)铁氧化物(磁铁矿和赤铁矿)的 EMPA 点分析。用于和 LA – ICP – MS 数据对比以确定分析的精度和正确性;(2)EMPA 面扫描分析。对 Fe 氧化物(主要是磁铁矿)和铁硫化物(黄铁矿和部分黄铜矿)进行分析,用于查定磁铁矿和硫化物中微量元素的空间分布;(3)EMPA – XCL 面扫描分析。主要是用于调查钾长石中微量元素的分布情况。分析中我们采用的波长在 $1 \sim 5\ \mu m$,加速电压为 20kV,停留时间为 100 ms。元素面扫描中所设定的元素有 Mg、Al、Ti、V、Mn、S、Fe 和 Cu。图像的尺寸大小在 $100 \sim 500\ \mu m$。

1.3.4 扫描电镜分析

扫描电镜(scanning electron microscope, SEM)可以获得样品表面高放大率、高分辨率的图像。当高能电子束在样品表面扫描时,电了束与样品表面反应产生一系列可测的效应,包括表面特征(形态/形貌)、平均化学组成(平均原子序数对比)和阴极发光(CL,产生可见光),和普通显微镜相比,SEM 具有高放大率和比较高的视场深度。

在 JCU 的 AAC 中心,我们用的是一台 Jeol JSM5410LV 型的 SEM。这台仪器装有钨枪(电子来源)、二次电子图像(SEI)、背射电子(BEI)和阴极发光(CL)。仪器可以在高真空和低真空两种模式下工作。

在研究工作中,SEM 主要用于获得放大率较高的图像。即使在低放大率时,其视场深度也优于普通的光学显微镜。SEM 可以用于分析很多材料。分析时,所需要考虑的因素主要有:

(1)样品大小。样品室和载物台限制了样品的实际尺寸。

(2)真空条件下的稳定性。潮湿或柔软的样品在真空条件下不稳定,这种样品需要在分析前处理使其稳定。

(3)导电性。如果样品本身不导电,需要对其镀膜。

1.3.5 阴极发光

阴极发光(Cathodoluminscence,简称 CL)是一种研究矿物微结构的有效的方法,这些微结构在普通的光学显微镜下通常是不可见的(Bernet 和 Bassett,2005;Götze,2009;Götze 和 Lewis,1994;Götze 和 plötze,1997;Marshall,1988;Muller 和 Welch,2009;Peng 等,2010;Rusk 和 Reed,2002;Rusk 等,2008;Zhang 等,2011;Zhang 和 Dun,1989)。而且,CL 还有助于建立矿物和岩石中矿物共生组合和矿物共生顺序,以及研究环带构造、继承核、裂隙愈合、溶解和蚀变信息。扫描电镜 – 阴极发光(即 scanning electron microscopy-cathodoluminscence,简称 SEM – CL)与传统的 CL 相比,具备了一系列的优势,包括(1)高分辨率(直到单个的微米级);(2)在低的微量元素含量时,探测微小变化的能力强(μg/g 范围)(Dennen,1964;Dennen,1966;Dennen,1967;Götze,2009;Götze 和 Lewis,1994;Götze 等,2004;Götze 等,2001a;Jung,1992;Kurosawa 等,2003;Larsen 等,2009;Muller 和 Welch,2009;Muller 等,2003a);(3)结合其他微分析的能力强,如与背射电子(BSE)、二次电子(SEI)、能谱(EDS)结合。结合日常的 CL 观察和 SEM 有利于解释石英中特征的生长结构,这种生长结构是由石英中含量很低的微量元素所导致的。SEM – CL 还有很多的应用,如示踪碎屑沉积物的来源等。SEM – CL 能够对石英的研究提供很好的解释。对于岩浆岩和热液样品中石英的岩石学和矿物共生研究,SEM – CL 能够提供清晰的高分辨率的岩石学解释。

阴极发光显微镜技术是在普通显微镜技术基础上发展起来的,是研究岩石矿物组分特征的快速简便的分析手段。该方法在快速准确判别沉积岩中石英碎屑的成因和方解石胶结物的生长组构、鉴定自生长石和自生石英以及描述胶结过程等方面得到了广泛的应用。通过对砂岩的阴极射线致发光的观察和研究,可以深入了解了砂岩的原始孔隙度和渗透率,并且获得一系列有关蚀变源区地质体的组成、产状、成因的信息。阴极发光的原理是电子束轰击到样品上,激发样品中发光物质产生荧光。实验证明,阴极射线致发光现象多是由于矿物中含杂质元素或微量元素(激活剂),或者是矿物晶格内有结构缺陷引起的。矿物内的激活剂包括金属元素以及过渡金属元素,与激活剂相对应,能抑制矿物发光的物质叫碎灭剂,如 Co^{2+}、Ni^{2+}、Fe^{2+}、Ti^{4+} 等。

自然界中已发现的具有阴极射线致发光的矿物有 200 多种,其中常见矿物有锡石、萤石、白钨矿、方解石、尖晶石、独居石、磷灰石、长石、石英、辉石、橄榄石、云母、独居石等。目前,阴极发光显微镜技术已成为沉积学及石油地质学研究的一种常规手段,在对石英和方解石的发光特征研究领域形成了一套系统的理论,在沉积成岩型矿床和石英脉型金矿床研究中得到了广泛的应用。

石英中荧光的激发是由微量元素、结构中的缺陷以及两者之间的相互作用造成的。例如，蓝色发光被归因为 Al^{3+} 替代了 Si^{4+} 以及 Ti^{4+}。石英的阴极致发光颜色与岩石的形成环境密切相关。发蓝紫色光的石英，包括红紫、蓝紫和蓝色的石英与火山岩、深成岩以及快速冷却的接触变质岩的环境有关。棕色发光，包括红棕、深棕和浅棕色的石英与冷却缓慢的低级和高级变质岩相联系。

碎屑岩中的石英由陆源颗粒石英和胶结物石英（即自生的晶体和次生加大边）组成，通过阴极发光的观察是极易鉴定的，因为两者的阴极发光特性常有较大的差异。因此，碎屑岩的胶结作用和孔隙率演化的研究通常大量地依靠阴极发光，而且砂岩中孔隙度降低的数值可以用阴极发光来定量测量。普通的光学显微镜和扫描电镜技术对辨别不同形态的颗粒边界及某些情况下辨别颗粒和胶结物都无能为力，只有阴极发光能揭示出胶结的石英颗粒的碎屑形状，并可观察到次生加大胶结、多期胶结、破裂愈合胶结、压溶嵌合式胶结等现象，对石英的次生加大级别的强弱、石英的溶蚀程度的强弱也极易做出判断。

碳酸盐类矿物如方解石和白云石特别适合于用阴极发光来研究，因为这一类矿物都能发光。由于碳酸盐矿物是砂岩中最常见的孔隙充填胶结物，它们一般会含有多个阶段的矿物生长世代，而且容易发生重结晶作用和蚀变作用。阴极发光能比其他技术更快、更成功地鉴定出成岩成矿作用事件的序列，具有不同的阴极发光颜色环带的方解石胶结物可以被用来指示成岩孔隙水物理化学条件随时间的变化，能使我们推断出成岩过程中矿物的替代与否。此外，阴极发光能够"看穿"重结晶作用前的原岩结构，它是测定碳酸盐的蚀变历史和成矿序列的唯一切实可行的方法。

阴极发光是一种光学和电子现象的结合，当电子束与发光材料反应时导致了可见光的产生。这种产生的图像可以用于半导体、绝缘体、陶瓷业和一系列自然物质的研究。CL 可以与普通的偏光显微镜和其他传统的分析手段相结合，如 X 衍射（XRD）、电子探针（EMPA）、扫描电镜（SEM）。有很多的矿物具有 CL 特性，如碳元素（金刚石）、硫化物（闪锌矿）、氧化物（方镁石、刚玉）、卤化物（萤石、石盐）、硫酸盐（石膏）、钨酸盐（白钨矿）、磷酸盐（磷灰石）、碳酸盐（方解石、白云石、菱镁矿）和硅酸盐（长石、石英、沸点石、石英、高岭土、锆石）等，通过应用 CL 可以鉴别岩石中不同矿物的组成和分布。除此之外，矿物相中 CL 的形成取决于其成分和形成时的特定条件。这种特征的光谱特征可以用于重建矿物形成过程、蚀变过程和成岩过程。在晶体化学性质和 CL 特征间密切的关系是研究内部结构的基础。

典型的 CL 特征是由晶体中结构缺陷或者微量元素的变化造成的，在地质样品观察中是一项强大的工具，可以用于生长环带、成岩、增生、蚀变和示踪的研究。

在 JCU 的 AAC，有两台 CL 系统，分别安装在 SEM 和 EMPA 上。安装在 SEM

上的是一台单色图像系统（SEM – CL），它主要用一个可伸缩的设备将光反射到一个蓝色灵敏的双碱性光电阴极上（对波长为 310 ~ 650 nm 的光很灵敏）。然后在 SEM – CL 产生黑白图片，在正常电子束扫描过程中获得从低到高的 CL 图像，相对来说，这是一种比较快速的手段。

第二个系统是一个不连续的光谱，安装在 EMPA 上。从内部光学显微镜获得的光通过一个光缆进入到光谱（对波长为 300 ~ 1100nm 的光很灵敏）。所有的光谱可以通过不连续的点扫描或面扫描获得。

1.3.6 手持式磁化率测量仪

本次研究中，我们使用手持式磁化率测量仪（GMS – 2）测量 Ernest Henry IOCG 矿床钻孔中岩芯的磁性。这种测量仪本身的设计就是用于岩石露头、岩石样品和岩芯的磁性测量。岩石的磁性在很大程度上是由矿物的磁性所决定，绝大部分情况下是由磁铁矿所造成的。磁铁矿的磁性取决于几个因素，如磁场强度、化学组成和颗粒大小。在探头位置放置两个相互正交的线圈，探头通常被安放在仪器的顶部。

GMS – 2 的功能是基于电磁感应的。在一个无磁场的环境中，发射机线圈到接收机线圈的电流均为 0，当线圈靠近岩石的时候，一个代表样品中磁化率的电压被传输到接收机，这个电压会被一个固定相的放大器探测到然后整流，再驱使电路在磁化率显示屏上显示。

磁化率用来描述物质的磁性特征，其可通过下面这个矢量方程计算：

$$B = H\mu_0(1 + k)$$

式中：B——物质内的磁感应强度；

　　　H——磁化过程中外部磁场；

　　　μ_0——真空中的透磁率；

　　　K——磁化系数。

对于同位素物质，磁化率是由物质本身和磁场决定的。各向异性的物质其磁化率是一个对称的张量。

在 GMS – 2 中，将要测量的样品放到一个没有磁性或者弱磁性的地方进行测量，这样得到的数值才是原始的磁场强度。基于上面的公式，磁化率是无量纲的。不同的系统之间的换算可参考下面的公式进行。

$$K[SI] = 4\pi k[CGS]$$

技术参数：

灵敏度：1×10^{-5} SI units；

分辨率：1×10^{-5} SI units；

信号频率：760 Hz；

采样速率:10 Hz;

能量来源:两节 1.5 V"AA"电池;

电池使用寿命:连续使用超过 20 小时;

操作温度范围:0~50℃;贮藏:-40~60℃;

湿度:10%~90%(相对湿度)。

岩石和样品的磁性强弱取决于磁铁矿的含量比例。因此,在一定程度上,所测得的磁化率能够代表岩石中磁铁矿的含量。

在本次研究中,我们用该仪器测量了 Ernest Henry IOCG 矿床 8 个钻孔中磁铁矿样品的磁化率,获得了岩芯的平均值以作为测量值,并通过测量值去研究磁铁矿与 Cu - Au 矿化的关系。

1.4 内容提要

本书主要由七章主体组成,其各章节主要内容如下:

第1章 绪论。主要阐述了项目概况、研究目标和任务、研究方法和本书的提纲。

第2章 文献综述部分。可以分为两部分,第一部分是对全球 IOCG 矿床的综述,第二部分则对本书涉及的主要矿物进行综述。其中第一部分包括如下内容:铁氧化物型铜金(IOCG)矿床的定义、元素关联、IOCG 矿床分类、IOCG 矿床的地质特征(如时空分布、构造环境、矿床与岩浆活动的关系、矿床的产状及围岩蚀变)、成矿流体来源及一些典型的 IOCG 成矿带和成矿省(如南美的 Andes belt,瑞典北部的 Kirunna Apatite - magnetite 矿床,巴西的 Carajás 成矿省,澳大利亚南澳地区以赤铁矿为主的 Olympic Dam Cu - U - Au - Ag - REE 矿床和昆士兰州的以磁铁矿为主的 IOCG 矿床,比如 Ernest Henry、Starra、Osborne、Mount Elloit 等以及一些最近报道的 IOCG 矿床)。第二部分主要对本书中涉及的一些重要的矿物的物理化学性质及研究现状进行了简单综述,这些矿物主要包括磁铁矿、金属硫化物(主要为黄铁矿和黄铜矿)、长石和石英。

第3章 方法论部分。这一章主要阐述了本书研究所用到的仪器、设备、分析原理,并简单介绍了样品制备、分析方法。主要包括激光剥蚀等离子质谱仪(LA - ICP - MS)、扫描电镜分析(SEM - CL)、电子探针分析(EMPA)等。

第4章 主要对应用包括激光剥蚀等离子质谱仪(LA - ICP - MS)进行矿物微量元素和 REE 分析的方法进行了论述,这也是本书研究工作的一个重要的创新点。具体内容包括通过应用激光剥蚀等离子体质谱仪(LA - ICP - MS)对两种标准样品(即美国地质调查所提供的用于硫化物测定的标准样品 MASS - 1、美国国家标准技术研究院人工合成硅酸盐玻璃标准样品 NIST)、铁氧化物和硫化物中的微量元素，以及石英中的微量元素和 REE 的分析，来探讨应用 LA－ICP－MS 对矿物中的微量元素和稀土元素分析的方法。着重于实验过程中影响因素的讨论。讨论了两种测定结果，一是实际矿物测定，二是应用不同的标准样品作为"待测"样品去调查标准样品的自身误差和"待测标准样品"的相对误差（RSD）。在该章最后，讨论了如何选择矿物中必要的分析元素、内标和外标、微束大小以及质谱干扰等问题。

第 5 章　主要讨论 Ernest Henry IOCG 矿床的物理化学特征。本章主要包括三个方面的内容，一是 Ernest Henry IOCG 矿床的区域地质背景；二是 Ernest Henry IOCG 矿床的地质特征，如构造、围岩蚀变、矿化情况、角砾岩与矿化的情况等；三是 Ernest Henry IOCG 矿床的地球化学特征，包括随着钻孔深度增加钻孔中金属的分布情况、磁铁矿和硫化物的微量元素地球化学特征，在本章的最后提出了 Ernest Henry IOCG 矿床的成矿物理化学条件及成矿过程。

第 6 章　本章主要讨论磁铁矿的微量元素地球化学特征。通过对取自不同地质背景如 Cloncurry 地区弱矿化含铁岩石、Ernest Henry 矿床及其周边的靶区（如 Mount Pit 和 Erbus）中含铁岩石中的磁铁矿的微量元素地球化学特征进行研究，来揭示磁铁矿在 IOCG 成矿过程中的作用。

第 7 章　结论部分。本章系统总结了 Ernest Henry 矿床的地质特征、地球化学特征以及本书中所得到的一些关键结论。

第 2 章　全球铁氧化物型铜金(IOCG)矿床地质特征和相关矿物学回顾

2.1　全球铁氧化物型铜金(IOCG)矿床地质特征

2.1.1　发展史、定义和元素关联性

2.1.1.1　发展史

在过去的几十年里,金矿床和其他矿床如斑岩型铜(钼 - 金)矿床、浅成低温稀有金属矿床、矽卡岩矿床、MVT 矿床、VHMS 矿床以及新近出现的由不整合面控制的铀矿床一样(Chen, 2008;Chen, 2011),在大地构造背景、地质特征、主岩、矿化类型、地球化学标识和矿床成因等的认识方面取得了巨大的发展(Barton和 Johnson, 2000;Barton 和 Johnson, 2004;Chen, 2008;Chen, 2011;Corriveau, 2005;Corriveau, 2007;Groves 等, 2010;Hand 等, 2007;Hitzman, 2000b;Hitzman等, 1992;Walshe 和 Cleverley, 2009;Williams 等, 2005b;Williams 等, 2010)。金矿床主要分为浅成低温热液金银矿床、斑岩型铜金矿床、矽卡岩型金矿床、与侵入岩有关的金矿床、与火山岩有关的块状硫化物富金矿床、喷流沉积金矿床以及赋存于绿岩带和变质地体中的同变形的造山带型脉状金矿床。然而,自从 1975年由澳大利亚西部矿业公司在南澳发现了产在复合角砾岩筒中的 Olympic Dam 矿床,地质学家的眼光开始被吸引到这一未知的矿床类型上来(Borrok 等, 1998;Groves 等, 2010;Mortimer 等, 1988;Mudd, 2000;Woodall, 1994)。随着对Olympic Dam 矿床的进一步认识和研究(Mortimer 等, 1988;Mumme 等, 1988;O Driscoll, 1986;Oreskes 和 Einaudi, 1990;Oreskes 和 Einaudi, 1992;Youles, 1984),Hitzman 等人于 1992 年第一次用"铁氧化物铜金(Iron oxide - copper - gold)矿床"这一概念来描述这一类矿床(Hitzman 等, 1992;Torab 和 Lehmann, 2007),因为这一类型的矿床与铁氧化物有着重要的关系,而且包括了一系列不同的矿化类型,是重要的 Cu 和 Au 的来源。

2.1.1.2 定义

铁氧化物型铜金矿床是一系列外成的多金属热液矿床,一般来说在这些矿床中铜和金是主要的勘探对象,矿石中磁铁矿或赤铁矿一般超过 10^8 t(Barton 和 Johnson,1996)。此类矿床通常与同成因或矿床规模相当的、广泛发育的、与主岩有关的 Na、Ca、K、Fe 蚀变紧密相关。Williams 等(2005b)提出了一个基于实践经验的定义,他认为 IOCG 矿床具有如下特征:(1)成矿元素以铜为主,可含也可不含金;(2)矿床主要受构造控制;(3)矿床与大规模的磁铁矿或者赤铁矿有关;(4)矿床中的铁氧化物中 $w(Fe)/w(Ti)$ 值明显高于大部分的岩浆岩和地壳;(5)和侵入岩没有明显的空间分布关系(Carew 等,2006;Chen,2008;Groves 等,2010;Williams 等,2005b)。Corriveau 和 Humid(2009)提出了一些关键的特征用于识别 IOCG 矿床:(1)贫硫,多金属,矿床中磁铁矿或赤铁矿的含量为 15% ~20%(不是简单的铁锈);(2)矿床中的有用元素主要为铜和金,其次为碱金属元素(Cu、Fe、Pb、Ni、Zn)、贵金属元素(Au、Ag、PGE)、稀土元素(REE),以及具有战略价值的元素(Co、Bi、V)和核能元素(U);(3)矿床中的铁氧化物中 $w(Fe)/w(Ti)$ 值明显高于大部分的岩浆岩和地壳中的值;(4)矿床受强烈的构造和地层控制;(5)矿床广泛发育 Na、Fe-Ca、Fe-K 和 Fe 蚀变;(6)矿床与大量的热液-构造角砾岩有关。

2.1.1.3 成矿元素关联性和矿物关联性

首先,在铁氧化物型铜金矿床中,铜和金是主要的矿种。铜和金的品位通常来说相对于斑岩矿床要低[$w(Cu)$ 为 0.5% ~1.5%,$w(Au)$ 为 0.2 ~1 g/t](图2-1、图2-2),但有时亦可较高[$w(Cu)>1.5\%$,$w(Au)>1$ g/t]。铁氧化物在这种类型的矿床中所占比例较大,通常在 15% ~35%,有时可超过 40%。(Hitzman 等,1992;Marschik 和 Fontbote,2001a;Marschik 等,2000;Niiranen,2005;Niiranen 等,2005;Niiranen 等,2007;Oliver 等,2004;Requia 和 Fontbote,2000;Williams 等,2001),铁氧化物是含铁岩石最主要的组成成分。此种类型的矿床除了 Fe、Cu、Au 等成矿相关元素外,有些时候由于含 Ag、Ba、Bi、Co、F、Mo、P、Se、Te、U 及 REE 元素(表2-1)从而提升了其勘探价值,而 As、B、Ni、Sn、W 和 Zn 等这些元素一般在铁氧化物型铜金矿床中含量较低。在一些铁氧化物铜金矿床中,Cu 和 Au 的含量可能仅比当地地壳背景值略高(Goad 等,2000;Niiranen,2005)。与铁氧化物型铜金矿床局部有关的资源主要包括 Nb、P 和 PGE、Mo 和蛭石(Corriveau 等,2009)。

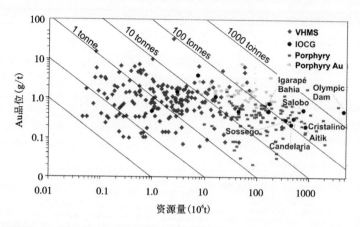

图 2 - 1　VHMS、斑岩铜矿以及 IOCG 矿床中 Au 的品位和规模(据 Williams 等, 2005b)

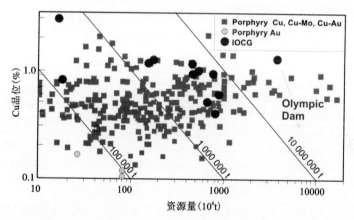

图 2 - 2　斑岩型铜矿、铜钼矿、铜金矿、金矿和铁氧化物型铜金矿床中铜的品位和规模(据 Williams 等, 2005b)

表 2－1　一些典型铁氧化物型铜金矿床资源量和品位(据 Corriveau, 2007)

矿床	国家	资源量[1]	品位	参考文献
Pea Ridge	美国	120 Mt	57% Fe	Gandhi, 2003
Kiruna district	瑞典	3400 Mt	60% Fe(400 Mt)	Gandhi, 2003
NICO	加拿大	42 Mt	0.5 g/t Au,0.1% Co,0.12%Bi	Goad 等, 2000
Bayan Obo	中国	1500 Mt	约35% Fe	Smith 和 Chengyu, 2000
		48～100Mt	6% REE_2O_3	
		1Mt	0.13% Nb	
Phalaborwa	南非	850 Mt	0.5% Cu(+ Au, Ag, PGE, U, Zr, REE, Ni, Se, Te, Bi)	Leroy, 1992
Monakoff	澳大利亚	1 Mt	1.5% Cu, 0.5 g/t Au(Pb, Zn, U)	Williams 和 Skirrow, 2000
Eloise	澳大利亚	3 Mt	5.5% Cu, 1.4 g/t Au(+ Fe, Ni)	Williams 和 Skirrow, 2000
Starra	澳大利亚	7.4 Mt	1.9% Cu, 3.8 g/t Au	Rotherham 等, 1998
Sue Diane	加拿大	17 Mt	0.72% Cu, 2.7 g/t Ag	Goad 等, 2000
Osborne	澳大利亚	15.5 Mt	3.0% Cu,1.05 g/t Au	Gauthier 等, 2001
Ernest Henry	澳大利亚	167 Mt	1.1% Cu, 0.5 g/t Au	Williams 和 Skirrow, 2000
Igarapé Bahia	巴西	170 Mt	1.5% Cu, 0.8 g/t Au	Ronze 等, 2000
Sossego	巴西	355 Mt	1.1% Cu, 0.28 g/t Au	Haynes, 2000
Aitik	瑞典	380 Mt[2]	0.4% Cu, 0.2 g/t Au, 4 g/t Ag	Wanhainen 等, 2003
		226 Mt[3]	0.37% Cu, 0.2 g/t Au, 3 g/t Ag	
		850 Mt		
Candelaria	智利	470 Mt	0.95% Cu,0.22 g/t Au,3.1 g/t Ag	Marschik 等, 2000
Cristalino	巴西	500 Mt	1% Cu, 0.30 g/t Au	Tallarico 等, 2004
Manto Verde	智利	600 Mt	0.5% Cu, 0.1 g/t Ag	Sillitoe, 2003
Salobo	巴西	789 Mt	0.96% Cu, 0.52 g/t Au	Souza 和 Vieira,2000
Olympic Dam	澳大利亚	3810 Mt	1.1% Cu, 0.4 kg/t U_3O_8, 0.5 g/t Au	Western Mining Corp. , 2004
		2000 Mt	0.24% ~0.45% La + Ce; 0.3285% REO	Orris 和 Grauch, 2002

注：[1]：计算储量；[2]：产量；[3]：保有储量。

2.1.1.4　铁氧化物型铜金矿床分类

Gandhi 等(2003；2004a)在世界矿床地球科学数据库中将铁氧化物型铜金矿床进行了划分并命名了六个子类型,且对其地质特征进行了详细阐述,具体见表 2 - 2。

表 2 - 2　岩浆 - 热液铁氧化物型矿床和相关 Cu - Au 矿床的分类及主要特征(Niiranen, 2005)

源区——→近端——→远端

钙碱性岩浆岩有关			
Iron Skarn - type	Kiruna - type	Olympic Dam - type	Cloncurry - type
块状磁铁矿 - 石榴子石 - 辉石	块状磁铁矿 - 磷灰石 - 阳起石	角砾岩筒型(一期或多期)磁铁矿 - 赤铁矿基质	热液脉型,浸染状分布于老的含铁岩石(Ironstone)或铁氧化物中
层状、似层状、透镜体及不规则块状,位于与侵入岩的接触带中	板状、管状、不规则块状及脉状	管状和不规则块状,脉或断层控制	层状、似层状,角砾岩和断层控制
单一金属 Fe 和与 Fe 氧化物有关的铜金矿床	单一金属 Fe 和与 Cu - Fe 氧化有关的斑岩矿床	多金属：Fe、Cu、Au、Ag、REE	多金属：Cu、Au、Ag、Bi,Co、W
蚀变：钠化	蚀变：钠化	蚀变：钾化	蚀变：钾化
Magnitogorsk 矿床,俄罗斯	Kiirunavaara 矿床,瑞典	Olympic Dam 矿床,澳大利亚	Osborne 及 Starra 矿床,澳大利亚

源区——→近端——→远端

碱性碳酸盐岩浆岩有关	
Phalaborwa - type	Bayan Obo - type
在侵入岩体内或者侵入岩体周边	赋存于主岩当中
脉状、层状、浸染状、块状；晚期侵入相	脉状、层状、浸染状、块状、层状、似层状和透镜状
低 Ti 磁铁矿、磷灰石、橄榄石、金云母、碳酸盐、萤石、Cu 硫化物、黄铁矿、PGE、Au、Ag、铀方钍矿、二氧化锆	磁铁矿(取代或已存在)、赤铁矿、氟碳铈矿、金云母、Fe - Ti - Cr - Nb 氧化物、萤石、独居石、碳酸盐
矿石分带；Na、K 蚀变	矿石分带；Na、K 蚀变
Phalaborwa 矿床,南非	白云鄂博矿床,中国

有很多的热液系统符合 Williams 等(2005b)所提出的 IOCG 的定义,有一些铜矿床含有大量的铁氧化物但不包括玢岩型和矽卡岩型的 Cu - Au 矿床,因为其

与岩浆中心有着明显的成因联系。还有一些在 IOCG 地区的铁氧化物矿床和多金属硫化物矿床因缺乏足够的铁氧化物而不属于 IOCG 矿床范畴。直到现在，对于铁氧化物型铜金矿床来说，是否在岩浆结晶时直接提供了铜和其他矿物成分还不是很明确。

铁氧化物型铜金矿床和与其相关的矿床具有不同的地质特征和蚀变类型，它们可能是在矿床形成时不同条件下形成的。根据 Williams 等（2009）最近的研究，对于 IOCG 矿床的分类，目前只是基于描述其对于勘探有影响的地质特征方面。IOCG 及其相关矿床的主要分类有：（a）铁氧化物型矿床，缺乏铜、金和多金属矿化，但其存在于 IOCG 矿床省内，包括含磷灰石的铁矿；（b）铁氧化物型铜金矿床及其相关的矿床，包括不同的铁氧化物富集的多金属矿床和铀矿床；（c）与岩浆岩有关的铁氧化物 ± 铜矿床（图 2 - 3）.

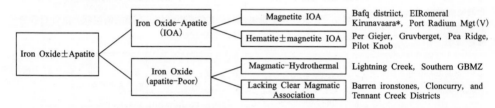

图 2 - 3 IOCG 地体内不包括 IOCG 矿床的铁氧化物磷灰石矿床的分类及其典型矿床（Williams 等，2009）

除此之外，可根据铁氧化物型铜金矿床中出现的主要铁氧化物将其进一步分为以赤铁矿为主、以赤铁矿 + 磁铁矿为主和磁铁矿为主的不同亚类（图 2 - 4），这些不同亚类的矿床包括一系列不同类型的矿床，具有不同的地质特征、分布和围岩蚀变等。

另一种铁氧化物型铜金矿床的分类是基于其主岩（主要是岩浆岩）性质来划分的（图 2 - 5），如：（1）与碳酸盐有关的铁氧化物型铜金矿床；（2）与基性岩有关的铁氧化物型铜金矿床；（3）与中性岩有关的铁氧化物型铜金矿床；（4）与长英质岩有关的铁氧化物型铜金矿床。

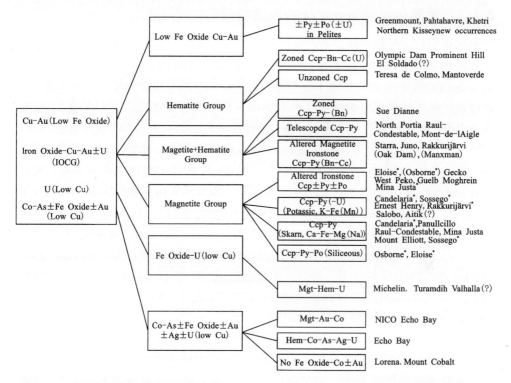

图 2-4　铁氧化物型铜金矿床及其相关矿床的分类和矿床实例。方括号内的实例是无经济意义的矿床,＊代表其不只属于一个类型;(?)表示该矿床归属不清楚(据 Williams,2009)

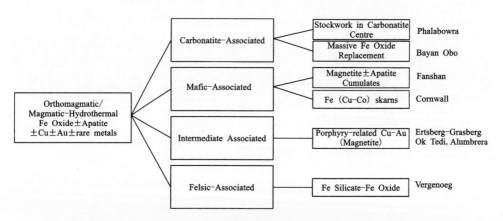

图 2-5　与岩浆岩有关的铁氧化物±磷灰石±铜矿床的分类及实例(据 Williams,2009)

2.1.2 铁氧化物型铜金矿床的地质特征

2.1.2.1 时空分布

从目前的研究和报道来看，IOCG 型矿床在分布时间上从太古宙至新生代均有分布（表 2-4），空间分布上遍布全球（彩图 2），每个地区都包含几个或几十个矿床（表 2-1、表 2-3 和表 2-4）（Corriveau，2007；Williams 等，2005b）。总体来讲，这些地区富氧化铁，而铜、金、钴和稀土元素一般都是副产品。IOCG 矿床一般与富碱热液蚀变（Hitzman，2000b；Hitzman 等，1992；Williams 等，2005b）有关（图 2-3）。目前已知的地球上最早出现 IOCG 矿床的是巴西的 Carajas 地区，形成时代为新太古代，时间为 2.75~2.35Ga（Dreher 等，2008；Requia 和 Fontbote，2000；Tazava 和 Oliveira，2000）。已知的很多 IOCG 矿床主要形成于元古宙，包括南澳大利亚的 Olympic Dam 矿床（Dreher 等，2008；Skirrow 等，2007；Woodall，1994）、澳大利亚昆士兰州的 Cloncurry 地区（亦称之为 Cloncurry 地区）（Oliver 等，2008；Oliver 等，2004；Williams，1998；Williams 等，2005b；Williams 等，2001）、中国的白云鄂博矿床（Smith 和 Chengyu，2000；Wu，2008；Xu 等，2008）、加拿大 Yukon 和 Richardson 地区（Corriveau，2007；Gillen，2010；Kendrick 等，2008）、美国 St. Francois Mountains 地区（Barton 和 Johnson，2000）、瑞典北部 Kiruna 地区（Smith 等，2009b）以及芬兰的 Kolari 和 Misi 地区（Niiranen，2005），这些矿床的形成时代为 1900~1600Ma。迄今仅在伊朗中部发现的 Bafq IOCG 矿集区，成矿时代为 529~515Ma（Torab 等，2007），尽管 Herrington 等（2002）描述俄罗斯乌拉尔南部古生代 Magnitogorsk 超大型矽卡岩铁矿（Jami 等，2007；Torab 和 Lehmann，2007）可能是这类矿床，但尚需要进一步工作来证明。在南美大陆西部边缘智利和秘鲁发育一条与著名的新生代斑岩铜矿带相平行的铁氧化物-铜-金带，前者在靠大陆内侧的东侧，而后者沿大陆边缘分布，成矿时代为 165~112Ma（Sillitoe，2003）。Dow 和 Hitzman（2000）也报道了在阿根廷西北地区的 Salta 省存在 Arizario 和 Lindero 两个中新生代氧化铁-铜-金矿床。Williams 等（2005）提出墨西哥 Duragodiqu 地区的 Cerro de Mercado 矿床、美国犹他州的铁泉矿床和智利的 El Laco 矿床都可能是新生代的氧化铁-铜-金矿床。

表2-3 全球范围内一些主要IOCG矿床的简要特征表(据张兴春,2003修编)

矿床和位置	矿床规模、成矿年龄	赋矿岩石	矿石矿物元素组合	矿化结构、类型	控矿结构
澳大利亚					
Olympic Dam,高勒克拉通	23.2亿t矿石资源,平均Cu 1.3%、U_3O_8 0.04%、Au 0.5 g/t、Ag 2.9 g/t;其中6亿t可采矿石,平均Cu 1.8%、U_3O_8 0.05%、Au 0.5 g/t、Ag 3.6 g/t	Roxby Downs花岗岩体中的含赤铁矿花岗岩、矿化角砾岩	蚀变:主要为绢云母-赤铁矿、次要为绿泥石、硅华、磁酸盐、磁铁矿。金属矿物:黄铜矿、斑铜矿、辉铜矿;自然铜、沥青铀矿、水硅铀矿、钛铀矿、自然金和自然银。	爆破角砾岩、浸染状、脉状	梯列式断层网络、可能的拉张位错带
Eloise,克朗克里地区	320万t可采矿石,平均Cu 5.8%、Au 1.5 g/t、Ag 19 g/t,露采;黑云母、角闪石Ar-Ar法年龄1536~1512 Ma	1.67~1.60 Ga变长石砂岩、云母片岩、角闪岩	①钠长石;②角闪石-黑云母-石英;③绿泥石-白云母-阴起石-磁铁矿-磁黄铁矿-黄铜矿-磁黄铁矿-黄铁矿;伴生元素为Co、Ni、Zn、As、Pb、Bi。	块状硫化物交代	高角度剪切带
欧内斯特-亨利,克朗克里地区	1.67亿t可采矿石,平均Cu 1.1%、Au 0.54 g/t,露采;黑云母Ar-Ar、黑云母Ar-Ar法年龄1510 Ma	1.75~1.73 Ga变质中性火山岩	①钠长石-透辉石-阴起石-磁铁矿;②黑云母-贵橄榄石-钾长石-磁铁矿;③钾长石/钠冰长石-磁铁矿;④黑云母-石英-磁铁矿-黄铜矿-黄铁矿-重晶石荧石;⑤方解石-白云石-石英;伴生元素F、Mn、Co、As、Mo、Ba。	角砾岩、少量脉状	交织倾斜剪切带
Mount Dore,克朗克里地区	2600万t矿石量,平均Cu 1.1%、Ag 5.5 g/t,勘探靶区;1550~1500 Ma	1.67~1.60 Ga炭质片岩	①钾长石-黑云母-白云母-石英-电气石;②白云石-方解石-磷灰石-黄铁矿-黄铜矿;伴生元素为B、F、P、Co、Zn、Au、Pb、U。	脉状和角砾岩状	中等倾斜斜剪断层

续表 2-3

	矿床和位置	矿床规模、成矿年龄	赋矿岩石	矿石矿物元素组合	矿化结构、类型	控矿结构
澳大利亚	Mount Elliott, 克朗克里地区	330万t可采矿石，平均Cu 3.6%、Au 1.8 g/t，坑采；阳起石Ar-Ar法年龄1510±3 Ma	1.67~1.60 Ga炭质片岩、角闪岩、斜长粗面安山岩	①钠长石；②透辉石-阳起石-方柱石；③钙铁榴石-磁铁矿-黄铁矿-黄铜矿；④方解石-磷灰石；伴生元素为F, P, Co, Ni, LREE。	脉状和角砾岩状	高角度到中等倾斜的断层
	奥斯本, 克朗克里地区	1120万t可采矿石，平均Cu 3.51%、Au 1.49 g/t，坑采；黑云母、角闪石Ar-Ar法年龄1545~1535 Ma	1.67~1.60 Ga炭质片麻岩、斜长石-黑云母片岩、磁铁矿-石英铁建造	①钠长石；②黑云母/金云母-石英-磁铁矿；③石英-磁铁矿-黄铁矿-黄铜矿；④白云母-绿泥石-方解石；伴生元素为Co, Mo, W, Hg。	交代体	断层转折部
	Starra, 克朗克里地区	690万t可采矿石，平均Cu 1.65%、Au 4.8 g/t，坑采；黑云母Ar-Ar法1502±3 Ma	约1750 Ma片岩、钙硅酸盐	①钠长石；②黑云母-磁铁矿；③白云母-绿泥石-赤铁矿-方铁矿-斑铜矿；白云母-硬石膏-黄铁矿-黄铜矿-辉铜矿；伴生元素为Co, W	选择性交代	剪切带
	Warrego, 滕南特克里克地区	475万t可采矿石，平均Cu 2%、Au 8 g/t, Bi 0.3%	绿泥石化石英白云母片岩为顶板；西边为Warrego花岗岩	金矿带：磁铁矿-白云母-辉铋矿；铜矿带：黄铜矿-磁铁矿-绿泥石-石英-磁黄铁矿-磁铁矿-Au；铜矿带：黄铜矿-绿泥石-石英-磁黄铁矿(白铁矿)±菱铁矿	细脉状、网脉状	铁建造与石英斑岩相接触，并被底板断层切割
	Gecko K44, 滕南特克里克地区	300万t可采矿石，平均Cu 4.9%、Au 1.2 g/t	赤铁矿砂页岩、杂砂岩、砾岩、区域上有闪长岩	赤铁矿-磁铁矿-绿泥石-石英；黄铜矿-黄铁矿-黄铁矿-Au-白云母	交代、脉状	区域背斜构造上的剪切切的背斜构造汇聚部

续表 2-3

矿床和位置	矿床规模、成矿年龄	赋矿岩石	矿石矿物元素组合	矿化结构、类型	控矿结构
Salobo, 巴西 Carajas 绿岩带	7.89 亿 t 矿石，平均 Cu 0.96%，Au 0.52 g/t, Ag 5.5 g/t，成矿年龄 2.57~1.88 Ga, 伴生 Co, Mo, Ni, REE, U	2.74~2.68 Ga 变杂砂岩、角闪岩、花岗岩、铁建造、镁铁质岩脉和岩床	磁铁矿、斑铜矿、黄铜矿、辉铜矿、少量赤铁矿、辉钼矿、沥青铀矿、蓝辉铜矿、自然金、铁橄榄石、铁闪石、铁黑云母、铁蛇纹石、铁黑硬绿泥石 (蚀变形成?)、石榴石、石英、萤石	角砾岩	强烈韧性–脆性剪切带
Alemao, 巴西 Carajas 绿岩带	1.7 亿 t 矿石，平均 Cu 1.5%, Au 0.8 g/t	2.577 Ga 太古宙变火山沉积岩 (变火山基性岩、铁建造和变沉积碎屑岩)	硫化物矿化磁铁矿角砾岩化绿泥石角砾岩、黄铜矿、菱铁矿、角闪岩、绿泥石、石英、萤石、沥青铀矿、碳酸盐、辉钼矿、电气石、REE; 伴生 Mo, U, Ag, 金和银	角砾岩，蚀变带	变质的沉积岩/火山碎屑岩和火山岩界面
Gameleira, 巴西 Carajas 成矿省	100 Mt 矿石量; 铜矿石品位为: 0.7%; 成矿年龄约为 1734 Ma	镁铁质岩石，云母片岩; 辉长岩及花岗岩	黄铜矿、黄铁矿、辉铜矿、赤铁矿、斑铜矿、磁铁矿	层状，剪切带中的细脉浸染状	—
Alvo 118, 巴西 Carajas 省	70 Mt 矿石; 铜矿石品位为: 1.0%; 金: 0.3 g/t; 成矿年龄约为 1869 Ma	镁铁质火山碎屑岩和火山岩; 英云闪长岩; 流纹岩; 英安岩	磁铁矿、黄铁矿、黄铜矿、斑铜矿	细脉浸染状，角砾状	—
Igarape Bahia, 巴西 Carajas 绿岩带	2900 万 t 可采矿石，平均 Au 2 g/t, 伴生 Mo, U, Ag, Pb	2.35~2.577 Ga 太古代变火山沉积岩 (变火山基性岩、铁建造和变沉积碎屑岩)	氧化带：赤铁矿、石英、过渡带：孔雀石、针铁矿、少量蓝辉铜矿、自然铜、赤铜矿、辉铜矿；硫化带：黄铜矿、斑铜矿、碳酸盐、磁铁矿、少量辉钼矿和黄铁矿；三水铝矿	角砾岩	变质的沉积岩/火山碎屑岩和火山岩界面

(左侧纵向标注：南美洲)

续表 2-3

矿床和位置	矿床规模、成矿年龄	赋矿岩石	矿石矿物元素组合	矿化结构、类型	控矿结构
Sossego, 巴西 Carajas 绿岩带	2.19亿t矿石，平均Cu 2.19%，Au 1.14 g/t，伴生Co、Ni; 2.7 Ga太古宙变火山沉积岩	2.7Ga太古宙变火山沉积岩	—	角砾岩	—
Cristalino, 巴西 Carajas 绿岩带	5~8亿t矿石，平均Cu 1.3%，Au 0.3 g/t，伴生Co、Ni	2.7 Ga太古宙变火山沉积岩	—	网脉状	—
Pojuca, 巴西 Carajas 绿岩带	5800万t矿石，平均Cu 0.9%，伴生Au、Co、Mo、Zn	2.75Ga太古宙变火山沉积岩	—	脉状、蚀变铁建造	—
Candelaria, 智利 Punta del Cobre 地区	4.7亿t可采矿石，平均Cu 0.95%，Au 0.22 g/t，Ag 3.1 g/t; Re-Os 年龄114~115 Ma	大陆火山弧，火山岩和火山碎屑岩（安山岩、英安岩、粉砂岩）	石英、钾长石、钠长石、方柱石、磁铁矿/赤铁矿、黄铜矿、黄铁矿、闪锌矿、辉钼矿、毒砂；伴生元素为As、Mo、Pb、Zn	粗脉、细脉、网脉	NNW和NW向高角度转换断层、NE向高角度脆性断层
Mantos Blancos, 智利	4亿t矿石，平均Cu 1%，伴生Ag; 成矿年龄100~133 Ma	火山岩（粗面岩、安山岩、英安岩、流纹岩和凝灰岩和砂岩、灰岩）	脉石矿物：钠长石、绢云母、绿泥石、石英、碳酸盐矿物 矿石矿物：黄铁矿、方解石、赤铁矿、绿帘石、黄铜矿、斑铜矿、辉铜矿	角砾岩、脉状、浸染状	主要分布在含铁建造和变火山岩接触带，似层状
El Soldado, 智利	2亿t矿石，平均Cu 1.5%	火山岩（粗面岩、安山岩和凝灰岩）	矿石矿物：黄铜矿、辉铜矿、斑铜矿、黄铁矿；脉石矿物：方解石、石英、钠长石、赤铁矿、绿帘石、粘土矿物	细脉状	层状矿化，断层和断层交汇部

南美洲

续表 2 - 3

	矿床和位置	矿床规模、成矿年龄	赋矿岩石	矿石矿物元素组合	矿化结构、类型	控矿结构
南美洲	Manto Verde, 智利	2.5 亿 t 矿石资源，平均 Cu 0.75%；矿化年龄 117~121 Ma	117~121 Ma 安山岩和相关的次火山相闪长岩斑岩	脉石矿物：钾长石、方解石、绿泥石、石英、绢云母、方解石(菱铁矿)；矿石矿物：赤铁矿、胆矾、块铜矾、硅孔雀石、孔雀石、氯铜矿、水锰矿、褐铁矿、局部黄铜矿	热液和构造角砾岩	断层
	Raul - Condestable, 中安第斯地区	资源量及品位不详，成矿年龄为 115 Ma	安山质熔岩，凝灰岩、石灰岩、闪长岩体、英安质斑岩墙	黄铜矿、黄铁矿、赤铁矿、磁铁矿、辉钼矿、方柱石、钠长石、阳起石	网脉状、顺层交代型、细脉浸染状	北西向—北东向断裂
	Eliana, 中安第斯地区	资源量及品位不详，成矿年龄为 114~112 Ma	辉长岩、火山碎屑岩；辉长闪长岩墙	磁铁矿、黄铁矿、黄铜矿、辉钼矿、方柱石、闪长岩	顺层交代型	岩墙
	Monterrosas, 中安第斯地区		辉长岩；辉长闪长岩	磁铁矿、黄铁矿、黄铜矿、辉钼矿、阳起石	细脉状	北西向断裂
	Mina Justa, 中安第斯地区	资源量及品位不详，成矿年龄为 160~154 Ma	安山质辉长岩，安山质火山碎屑岩；安山质斑岩墙，英安质斑岩墙	磁铁矿、黄铁矿、黄铜矿、辉钼矿、阳起石、钾长石、绿泥石、斑铜矿	不规则的似脉状	北东向犁状正断层
	Cobrepampa, 中安第斯地区	—	二长岩 – 闪长岩；二长岩 – 闪长岩体	磁铁矿、黄铜矿、黄铁矿、辉钼矿、斑铜矿、赤铁矿、钾长石、阳起石、榴石	脉状	北西向断层
	Tocopilla, 中安第斯地区	资源量及品位不详，成矿年龄为 165 Ma	花岗闪长岩；镁铁质岩墙	赤铁矿、磁铁矿、黄铜矿、黄铁矿、辉钼矿	细脉状、网脉状	北西向断层

续表2-3

	矿床和位置	矿床规模、成矿年龄	赋矿岩石	矿石矿物元素组合	矿化结构、类型	控矿结构
南美洲	Gatico, 中安第斯地区	—	石英闪长岩-花岗闪长岩;镁铁质岩墙	磁铁矿、黄铁矿、黄铜矿、斑铜矿、辉钼矿、绿泥石	细脉状	北东-北西向断裂
	Julia, 中安第斯地区	资源量及品位不详,成矿年龄为164 Ma	花岗闪长岩;闪长岩-辉长岩岩墙	赤铁矿、磁铁矿、黄铜矿、斑铜矿、黄铁矿、绿泥石、钠长石	细脉状	北北东向断层
	Cerro Negro, 中安第斯地区	资源量及品位不详,成矿年龄115 Ma	安山质熔岩及凝灰岩;闪长岩深成侵入体	斑铜矿、赤铜矿、磁铁矿、黄铜矿、黄铁矿、绢云母、绿帘石	角砾岩筒-顺层交代型	北北东向断层
	El Salado, 中安第斯地区	资源量及品位不详,成矿年龄114~112 Ma	闪长质熔岩;闪长岩岩墙	赤铁矿、磁铁矿、黄铜矿、黄铁矿、斑铜矿、绿泥石	细脉状	北东向断层
	Las Animas, 中安第斯地区	资源量及品位不详,成矿年龄162 Ma	闪长岩;闪长岩侵入体	赤铁矿、磁铁矿、黄铜矿、钾长石、阳起石、绿帘石	细脉状	北西向断层和断裂
	Dulcinea, 中安第斯地区	资源量及品位不详,成矿年龄65~60 Ma	安山质熔岩及凝灰岩;镁铁质岩墙	赤铁矿、磁铁矿、黄铜矿、黄铁矿、绿泥石、绢云母	细脉状	北北西向断层
	Carrizal Alto, 中安第斯地区	资源量及品位不详,成矿年龄150 Ma	闪长岩;镁铁质岩墙	磁铁矿、赤铁矿、黄铜矿、绿泥石、绿帘石、阳起石	细脉状	北东向断层
	Tamaya, 中安第斯地区	—	安山质粗面岩及火山岩,细晶岩	斑铜矿、赤铁矿、磁铁矿、黄铜矿、黄铁矿	细脉状	北北东向断层
	Los Mantos, 中安第斯地区	—	安山质火山岩及沉积岩;二长岩-闪长岩侵入体	赤铁矿、磁铁矿、黄铜矿、黄铁矿、绢云母	细脉状	北北东向断层
	El Espino, 中安第斯地区	资源量及品位不详,成矿年龄108 Ma	安山质火山岩;闪长岩侵入体	赤铁矿、磁铁矿、黄铜矿、黄铁矿、钠长石、绿帘石	细脉状、顺层交代型	南北向断层

续表 2 - 3

	矿床和位置	矿床规模、成矿年龄	赋矿岩石	矿石矿物元素组合	矿化结构类型	控矿结构
南美洲	La Africana, 中安第斯地区	—	闪长岩	赤铁矿，磁铁矿，黄铜矿，黄铁矿，绿泥石	细脉状	北北西向断层
	Panulcillo, 智利	已采 300 万 t 矿石（表生带 Cu 10%，深成硫化带 Cu 3.5%）；新增矿石资源 1040 万 t，平均 Cu 1.45%	火山岩和火山碎屑岩被花岗闪长岩和二长闪长岩侵入	黄铜矿，斑铜矿，黄铁矿，磁黄铁矿，少量闪锌矿，方铅矿，磁铁矿，石榴子石，金云母，钾长石，钠长石，黑云母，方柱石，绿泥石，石英	脉状	透镜状，层状变质火山岩和火山碎屑岩中
	Teresa de Colmo, 智利	0.7 亿 t 矿石资源，平均 Cu 0.8%	中酸性火山岩，火山碎屑岩和砂岩被 112 Ma 花岗闪长岩侵入	① 黄铁矿，黄铜矿，方解石，硅华；② 镜铁矿，黄铜矿，黄铁矿，方解石，硬石膏，孔雀石，少量硅孔雀石和赤铜矿	热液 - 构造角砾岩，脉状	与走滑断层有关的拉张位错带
	Santos, 智利	1900 万 t 矿石资源，平均 Cu 1.7%，含 Au 0.4 g/t，伴生 Ag	—	—	脉状，角砾岩	—
	Minita - Desprecia-da, 智利	300 万 t 矿石资源，平均 Cu 16%，伴生 Mo，U	—	—	脉状	—
西欧	Pahtohavare, 瑞典	115 万 t 矿石资源，平均 Cu 2.1%，Au 0.9 g/t，伴生 Co	古元古代富钠长石片麻岩，石英云母石榴石片岩，石英白云母片岩	主要蚀变矿物：钠长石，方柱石，黑云母，碳酸盐；矿石矿物：黄铁矿，黄铜矿，磁铁矿，自然金	角砾岩	地层和构造控制
	Aitik, 瑞典	3 亿 t 矿石资源，平均 Cu 0.4%，含 Au 0.2 g/t，Ag 4 g/t，伴生 Mo；年采矿石 1800 万 t	富微斜长石岩，云母石榴石片岩，石英二长岩母岩	矿石矿物：黄铁矿，黄铜矿，磁黄铁矿，少量斑铜矿，辉钼矿，孔雀石，局部闪锌矿，方铅矿，毒砂，自然金；脉石矿物：石英，重晶石，方柱石，萤石，方解石，电气石，角闪石，磷灰石，黑云母	浸染状，脉状，角砾岩状	南北向剪切带

表 2－4　典型的 IOCG 矿床的成矿时代（据 Williams 等，2005b）

Age (Ma) Ages of deposits or districts	Referencos
Phanerozoic — Cenozoic / Cretaceous / Jurassic / Triassic / Permian / Carboniferous / Devonian / Silurian / Ordovician / Cambrian	
Candelaria, Punta del Cobre, Raul Condestable 0. 115 Ga Mantoverde 0. 12 Ga	Soo Mathur ot al. , 2002；Sillitoe, 2003 and references therein
Bayan Obo 0. 5 Ga?	Chao et al. , 1997；Smith et al. , 2000
Proterozoic — Neoproterozoic — Later Neoproterozoic / Middle Cryogenian / Early Tonian	
Kwyjibo 0. 98 Ga Lyon Mt. 1. 04 Ga	Gauthier et al. , 2004 Selleck et al. , 2004
Bayan Obo 1. 3-1. 2 Ga?	See Yang et al. , 2003
Ernest Henry ＞1. 51 Ga Olympic Dam 1. 59 Ga Osborne, Wernecke 1. 60 Ga Curnamona~1. 61 Ga Sudbury–Wanapitei area 1. 7 Ga	Mark et al. , 2000 Gauthier et al. , 2001；Thorkelson et al. , 2001b Williams and Skirrow, 2000 Schandl et al. , 1984
Tennant Creek~1.83 Ga Aitik, Sue Dianne, NICO~1.87 Ga Kiruna 1. 89-1. 88 Ga Phalaborwa 2. 06 Ga	See Skirrow, 2000 Gandhi et al. , 2001 Romer et al. , 1994 Harmer, 2000
fgarape Bahia 2. 57 Ga Salobo 2. 58 Ga	Tallarico ea al. , 2004 Requia et al. ,2003

　　在中国，许德如等（2007）初步论述了石碌铁钴铜（金）矿床可能为 IOCG 型矿床。毛景文等（2008）提出长江中下游玢岩型铁矿可能属于 IOCG 矿床的一个分支。聂凤军等人（2008）提出中国新疆、云南、安徽、四川和海南等省的一些铁－铜矿床如雅满苏、天湖、老山口、乔夏哈拉、大红山、鹅头厂、拉拉、大小岭等矿床可能属于 IOCG 矿床，但还需要进一步工作确认。

2. 1. 2. 2　大地构造背景

　　对于 IOCG 矿床的大地构造环境，目前争议较大（Chen, 2011；Gillen, 2010；

Groves 等，2010；Hitzman，2000b；Hitzman 等，1992；Niiranen，2005；Niiranen 等，2005；Niiranen 等，2007；Oliver 等，2008；Sillitoe，2003；Smith 和 Chengyu，2000；Tazava 和 Oliveira，2000；Weihed 等，2005）。一般来说，壳源岩浆弧和弧后盆地最有利于 IOCG 矿床成矿，因为其可导致 A 型花岗岩的产生，已知的 Olympic Dam 处在一个非造山带型的花岗岩套中。Hitzman(2000b) 提出了三种有利于 IOCG 矿床成矿的大地构造环境，即：(1) 陆内造山碰撞(例如：Cloncurry 地区)；(2) 陆内非造山环境(例如：Olympic Dam 和 Pea Ridge)；(3) 沿与俯冲带有关的大陆边缘的伸展构造(例如，南美的 Andes)。Williams 等(2005)提出这类矿床缺乏明确的构造环境控制。Groves 和 Bierlein(2010)反对 Williams 等(2005b)这种提法，他们认为"如果仅考虑前寒武纪大型 – 超大型矿床，就变得非常清楚。这些矿床(包括巴西的 Carajas、澳大利亚的 Olympic Dam、南非的 Palabora)都位于太古宙大陆边缘 100 km 以内或靠近太古宙与元古宙岩石圈接触带附近。所有这些大型 – 超大型矿床在时空上都与克拉通内非造山型花岗岩或 A 型花岗岩有关。这一组合也清楚地揭示出它们与板块俯冲或由地幔柱导致的次大陆岩石圈地幔(subcontinental lithospheric mantle，简称 SCLM)部分重熔等其他构造过程有关，因此构造环境很重要。位于瑞典和芬兰北部的超大型 Kiruna 铁矿及其周围的一系列矿床也有同样的岩石圈环境，在古元古代时期为一个大陆边缘。Weihed 等(2005)提出其地球动力学模型，并强调地幔柱活动与 IOCG 矿床及其铜镍硫化物矿床、层状铅锌矿床、与岩体有关的铜金矿床和浅成低温热液矿床的关系。与此类似，时代比较新的 IOCG 矿床，例如，在安第斯智利北部—秘鲁南部的世界级大型矿集区在时空上也与次碱性花岗岩和碱性花岗岩有关，但其构造环境由与板块俯冲有关的长期活动的平行断裂带内受压扭和盆地反转所支配。在伊朗中部 Tabas 与 Yazdi 前寒武纪地块之间的线形超褶皱带中 Bafq 铁矿集区形成于寒武纪 Kashmar – Kerman 构造带，也明显属于大陆边缘活动带(Torab 和 Lehmann，2007)。

我国长江中下游地区的宁芜—庐枞白垩纪盆地中 128～125 Ma 的 IOCG 铁矿(玢岩铁矿)也是位于中国东部大陆边缘，与同时代中基性 – 碱性火山岩 – 侵入杂岩有关，是白垩纪岩石圈拆沉过程在地壳的响应。白云鄂博矿床属于 IOCG 矿床，它也是位于华北克拉通北部边缘，被认为形成于大陆被动边缘元古宙裂谷内，与之有关的不仅有碱性岩，还有碳酸岩。

对于 IOCG 矿床的大地构造环境目前仍在进一步研究中，最近研究表明 Olympic Dam 的岩浆活动和矿化处于一个完全挤压(造山)状态环境中(Direen 和 Lyons，2007；Groves 等，2010；Hand 等，2007)。Betts(2006；2009；2002；2006) 和 Oliver(2008) 也指出 Cloncurry 地区的 IOCG 矿床与造山岩浆作用的陆内造山作用有关。

2.1.2.3 母岩

铁氧化物型铜金(IOCG)矿床成矿母岩的成分变化很大,可以是岩浆岩(如 Olympic Dam、Candelaria 和 Lightnigh Creek),也可以是沉积岩(如 Bayan Obo、Wernecke Mountains)。对于岩浆岩,其成分可以从基性到酸性(包括火山岩在内),而沉积岩则可以是硅酸岩、碳酸岩(Smith 和 Chengyu,2000;Wu,2008)和含铁岩石(Ironstone)(Mark 等,2001;Mark 等,1999;Mark 等,2006b;Mark 和 Pollard,2006),甚至蒸发岩(Ribeiro 等,2009)。母岩经常受变质作用变成绿片岩相到麻粒岩相(Cartwright 等,1994)。IOCG 矿床中不仅母岩类型不同,而且母岩的组成成分亦不同,母岩成分复杂从另一方面说明了母岩的类型和成分对于 IOCG 矿床的形成不是一个关键的因素。

2.1.2.4 构造

所有的 IOCG 矿床基本都沿着区内的主要构造带分布,而且局部的构造控制导致了矿床中矿体形态的变化(Gillen,2010)。Barton 和 Johnson(2004)认为 IOCG 的矿化很少延伸几公里,但是矿化区内含铁(磁铁矿或者赤铁矿)岩石(Ironstone)则可以延伸数十公里甚至上百公里。局部和整个区域的矿化通常与区内主要构造带(如 Costal Chile、NW Queensland、Northern Sweden)或岩浆岩的分布(如 South Australia、Northern Mexico、SE Missouri)有密切的关系。IOCG 矿床的矿化和蚀变通常沿着断层、剪切带、侵入接触带以及可渗透的水平面分布(表 2-3)。

2.2.1.5 与侵入体的关系

IOCG 矿床的成因包括两种观点,即岩浆流体成矿(Hitzman 等,1992;Pollard,2000)与受岩体加热的盆地流体成矿(Barton 和 Johnson,2000;Barton 和 Johnson,2004;Hitzman,2000b)。两种观点都认为岩体的存在与成矿有着密切的关系,只是岩体贡献的程度和方式不同,即是能源加物质源还是仅仅是能源。

Pollard(2006)总结了从太古宙到中生代全球几个典型的大型 IOCG 矿带或矿集区,包括澳大利亚东 Gawler 克拉通中的 Olympic Dam 和凸山(Prominent Hill)、澳大利亚北部 Cloncurry 地区的 Ernest Henry,巴西 Carajás 地区的 Salobo、Critalino、Sossego、Alemão 和智利的 Candelaria 和 Manto Verde,发现这些矿床在时空上与岩浆岩关系密切。而这些与 IOCG 矿床有关的花岗质岩石大都显示出高钾到橄榄粗安岩的性质,仅巴西的 Salobo 花岗岩为偏铝至微过铝组分,该岩石被描述为由长石、石英、辉石和角闪石组成,缺少碱性矿物(Grainger 等,2008)。单从岩性上来看,与 IOCG 矿床有关的岩石主要为闪长岩、辉石闪长岩和花岗闪长岩,也有花岗岩。尽管花岗质岩石在成分上有一些差别,但都属于磁铁矿系列花岗岩或 I 型花岗岩,与斑岩铜金矿有关的花岗质岩石相类似,具有同样的氧化-还原电位和分异程度。另外,Pollard 等(1998)注意到在同一时间的花岗岩组合中具有镁铁质岩和超镁铁质岩,甚至有些与铜镍硫化物矿化有关。他们认为这些幔源岩浆可能为花岗质岩石在下地壳部分熔融提供了热源。Sillitoe(2003)推测相对基性的岩浆作用有利于解释在一些矿床中具有富 Cu – Au – Co – Ni – As – Mo – U 元素组合的现象。

　　绝大多数 IOCG 矿床在时间和空间上的分布与岩浆活动有关(Hitzman,2000b;Hitzman 等,1992;Pollard,2000;Pollard,2001;Pollard,2006;Williams 等,2011;Williams 和 Pollard,2003),甚至有一些矿床年代学研究表明矿化与某一特定期次的岩浆侵入活动有关,例如澳大利亚昆士兰州的 Cloncurry 地区中的 Ernest Henry 和 Eloise IOCG 矿床(成矿年代分别为 1510 Ma 和 1536 ~ 1512 Ma)与区内 Williams 和 Naraku 岩基几乎同时形成(Mark 等,1999;Mark 等,2006b;Oliver 等,2008;Williams 等,2005b),南澳的 Olympic Dam IOCG 矿床与 Hiltaba 的花岗岩套几乎同时形成(Groves 等,2010;Skirrow 等,2007)。这种联系使得研究者们认为 IOCG 矿床与岩浆活动之间应该存在一个成因上的联系,然而,有一些矿床却不存在这种成因联系,如澳大利亚昆士兰州的 Cloncurry 地区中的 Osborne 矿床与 Williams 和 Naraku 岩基的形成无关,因为其形成年代约为 1595 Ma,早于 Williams 和 Naraku 岩基的形成(Gauthier 等,2001),甚至最近对于 Starra 的成矿年代学研究也表明 IOCG 矿床的形成与岩浆活动无关(Duncan 等,2009;Duncan 和 Taylor,1968;Duncan 等,2006a;Duncan 等,2006b)。IOCG 矿床与岩浆活动之间这种弱关联性表明 IOCG 矿床与岩浆活动之间的关系并不明显。

2.1.2.6　角砾岩

　　铁氧化物型铜金矿床一个最重要的特征就是其形成与具有高渗透性的壳源穹隆有关,因为壳源穹隆有利于形成大量的角砾岩。IOCG 矿床可形成于地壳中不同的深度、不同的构造环境和不同的角砾岩中(图 2 – 6)(Michel,2009)。例如,瑞典北部的 Luossavaara 矿床是一个典型的 Kiruna 类型的矿床,其角砾岩与矿石成分相同,更加验证了矿化角砾岩是矿石的来源(Frietsch,1978;Frietsch,1982;Frietsch,1984;Frietsch 和 Perdahl,1995a;Frietsch 和 Perdahl,1995b)。

　　在加拿大的 Wernecke Mountains IOCG 矿区,有明显的多期次角砾化、蚀变和矿化的证据(Kendrick 等,2008)。大规模元古宙的角砾岩系统由无数的单个角砾岩体组成,它们共同组成了加拿大北部 Yukon 地体内著名的 Wernecke 角砾岩。该角砾岩在空间上与区域性的断裂系统有关,角砾岩沿着已存在的壳体薄弱面和裂隙带充填侵位。该角砾岩切割了早期的元古宙 Wernecke Supergroup 沉积岩,角砾岩存在于约 13 km 厚的变形的弱变质地层中。IOCG ± U ± Co 矿化与角砾岩体有关,主要以脉状或浸染状存在。广泛的钠和钾交代蚀变存在于该角砾岩系统中,并被后期普遍发育的方解石或白云石/铁白云石、局部的菱铁矿所叠加(Hunt 等,2007)。

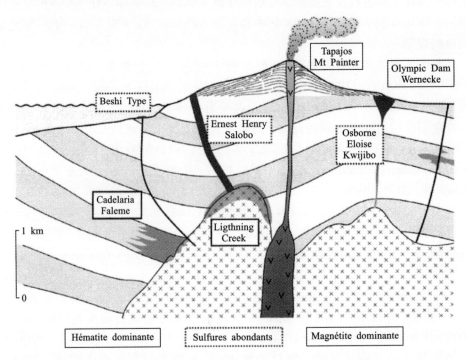

图 2 - 6 IOCG(U)矿床中角砾岩的地质概念模型。深部通常以磁铁矿为主,而表部则以赤铁矿为主(据 Michel, 2009)

流化了的(搬运过的)角砾岩的源岩和搬运区域出露在 Cloncurry 地区 IOCG 矿区的现象,有利于人们去认识其他流化了的岩浆热液角砾岩系统(如金伯利岩)的来源。角砾化过程起始于深部约 10 km,沿着管道向上传输。角砾岩基底定位于接触带,而且在规模上与岩体不一致,这可能意味着角砾岩传输是由于突发的高压流体压力释放所引发。在这个深度上,如此巨大的高压流体可能来源于一个低渗透性阻渗层内的结晶岩浆和流体。在 Ernest Henry IOCG 矿床内角砾岩提供了主要的物质来源,但又与矿体的形成无直接关系(Oliver 等, 2006b; Oliver 等, 2006c)。

角砾岩系统是寻找 IOCG 矿床最重要的一个因素,其组成和几何参数提供了认识不同期次、不同世代的角砾岩进化过程的信息(Michel, 2009)

2.1.2.7 矿化、蚀变及矿物共生组合

IOCG 矿床是一种后生矿床,其矿体形态可以分为断裂脉状、筒状、板状、层状(或 Manto 矿体)和不规则状,形态变化复杂多样,主要受构造形态控制,如断层弯曲和交汇处、剪切带和岩性接触带(Gillen, 2010; Williams 等, 2005b)。与其他矿床相比,IOCG 矿床的最大特点是广泛发育角砾岩筒矿体。例如, Olympic

Dam 的主体矿体就是位于一个巨大的角砾岩筒中(Hitzman 等, 1992); 加拿大育空区的 Wernecke 山地区的主矿体也是受控于角砾岩筒(Bell 等, 1988); 瑞典 Kiruna 地区 40 个铁 - 磷矿床中矿化主要成角砾岩状, 还有层状或层控型(Bertani 等, 2001)。除了角砾岩矿床外, 还有其他类型矿床, 尤其是多个类型矿床复合存在时, 常构成大型矿床。如, 在南美安第斯成矿带中, 正如 Sillitoe(2003)所述, 除了脉状矿体外, 还有局部可见的独立存在的角砾岩筒(例如 Carrilillo de las Bombas, Tersa de Colmo)和矽卡岩矿(例如 San Antonio、Panulcillo 和 Farola 等)。更加广泛出现的是各种类型的复合型矿体, 例如, 除了脉状外, 还有角砾岩筒状、细网脉状, 沿层交代的 Manto 矿体(如超大型 Candelaria - Punta del Cobre 矿床)。

在铁氧化物型铜金矿床中 Fe 氧化物(磁铁矿和赤铁矿)阶段的形成先于铜金矿化。通常铜硫化物的出现代表了主要的 Cu 矿物和黄铁矿, 以及金叠加在早期的铁氧化物之上, 铁硫物化相对于铁氧化物来说, 含量较少(Porter, 2000b)。铀矿化通常出现于富铜的矿化带内, 以天然氧化铀和钛铀矿的形式出现, 与 Cu - Fe 硫化物密切相关(Hitzman 和 Valenta, 2005)。

对于 IOCG 矿床来说, 最重要的一点就是其蚀变类型和蚀变带。在铁氧化物型铜金矿床及其周边一般可见与角砾岩发育有关的明显的、大规模的钠化、钙 - 铁化和钾化热液蚀变(Corriveau 等, 2009)。Hitzman 等(1992)提出 IOCG 矿床的围岩蚀变通常是很强烈的, 具体蚀变类型依赖于围岩的性质和矿化蚀变的深度。但是总体来讲, 蚀变作用在深部为钠质蚀变组合, 在中浅部为钾质蚀变组合, 在浅表为绢云母化和硅化(图 2 - 7)。

在瑞典北部的 Kiruna 矿区的围岩蚀变没有如此明显的分带现象, 但 Smith(2007)还是鉴定出两次钾化和两次钠化交替出现, 钠长石 - 阳起石 - 磁铁矿和黑云母 - 钾长石 - 方柱石是最主要的蚀变类型。一般来讲, 以磁铁矿为主的矿化以钠质蚀变为主, 而以赤铁矿为主的矿化则以钾质蚀变为主。例如, 在澳大利亚新昆士兰的 Cluncorry 地区的 Lightning Creek 矿区, 伴随富铁矿的蚀变是钠长石 - 磁铁矿 - 石英, 还可以见到钠长石呈钾长石的假象及其在磁铁矿脉的周围出现浸染状磁铁矿 - 单斜辉石蚀变(Perring 等, 2000)。加拿大 IOCG 成矿带中的主体蚀变就是磁铁矿 - 磷灰石 - 阳起石组合, 磷灰石和阳起石也是矿体中的主要脉石矿物(Hildebrand, 1986)。澳大利亚昆士兰 Cloncurry 地区的 IOCG 矿床中蚀变最为强烈, 可以作为研究全球 IOCG 蚀变的一个范例(Williams, 2009)。该区内大部分的 IOCG 矿床形成于 1540 ~ 1500 Ma, 与 Williams 和 Naraku 岩基的侵位密切相关, Williams 和 Naraku 岩基主要为富钾的 I 型(A 型)花岗岩, 该区的蚀变以 Na - Ca 蚀变为主。IOCG 矿床主要与中到高温的 K - Fe(- Ba - Mn)硅酸盐 ± 磁铁矿有关, 叠加于早期形成的 Na - Ca 蚀变上, 并被后期的碳酸盐化(主要为方解石)再次叠加, 钾化蚀变和磁铁矿蚀变与斑岩 Cu - Au 矿床很相似, 但是其矿物共生组

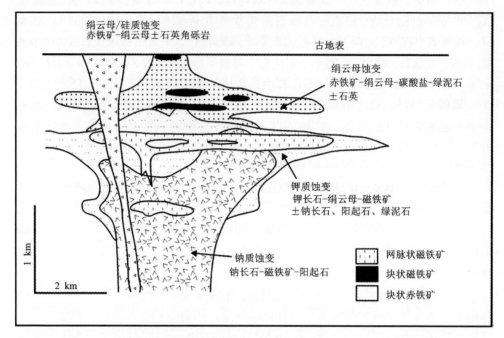

图2-7 IOCG矿床的蚀变分带的示意综合剖面图(据Hitzman等，1992)

合及矿物的地球化学性质是不一样的。

IOCG矿床中最主要的蚀变类型为Ca-Na蚀变、Fe蚀变和K蚀变，表2-5中总结了与之有关的矿物。通常来说，早期的蚀变以Ca-Na蚀变为主，一般分布于区域数公里，以强烈的钠长石化(±斜方辉石，钛铁矿)为主，例如澳大利亚昆士兰州的Cloncurry地区。Skirrow等(2007)提出南澳Olympic Dam矿床附近的蚀变以CAM蚀变组合为主，主要为Ca-硅酸盐(斜方辉石、角闪石、石榴子石、碱性长石、阳起石、磁铁矿、磷灰石和晚期的绿帘石)±Fe-Cu硫化物。富Ca含铁的岩石分布广泛，甚至出现了富Fe的石榴子石-斜方辉石±方柱石的矽卡岩矿物共生组合。在第二期富铁阶段，在东部的Gawler克拉通内出现的矿物共生组合主要包括磁铁矿±黑云母富集，这个阶段被称为"ABS"阶段，即除了硫化物，其他矿物都出现了，包括铁氧化物(磁铁矿和赤铁矿)、铁硅酸盐(绿泥石、角闪石，尤其是铁闪石和富铁钠闪石)，这个时期未见明显的其他矿化。磁铁矿形成于深部高温地区。IOCG矿床中的矿石矿物主要有赤铁矿(镜铁矿、鲕状赤铁矿和假象赤铁矿)、低Ti磁铁矿、斑铜矿、黄铜矿、辉铜矿和黄铁矿。低品位矿石含Ag、Cu、Ni、Co、U和砷化物、钙铀云母、氟碳铈矿、辉铋矿、钛铀矿、铈磷灰石、辉钴矿、铀石、铜蓝、方辉铜矿、磷铝铈矿、斜方砷铁矿、孔雀石、辉钼矿、独居石、沥青铀矿、磁黄铁矿、磺酸盐类、氧化铀、磷钇矿、自然铋、铜、银和金、含 Ag、Bi、Co 的碲化物、蛭石等。脉石矿物主要有钠长石、钾长石、绢云母、碳酸盐、绿泥石、石英、角闪石、辉石、黑云母、磷灰石（富 F 和 REE）。副矿物主要有褐帘石、重晶石、绿帘石、萤石、黑柱石、石榴子石、独居石、钙钛矿、金云母、金红石、方柱石、钛铁矿、电气石，其中角闪石包括富 Fe‐Cl‐Na‐角闪石和富 Al‐角闪石（浅闪石）、阳起石、铁闪石、碱性角闪石，碳酸盐包括方解石、铁白云石、菱铁矿、白云石等。晚期的脉包括萤石、重晶石、菱铁矿、赤铁矿和硫化物。

表 2‐5　铁氧化物型铜金（IOCG）矿床中的主要矿物（据 Corriveau，2007）

矿物	分子式
褐帘石	$Ca(La, Ce)(Fe^{2+}, Mn^{2+})(Al, Fe^{3+})_2[SiO_4][Si_2O_7]O(OH)$
角闪石	$Ca_2(Mg, Fe^{2+})_5Si_8O_{22}(OH, F)_2 - (Na, K)_{0-1}Ca_2(Mg, Fe^{2+}, Fe^{3+}, Al)_5[Si_{6-7}Al_{2-1}O_{22}](OH, F)_2$
磷灰石	$Ca_5(PO_4)_3(OH, F, Cl)$
钙铀云母	$Ca(UO_2)_2(PO_4)_2 \cdot 12(H_2O)$
斜锆石	ZrO_2
重晶石	$Ba(SO_4)$
氟碳铈矿	$(La, Ce, Y)(CO_3)F$
磺酸铋，碲化铋	—
黑云母	$K(Mg, Fe^{2+})_3[AlSi_3O_{10}](OH, F)_2$
辉铋矿	Bi_2S_3
斑铜矿	Cu_5FeS_4
钛铀矿	$(U, Ca, Ce)(Ti, Fe)_2O_6$
铈磷灰石	$Ca_{2.8}Ce_{0.9}Th_{0.6}La_{0.4}Nd_{0.2}Si_{2.7}P_{0.5}O_{12}(OH)_{0.8}F_{0.2}$
碳酸盐	—
硫铜钴镍矿	$CuCo_{1.5}Ni_{0.5}S_4$
辉铜矿	Cu_2S
黄铜矿	$CuFeS_2$
绿泥石	$[Mg_5(Al, Fe)(OH_8(Al, Si)_4O_{10}]Na_{0.5}(Al, Mg)_6(Si, Al)_8O_{18}(OH)_{12} \cdot 5H_2O$
斜方辉石	$(Na, Ca)(Fe^{2+}, Fe^{3+}, Mg)Si_2O_6$
辉钴矿	$CoAsS$

续表 2-5

矿物	分子式
铀石	$U(SiO_4)_{1-x}(OH)_{4x}$
铜蓝	CuS
方辉铜矿	Cu_9S_5
绿帘石	$Ca_2Fe^{3+}_{2.25}Al_{0.75}(SiO_4)_3(OH)$
铁橄榄石	$Fe^{2+}_2(SiO_4)$
磷铝铈矿	$(Ce, La, Nd)Al_3(PO_4)_2(OH)_6$
萤石	CaF_2
石榴子石	$Ca_3Fe_3^{2+}(SiO_4)_3 - Fe_3^{2+}Al_2(SiO_4)_3$
黑柱石	$CaFe_3^{2+}(SiO_4)_2(OH)$
钾长石	$(K, Na)AlSi_8O_8$
斜方砷铁矿	$Fe^{2+}As_2$
铁氧化物	Fe_2O_3
(赤铁矿、假象磁铁矿、低 Ti 磁铁矿、镜铁矿)	
孔雀石	$Cu_2(CO_3)(OH)_2$
辉钼矿	MoS_2
独居石	$(Ce, La, Nd, Th)PO_4$
白云母	$KAl_2(Si_3Al)O_{10}(OH, F)_2$
自然铋，铜，金，银	—
橄榄石	$(Mg, Fe)_2SiO_4$
金云母	$KMg_3(Si_3Al)O_{10}(F, OH)_2$
斜长石(钠长石)	$NaSi_3AlO_8$
黄铁矿	$Fe^{2+}S_2$
磁黄铁矿	$Fe(1-x)S$
石英	(SiO_2)
金红石	TiO_2
方柱石	$(Na, Ca)_4[Al_3Si_9O_{24}]Cl$
绢云母	$[KAl_2(OH)_2(AlSi_3O_{10})]$
硅线石	Al_2SiO_5
碲化银，砷化银，砷化铀	—
钛铁矿	$CaTiSiO_5$
电气石	$Na(Mg, Fe, Mn, Li, Al)_3Al_6[Si_6O_{18}](BO_3)_3(OH, F)_4$
氧化铀	UO_2

续表 2 - 5

矿物	分子式
蛭石	$(Mg, Fe^{2+}, Al)_3(Al, Si)_4O_{10}(OH)_2 \cdot 4H_2O$
磷钇矿	$(Yb, Y)(PO_4)$
锆石	$ZrSiO_4$

2.1.2.8　成矿流体来源

学术上对 IOCG 矿床的形成过程有比较激烈的争论,争论的焦点在于成矿物质是否主要来源于岩浆热液。由于所有 IOCG 矿床与岩浆岩的时空关系非常清楚,绝大多数研究都认同他们之间的成因联系。稳定同位素研究表明 IOCG 矿床与相关岩体具有类似的特征,例如,硫同位素值明显指示出岩浆来源(例如 Marschik 等,2001;Sillitoe,2003;Oliver 等,2004),尽管在一定程度上,金属和硫可以由不同类型的流体搬运,硫也可能是由流体从附近的岩体或火山岩中萃取而来。对于与 IOCG 矿床有关的钠(钙)蚀变的稳定同位素研究也通常表明岩浆流体为最主要来源(Perring 等,2000;Mark 等,2004;Oliver 等,2004)。从目前的研究来看,绝大多数 IOCG 矿床都与岩浆活动关系密切,非岩浆模型可能适于解释个别矿床成因或某一矿床的局部现象,是岩浆成矿模型的补充。从岩浆分异出的流体在运移过程中或多或少与其他来源的流体混合,包括盆地流体、大气降水、古建造水、变质流体或地幔流体。由于蒸发盐层在诸多盆地存在,一旦上侵岩浆同化这些膏盐层或岩浆流体与之发生反应,必将有助于形成大型或高品位的贫硫富钠的 IOCG 矿床。

对于 IOCG 矿床来说,其所有的成因模型都包括高盐度、贫硫和相对氧化的流体,因为这种流体有利于大量铁氧化物的形成,但是这些流体的来源、运移轨迹、金属来源和驱动力各不相同。Barton 和 Johnson(1997;2000;2004)通过总结研究 IOCG 矿床的成矿过程,提出岩浆与非岩浆两种成因模型(图 2-8)。又进一步将非岩浆成因模型分为地表或浅部盆地流体模型和变质流体模型。这两种非岩浆模型都需要提供非岩浆氯化物的专属环境。在前一种模型中,侵入体的主要作用是驱动非岩浆卤水的热对流。流体的含盐性可能来自发生了蒸发的地表水(温暖、干旱环境),或来自循环水与先存蒸发盐沉积物的相互作用。与 IOCG 矿床有关的热液活动被认为发生在中地壳。变质模式不需要火成热源,尽管同期侵入体可能存在并且向流体提供了热量和组分(例如 Fe 和 Cu)。

Oliver 等(2004)综合澳大利亚 Cloncurry 地区的矿床资料,并做出下列观察:(1)该区几个阶段的钠长石化先后叠加与 1600 ~ 1500 Ma 的变质事件和 1580 ~ 1550 Ma 的 William 岩套侵位的热事件有关;(2)区内大多数 IOCG 矿床晚于区域变质作用,与 William 岩套侵位同时,因而,变质作用无法解释其成因;蒸发岩在

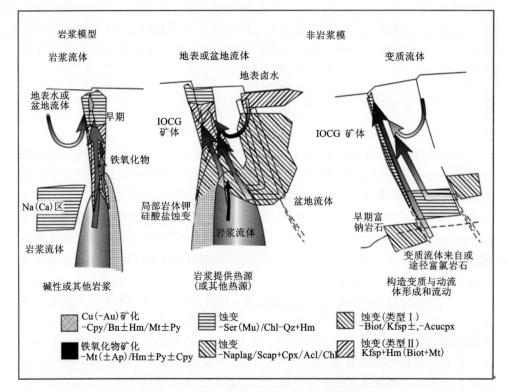

图2-8 IOCG 矿床流体特征和流经途径综合性模型(据 Barton 等, 2004)

Cpy-黄铜矿; Bn-斑铜矿; Hm-赤铁矿; Mt-磁铁矿; Py-黄铁矿; Ser-绢云母; Mu-白云母; Chl-绿泥石; Qz-石英; Bio-黑云母; Kfsp-钾长石; Act-阳起石; Cpx-单斜辉石; Na plg-钠长石; Scap-方柱石; Ap-磷灰石

区域变质之前或之中被消耗而形成钠长石和方柱石;(3)Cloncurry 地区矿床中钠化围岩的地球化学资料反映出在蚀变过程中 Na 带入, Fe、K、Ba、Rb ± Ca、Sr、Co、V、Mn、Pb 和 Zn 带出。而带出的元素主要富集在富铜金的铁矿石中。因此, 将钠质蚀变、高盐度卤水和 IOCG 矿床的形成联系在一起。根据上述资料和观察, Oliver 等(2004)建立了 Cloncurry 地区 IOCG 矿床成因模型:(1)卤水在 William 岩套侵入体结晶时释放;(2)循环卤水参与钠化反应, 在反应过程中钠是固定的, 原来在蚀变带和铁矿石中的其他元素(尤其是钾和钠)被带进流体;(3)循环的富金属卤水借助裂隙流动, 在适宜的位置, 例如构造膨大处, 沉淀成矿, 尤其是与富硫围岩发生反应或与富硫的表生流体混合。

　　地球化学研究为 IOCG 矿床成矿物质的来源提供了强有力的证据, 然而, 对于数据的解释受限于几个方面的因素, 这些因素是关键的但又不可避免的, 对于直接示踪 IOCG 矿床成物物质来源有着重要的意义。这些因素包括(1)水 ± 其他挥发分;(2)氯;(3)硫;(4)铁、铜、金(其他特征成矿元素);(5)其他可能的成矿成分(如铀),可能来自于不同于铜金的其他来源。岩浆岩对于 IOCG 矿床成矿作用的贡献,目前不是很明确,不能够确定一些挥发分是否来自于岩浆分异过程或者一些成矿物质是由母岩淋滤形成。根据 Williams 最新的研究(Williams 等,2011),IOCG 矿床成矿流体成分来源的关键因素,包括:(1)IOCG 矿床形成于一个复杂的热液系统,包括(a)浅层的流体系统,在这个系统中冷却的地表流体能够与深层来源的流体反应,(b)深部系统,只适用于一些 IOCG 系统,并不适合于所有,有利于岩浆流体的直接进入;(2)尽管对流体库和硅酸盐熔融体分馏不确定,但是,仍然有迹象表明 IOCG 矿床成矿流体具有高盐度,且对于每个矿床来说不仅仅只有一个来源(例如 ± 岩浆来源, ± 溶解的蒸发岩/变质 - 蒸发岩, ± 蒸发了的地表水);(3)间接证据表明 IOCG 矿床中的主要成矿元素与下列特定的来源有关:(a)在 Cloncurry 地区,来自矿化系统的富含铜的流体包裹体具有与区域岩浆来源一致的 $w(\mathrm{Br})/w(\mathrm{Cl})$ 值,(b)在 Gawler 克拉通,铜的来源与同时代地幔来源 REE 有着重要的相关性。

2.1.3　世界上典型的铁氧化物型铜金矿床成矿带

2.1.3.1　瑞典北部 IOCG 矿床

瑞典北部下元古代地层中赋存了许多 IOCG 矿床。Kiruna 矿床是世界上最大的铁矿床之一,矿区内矿体长可达 6km,包括 Kiirunnavaara 和 Luossavaara 两个矿床,其中,Kiirunnavaara 矿含有大约 20 亿 t 的磁铁矿石,同时该矿床又是世界上最大的地下开采矿山之一。Kiirunnavaara 矿体长度约 4km,平均宽度为 90m,钻达深度为 1100m,可能会延伸至 2000m。该类矿床矿石主要为含磷灰石铁矿石,许多作者将其划为 IOCG 矿床(Hitzman 等,1992;Smith 等,2009b)。Williams 等(Williams 等,2005b)认为 Kiruna 磷灰石氧化铁矿和矽卡岩铁矿虽然不属于 IOCG 矿床,但它们却具有 IOCG 矿床的某些特征,包括:(1)成矿省内其他类型的矿床较少;(2)矿床通常与大规模的碱性、特别是含钠的蚀变作用有关;(3)叠加少量的相关元素,如 Cu、Au、P、F、REE 等。

Kiruna 地区的元古宙岩石无论在区域范围内还是在矿区范围内均受到方柱石化和钠长石化的影响,而这一影响又与本区的氧化铁矿床(图 2 - 9)的矿化有关(Frietsch,1978;Frietsch,1984;Frietsch 和 Perdahl,1995a;Frietsch 和 Perdahl,1995b)。在本地区具有经济价值的铁氧化物矿床有 Kirunavaara、Leveaniemi、Gruvberget Fe、Mertainen、Lappmalmen、Malmberget、Rakkurijoki、Tuolluvaara、Rektorn、Luossavaara、Henry 等。区内铜矿床包括 Aitik、Wiscaria、Oahthavare 和 Natanen 以及一些远景区。大部分矿床为后生矿床,多产于 Karelian 绿岩和斑岩群中。

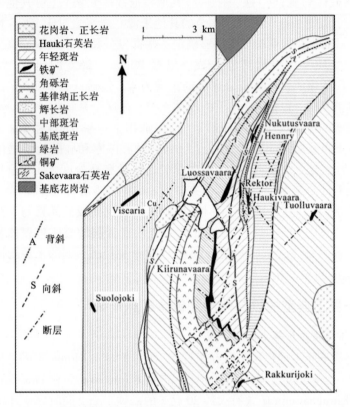

图 2 - 9　基鲁纳地区地质简图(Forsell，1987)

　　Kiruna 矿区产于中元古代大陆环境，其 U - Pb 法年龄为 1. 85 ~ 1. 8Ga(Smith 等，2007；Smith 等，2009a)。围岩由大面积碱性流纹岩、粗面岩和粗安岩火山灰和熔岩流组成，同时一些同成因的侵入岩侵入到大陆沉积盖层中(Frietsch，1978；Frietsch，1984；Frietsch 和 Perdahl，1995a；Frietsch 和 Perdahl，1995b)。该组地层由 Kurravaara 砾岩、Kiruna 斑岩、下 Hauki 组沉积岩和火山岩，以及上 Hauki 组沉积岩组成。该地区部分含磷灰石铁矿床的特征如表 2 - 6 所示。

表 2 - 6　Kiruna 矿区含磷灰石铁矿床地质特征统计表

序号	1	2	3	4	5	6	7
矿床名称	Leveaniemi	Gruvberget Fe	Mertainen	Kirunavaara	Lappmalmen	Malmberget	Sahavaara Stora
别名		Svappavaara	—	Kirunavaara	—	Malmberget	—
东经(°)	21. 0257	20. 9905	20. 7789	20. 1897	20. 259	20. 6723	23. 2884
北纬(°)	67. 6334	67. 6453	67. 7059	67. 8328	67. 8719	67. 185	67. 3732

续表 2 - 6

序号	1	2	3	4	5	6	7
金属矿带	Kiruna	Kiruna	Kiruna	Kiruna	Kiruna	Kiruna	Kaunisvaara
矿床规模	大型	大型	大型	超大型	大型	大型	大型
资源量(Mt)	167.8	73.8	166.9	1984.6	100	838.6	145.04
Fe 品位(%)	54.1	57	55.5	47.7	43	44.9	43.06
矿石矿物	磁铁矿	方铅矿、赤铁矿、磁铁矿	磁铁矿	赤铁矿、磁铁矿	赤铁矿、磁铁矿	刚玉、赤铁矿、磁铁矿	黄铜矿、磁铁矿、黄铁矿、磁黄铁矿
围岩地层 1	块状磁铁岩	块状磁铁岩	块状磁铁岩	块状磁铁岩	块状磁铁岩	块状磁铁岩	块状磁铁岩
围岩地层 2	—	—	似正长岩	—	—	—	钙硅酸盐岩
邻区岩石 1	中性火山岩	似正长岩	似正长岩	流纹英安岩	长英质火山岩	火山岩	石英岩
邻区岩石 2	—	—	—	粗玄岩	—	—	泥灰岩
围岩时代(Ma)	古元古代(2500~1600)	古元古代(2500~1600)	古元古代(2500~1600)	古元古代(2500~1600)	古元古代(2500~1600)	古元古代(2500~1600)	古元古代(2500~1600)
区域变质作用	斜长角闪岩	斜长角闪岩	斜长角闪岩	绿片岩	绿片岩	斜长角闪岩	斜长角闪岩
结构	角砾状	角砾状	—	角砾状	条带状/层状	角砾状	—
矿石分布	块状	块状		块状	块状	块状	浸染状、块状
蚀变作用	阳起石化、透辉石化、透闪石化、白云母化、硅化	微斜长石化、方柱石化、白云母化、硅化	磁铁矿化、方柱石化、黑云母化	矽卡岩化、黑云母化	—	方柱石化、矽卡岩化	石墨化、透辉石化、角闪石化、透闪石化、蛇纹石化、黑云母化
矿石类型	含磷灰石铁矿石	含磷灰石铁矿石	含磷灰石铁矿石	含磷灰石铁矿石	含磷灰石铁矿石	含磷灰石铁矿石	—

序号	8	9	10	11	12	13	14
矿床名称	Akkavare	Rakkurijoki	Tuolluvaara	Rektorn	Luossavaara	Henry	Nukutus
别名	Melkog-ruvorna	—	—	—	—	—	Nukutusvaara, Nokutusvaara
东经(°)	19.7639	20.2151	20.3193	20.233	20.2211	20.2506	20.259
北纬(°)	67.228	67.785	67.8536	67.873	67.8734	67.8905	67.897
金属矿带	Fe - Ti - V		Kiruna	Kiruna	Kiruna	Kiruna	Kiruna
矿床规模	潜在大型	中型	中型	中型	中型	中型	小型
资源量(Mt)	230	48	25.6	22.7	21.4	14.9	4.2
Fe 品位(%)	21.4	32	66	33	61	45	51.1

续表 2-6

序号	8	9	10	11	12	13	14
矿石矿物	黄铜矿、磁铁矿、黄铁矿、磁黄铁矿	黄铁矿	赤铁矿、磁铁矿	赤铁矿、磁铁矿	磁铁矿	赤铁矿、磁铁矿	赤铁矿、磁铁矿
围岩地层1	苏长岩	块状磁铁岩	块状磁铁岩	块状磁铁岩	块状磁铁岩	块状磁铁岩	块状磁铁岩
围岩地层2		钙硅酸盐岩	长英质火山岩				
邻区岩石1		长英质火山岩	长英质火山岩	长英质火山岩	流纹英安岩	长英质火山岩	长英质火山岩
邻区岩石2		石英岩			粗玄岩		
围岩时代（Ma）	古元古代（2500~1600）	古元古代（2500~1600）	古元古代（2500~1600）	古元古代（2500~1600）	古元古代（2500~1600）	古元古代（2500~1600）	古元古代（2500~1600）
区域变质作用		绿片岩	斜长角闪岩	绿片岩	绿片岩	绿片岩	绿片岩
结构		条带状/层状		角砾状、条带状/层状		条带状/层状	条带状/层状
矿石分布	浸染状	块状		块状		块状	块状
蚀变作用			角闪石化、钠长石化	铁白云石化、电气石化、绿泥石化、白云母化、黑云母化	绿泥石化	钾长石化、电气石化、绿泥石化、白云母化、黑云母化	钾长石化、电气石化、绿泥石化、白云母化、黑云母化
矿石类型			含磷灰石铁矿石	含磷灰石铁矿石	含磷灰石铁矿石	含磷灰石铁矿石	含磷灰石铁矿石

注：资料来源于瑞士地质调查局矿床数据库：http：//www. sgu. se/sgu/en/service/kart - tjanst_start_ e. html

Kiruna apatite - magnetite 矿床中矿体形态主要为不规则状，如球状、透镜状、长条状、板状，局部地段见网脉状，该矿体类型属于角砾岩化矿体，与围岩地层成整合接触关系。根据矿体的位置和磷的含量可将该矿床划分为两类，第一类平均磷含量小于1%，包括 Kiirunavaara 和 Luossavaara 磁铁矿床，产于正长斑岩和含石英斑岩之间的接触部位。另一类磷含量为3%~5%，包括许多小型矿床，总体称其为"Per Geijer 矿床"，产于含石英斑岩和上覆的下 Hauki 组地层之间的接触部位。Kiirunavaara 矿体主要由块状磁铁矿组成，与之共生的矿物还有磷灰石、阳起石和少量石英。在块状矿体顶部和边部的角砾岩状矿石逐渐由磁铁矿-磷灰石±阳起石±石英带向流纹岩中浸染状和脉状磁铁矿-磷灰石±阳起石过渡。另外，均质不含磷的磁铁矿和层状富含磷灰石的磁铁矿之间为突变接触关系。

Kiruna apatite－magnetite 矿床矿石矿物以磁铁矿为主,在某些矿床的局部发育有赤铁矿,其次为磷灰石、阳起石－透闪石和透辉石。以磁铁矿为主的矿床(Per Geijer, Nukutusvaara, Rektor, Lapp)与富磷灰石铁矿床(Luossavaara, Kiirunavaara)岩性特征十分相似。Luossavaara－Kiirunavaara 和 Per Geijer 矿区同样存在两个世代的磷灰石,一种为原生磷灰石,为灰色细粒(0.05~0.15 mm),呈浸染状产于相同粒级的磁铁矿中,通常具有明显的纹层状结构。另一种为先存的经重结晶作用而来的磷灰石,这类磷灰石存在许多中间转换类型,总体来说为粗粒,呈红色或绿色的细脉和脉状。Luossavaara－Kiirunavaara 矿区的脉石矿物为少量的阳起石和方解石,黑云母虽然很常见,但是含量却非常少。在 Per Geijer 矿区方解石为常见的矿物,常见于浸染状矿石中,同时在不含磷的矿石中也或多或少地存在水平薄层状的方解石脉。

Kiruna 矿区围岩蚀变十分广泛,而且蚀变作用常与埋深之间存在一定的关系(如图 2－10),表现出由深部钠质(富钠长石)蚀变向中部钾质蚀变(钾长石＋绢云母)再向浅部绢云母和硅质蚀变(绢云母＋石英)转化的蚀变规律。如 Kiirunavaara 矿区,深度 2~6 km,蚀变类型为钠化,蚀变矿物组合为磁铁矿－磷灰石－阳起石－钠长石;Per Geijer 矿区,深度 250 m~1.5 km,蚀变类型为钾质/绢云母化,蚀变矿物组合为赤铁矿－磁铁矿－绢云母－碳酸盐－钾长石－石英－磷灰石;在 Haukivaara 矿区深度 0~250 m,蚀变类型为水解化和硅化,蚀变矿物组合为赤铁矿－石英绢云母－重晶石－萤石－碳酸盐化。围岩火山岩主要的蚀变组合为磁铁矿－钠长石－阳起石－绿泥石。区内围岩火山岩中的斜长石大部分转变为钠长石。

在 Kiirunavaara 和 Luossavaara 矿体之下,磁铁矿±钠长石±阳起石脉较多。Kiirunavaara 矿体和围岩之间为一厚度约为 1~50 cm 的含少量榍石的角闪石层(Frietsch, 1978;Frietsch, 1982;Frietsch, 1984;Harlov 等, 2002a;Smith 等, 2009a)。封闭于矿体内部的残留粗面岩和流纹岩通常转变成钠长岩。Kiruna 含磷灰石磁铁矿的斑岩围岩受到几种类型的蚀变影响,其中发育最为广泛的蚀变是碱质交代作用。Kiirunavaara 和 Luossavaara 矿床中围岩正长斑岩具有富钠特点,这可能是一种次生产物。这种富钠正长斑岩含有杏仁状榍石。Kiirunavaara 矿床围岩中的正长岩岩床含榍石,这些榍石为交代长石和地幔磷灰石的产物。下 Hauki 矿区中岩石同样受到强烈围岩蚀变的影响,主要为硅化和绢云母化,同时伴随有少量的其他蚀变,如赤铁矿化、方解石化、磷灰石化、重晶石化、褐帘石化、电气石化、黄铜矿化、斑铜矿化、辉铜矿化和萤石化等(Frietsch, 1978;1982;1984;Harlov 等, 2002a;Smith 等, 2009a)。

Kiruna 矿区氧同位素地球化学数据表明矿床的形成温度大约为 600℃(Cliff 和 Rickard, 1992)。Kiirunavaara 矿床稳定同位素结果显示出硫来源于低温热液事

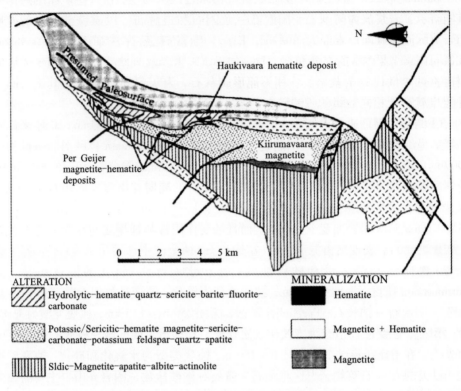

图 2-10　Kiruna 地区广义的矿化和蚀变关系剖面图(据 Hitzman, 1992)

件(70~250℃)的晚期阶段。这与 Kiirunavaara 矿床磷灰石流体包裹体均一温度测试结果一致。已获得的证据显示,该区矿床成矿温度低于岩浆热液温度范围,早期埋藏较深的磁铁矿显示出较高的成矿温度,变化范围较大(多数为 150~400℃,最高可达600℃),晚期埋藏较浅的赤铁矿成矿温度较低(大多为 100~200℃)。磷灰石流体包裹体比较复杂,且多为次生包裹体,其封闭流体的盐度大约为 19%(NaCleq),Smith 等(2007)测试出成矿晚阶段石英脉流体包裹体的均一温度为 100~150℃,盐度为 32%~38%(NaCleq)。磷灰石流体包裹体反映出磷灰石经过重结晶作用,正好与后期铁矿石导致稀土元素重新分配的热液事件相一致。同位素研究结果显示,对磷灰石的流体包裹体进行详细研究将可能发挥较好的效果。

　　除此之外,Kiruna 磁铁矿和赤铁矿矿体中碳酸盐岩稳定同位素研究结果显示,$\delta^{13}C$ 值为 -3‰~-5‰,虽然显示出较 Olympic Dam 具有更多的岩浆参与特征,但总体上还是与 Olympic Dam 具有相似的特征。成矿晚阶段石英脉流体卤族元素 Br 与 Cl 的对数比值为 -2.5~-3.7,总数为 -2.8~-3.5,该数据说明

Norrbotten 地区成矿流体来源为岩浆，而非来源于变质蒸发岩。富 Br 样品的存在可能暗示了岩浆流体与围岩变沉积岩之间发生了水岩反应。含磷氧化铁矿石内晚期石英脉流体氯同位素经大洋氯同位素平均值标准化后为 $-5.63‰ \sim -0.99‰$，该氯同位素结果与先存的流体包裹体、岩石、矿物以及天然孔隙水样品测试结果相比相对富 ^{35}Cl，而岩盐溶解作用不能形成 ^{37}Cl 亏损的流体，故该地区的矿床形成可能与蒸发岩无关(Smith，2005)。

Cliff 等(1992)通过对切割矿体的花斑岩脉测试，提出了 Kiruna 矿区成矿最小年龄为 1.88Ga，该年龄与围岩地层的形成年龄(1.9Ga)大体一致(Smith 等，2009b)。U - Pb 和 Rb - Sr 同位素重置年龄显示 Kiruna 矿区大约于 1.54Ga 再次受到次级事件的影响(图 2-11)，这与本区发育的晚期花岗侵入体相对应(Welin 等，1971)。单颗粒磷灰石裂变径迹测年结果显示 Tuolluvaara 矿体年龄为 486 ± 95Ma。但是从火山岩与矿化之间的地质特征来看，成矿作用应与火山岩有关，测年结果可能与后期变质作用有关。Smith 等(2007)采用 LA - ICP - MS 对榍石进行 U - Pb 测年，获得三组年龄数据，第一组最老年龄为 2.070 ~ 2.000Ga，代表 Kiruna 地区围岩沉积盖层的年龄，这比以前认为的更老一些；第二组中间年龄为 1.875 ~ 1.820Ga，该年龄与 Cliff 等(1992)测定的年龄相一致，代表主要成矿年龄；第三组年龄为 1.790 ~ 1.700Ga，该年龄与长期活动的区域规模构造运动引起的成矿后变质作用有关。

过去的一百多年来，对于 Kiruna 含磷灰石铁矿床的成因认识存在许多争论。早期的成矿模型完全建立在矿石与围岩之间野外关系的基础之上。岩浆特征和沉积特征分别出现于含矿地层和矿体的不同部位，而这些不同部位的含矿地层和矿体正是解释野外资料的有利证据。矿床最早被解释为沉积成因，后来被认为是火山热液成因、岩浆分异作用经后期喷出岩或侵入岩所改造(Nystrom 等，2008；Nystrom 和 Henriquez，1994；Nystrom 和 Henriquez，1995)、涉及后期阶段岩浆流体的交代作用成因(Bookstrom，1995)，流沉积成因及形成与构造伸展背景下的岩浆成因(Hitzman 等，1992)。在 20 世纪 60 年代的大规模勘探活动中，LKAB 公司对 Kiruna 地区的地质认识取得了很大的进展，发现了一些新的铁矿和铜矿，这些铁矿床为连续分布，向东倾斜的层控矿床。Hitzman 等(1992)通过对诸如 Olympic Dam、Kiruna、Missouri 东南、Bayan Obo 等矿床的研究，提出关于 IOCG 矿床的类型划分观点，并提出 Kiruna 含磷灰石铁矿床的热液成因观点。铁的氧化物和磷灰石的化学数据和结构特征(例如磁铁矿特殊的柱状结构和树枝状结构)，均进一步支持了岩浆成因观点。许多不同解释之间的最大分歧在于是否贫磷的 Kiirunavaara 和 Luossavaara 矿床和富磷的 Per Geijer 矿床具有各自不同的、可对照的成矿模式。

瑞典北部典型的 IOCG 矿床有 Kiirunavaara 矿床和 Aitik 矿床，其中

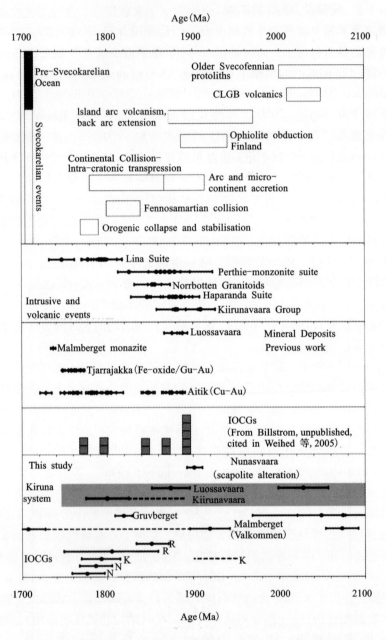

图 2-11　Fennoscandian Shield 地区主要的事件(据 Smith 等, 2009a)

Kiirunavaara 矿床是 Kiruna 地区最大的矿床, 其母岩主要为前寒武纪地层。Aitik

矿床是瑞典最大的铜矿床,也是欧洲最重要的生产铜矿石的矿床之一。

2.1.3.2　安第斯 IOCG 成矿带

秘鲁南部和智利北部中生代的 IOCG 矿床(图 2-12)是过去 20 多年中安第斯地区重要的勘探目标之一。(Benavides 等,2008;Cannell 等,2005;Chen,2008;Chen,2011;Chiaradia 等,2008;Corriveau,2005;Corriveau 等,2009;Devine 等,2003;Hitzman,2000b;Hitzman 等,1992;Sillitoe,2003;Williams,2009;Williams 等,2005b;Williams 等,2010)。中生代的安第斯 IOCG 矿床形成于两个矿化期,即中到晚侏罗系(170~150 Ma)和早白垩系(130~110 Ma),前一个成矿带出现在滨太平洋一侧;后一个成矿带,也是最重要的成矿带位于向东的滨海科迪勒拉带(图 2-12),向东就是世界著名的第三纪斑岩铜矿带平行分布。

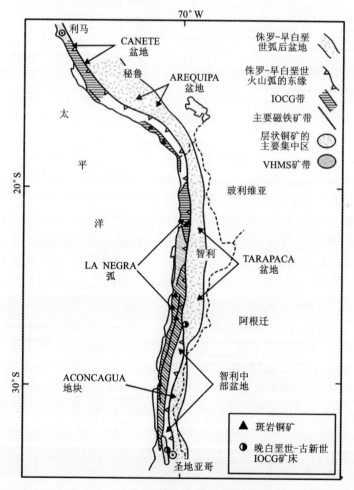

图 2-12　南美智利-秘鲁侏罗-白垩纪 IOCG 矿带和第三纪斑岩铜矿带分布图(Sillitoe,2003)

　　由于成矿时代新而且未受到期后变质作用和变形作用的强烈改造，该 IOCG 成矿带的研究可以为建立合理的成矿模型提供一个理想场所（Sillitoe，2003）。该区内大部分 IOCG 矿床位于早白垩系地层之内（Sillitoe，2003）。早期的关于中安第斯地区 IOCG 矿床的研究表明不论是富铜的 IOCG 矿床还是定义上贫铜的"Kiruna - type"的磷灰石 - 磁铁矿都来源于岩浆热液，然而，最近通过野外调查、年代学、流体包裹体和稳定同位素研究表明中安第斯的主要矿床，如秘鲁南部的Raúl - Condestable 和 Mina Justa、智利北部的 La Candelaria - Punta del Cobre 和Mantoverde 都与来自蒸发岩源的盆地卤水有着重要的联系，可能是该区矿化的一个先决条件（Chen，2008；Chen，2011）。甚至，一些贫铜的块状磁铁矿可能是铁氧化物熔融体的产物，尽管很多人将其归属于岩浆热液交代成因，但是没有证据表明有其他来源的流体加入。富铜 IOCG 矿床和贫铜块状磁铁矿床可能代表了不同的成矿过程，它们可能同时形成，并具有相同的物质来源。

　　安第斯带内的大部分 IOCG 矿床位于智利北部南纬 22°和 31°之间，主要赋存在一组岛弧火山岩和与之相间的地层中，也有赋存在侵入到这些地层中的晚侏罗世和早白垩世的深成岩中。Candelaria - Punta del Cobre 和一些小的 IOCG 矿床则出现在早白垩世的深成岩体附近，这些深成岩体在晚侏罗世—早白垩世火山岩成因层序（Punta del Cobre 群）和尼奥科姆统海相碳酸盐层序的接触带附近侵位。南秘鲁的大部分 IOCG 矿床位于南纬 12°30′和 14°之间，局限在 Canete 弧内盆地产出。含铜的 Marcona 磁铁矿区，包括 Mina Justa 的 IOCG 矿床和更南边的几个小的磁铁矿以及 IOCG 矿床形成于盆地形成之前，在侏罗纪的弧形地体中产出。

　　以 K - Ar 法测定的脉石矿物（阳起石）和蚀变矿物（黑云母、绢云母）的放射性同位素年龄数据表明位于北智利和南秘鲁的 IOCG 矿床形成于中—晚侏罗世（170～150 Ma）和早白垩世（130～110 Ma）。中—晚侏罗世的矿床位于太平洋东海岸附近。在北智利，包括 Tocopilla（165 ± 3 Ma）、Guanillos（167 ± 7 Ma）、Naguayan（153 ±5 Ma）、Montecristo 和 Julia（164 ±11 Ma）、Las Animas（162 ±4 Ma（Gelcich 等，2005）；Carrizal Alto 矿床母岩为闪长岩，其年龄约为 150 Ma。在秘鲁南部，Marcona 矿床主要形成于 154 ±4.0 Ma 和 160 ± 4.0 Ma，而 Rosa Marãa 矿床形成于大约 160Ma 或 145Ma（Clark 等，2005），区内其他的大型矿床如 Mina Justa 矿床和其他几个铜矿床的年龄均与上述成矿时代相同。大部分主要的 IOCG 矿床和许多小点的矿床位于 Cordillera 靠东一些的位置，属于早白垩世。该时期的矿床在北智利包括 Candelaria（116～114 Ma，^{40}Ar/^{39}Ar 和 Re - Os；112～110 Ma，^{40}Ar/^{39}Ar；Ullrich 等，1999；Ullrich 等 2001）、Mantoverde（123 ±3，121 ±3 和 117 ±3 Ma；Vila 等，1996；Orrego 等，1991），Galleguillos（121 ±4 Ma；Sillitoe 等，1999），Brillador（邻近深成岩体的年龄为 108.5 Ma），Panulcillo（115 ±3 Ma）和 El Espino（邻近深成岩体的年龄为 108 ±3 Ma）；在南秘鲁包括 Raul - Condestable（榍

石 U－Pb 年龄为 116.5～113 Ma）和 Eliana（115±5.0Ma 和 113±3.0 Ma）。此外，南纬 29°附近的 Productora IOCG 矿床中区域性分布的热液蚀变以闪长岩侵入体（锆石 U－Pb 年龄为 129.8±0.1 Ma）的钠长石化为主，尽管与 IOCG 矿化有关的钾长石的平均年龄约为 91 Ma（^{40}Ar/^{39}Ar），可能是由于后期岩基侵位过程中的重置导致的（Ray，2003）。

安第斯成矿带内 IOCG 矿床中年龄最近的一个是 Dulci－nea 矿床，位于 Cordillera 东部边缘以东约 12 km 处，成矿母岩为 65～60 Ma 的闪长岩－二长闪长岩侵入体和安山质变火山岩。位于 IOCG 成矿带南端的 La Africana 矿床以前也正式开采过，它切割了晚白垩世的闪长岩（Saric 等，2003）。如上所述，如果附近的闪长岩侵入体形成于晚白垩世—古新世，则 El Espino 矿床的时代也可能是晚白垩世或古新世而不是早白垩世。在北智利沿海山脉的东边还有几个小的 IOCG 矿床和几个晚白垩世或古新世的块状磁铁矿床分布。在秘鲁岸边的岩基中亦发现有小规模的 IOCG 脉型矿床出现，时代可能为晚白垩世。

该区 IOCG 矿床的形成时代相对于 Cordillera 地区矿床的形成时代更为复杂，据年代学研究，在南纬 26°和 28°间沿海山脉的许多矿床中含有铁氧化物、铜和金。根据所测得的年龄数据，该区存在 4 个成矿期：188～172 Ma，167～153 Ma，141～132 Ma 和 130～98 Ma，这与向东时代逐渐变近的四个深成岩带的年龄一致。

Cordillera 地区的 IOCG 矿床形成的构造环境主要是处在区域伸展和转换拉张作用下，并被不同走向的韧性－脆性断层和断裂所限定（表 2－7）。在南纬 22°和 27°30′间，晚侏罗世 IOCG 矿床与错断向东侧下降的正断层一起晚于 132 Ma 形成；所有的早白垩世矿床被 Atacama 和 Chivato 断层系里面的或与断层系有关的左旋张扭构造控制，它们都明显位于由北至南的分叉断层群之下。与大多数 IOCG 矿床一样，在南秘鲁 Marcona 矿区的 Mina Justa IOCG 矿床中亦存在产状较陡的断层，该断层具有低角度的、沿倾向延伸大于 1 km、能导致正断层和一系列陡峭上盘分叉的特点。该断层可向东与区内主要的 Treinta Libras 走滑断层带合并。

智利北部和秘鲁南部的 IOCG 矿床包括了大多数常见的矿化模式，要么是单一的，要么是多者的结合（表 2－7）。到目前为止，脉型矿床是最多的，它们中数百个矿体贯穿了沿海山脉带，尤其是在智利北部。该区内的矿脉是交代作用和孔隙充填的产物，典型地成群产出，数目可达 40 余条，占据几十平方公里的面积。主要的矿脉长 1～5 km，宽 2～30 m，沿矿脉倾向方向延伸至少有 500 m 的富矿体，在 Tocopilla 有 700 m 富矿体，在 Dulcinea 为 1200 m。除了脉状矿体，独立的角砾岩筒和钙质矽卡岩也在局部产出。本区内的 IOCG 矿床在组成上特征明显，主要由角砾岩、网脉带和平卧层控矿体的不同组合构成，如在 Candelaria－Punta del Cobre、Mantoverde、Cerro Negro 以及 Raul – Condestable。Marcona 矿区的大型 Mina Justa 矿床由分带性完好的硫化物矿化的不规则碎片、细脉和角砾岩充填构成，分布在贯穿容矿地层的低角度断层带中。

IOCG 矿床母岩中火山－沉积岩的角砾岩化普遍存在，它们倾向于广泛分布于脆性断裂中，导致断裂渗透性提高。然而，热效应很难将普遍发育的黑云母、阳起石、绿帘石、钠长石和有关矿物在内的交代产物区分开来。阻渗层，尤其是大理岩化或蚀变轻微的碳酸盐地层，对于一些矿床热液流体的封闭和蓄积起到重要作用，如 Candelaria – Punta del Cobre 和 El Espino（Correa 等，2006）。然而，如果流体的渗透效率较高，碳酸盐岩将转变为矽卡岩，仍构成一些复合矿床的主要部分（如 Raul – Condestable）。

与世界范围内的 IOCG 矿床（Ray 和 Dick，2002））相比，许多安第斯山型的矿床与特定侵入体之间没有明显的成因关系，这些侵入体在深部侵位（大于 2 km），包括早期的闪长岩（如 Mantoverde 东边的 Sierra Dieciocho 深成岩体；Candelaria 西边的 Ojancos 深成杂岩体）。Mantoverde 和 Candelaria – Punta del Cobre 是这类矿床的典型代表，尽管放射性同位素年龄表明侵入活动的时间和蚀变矿化期几乎重叠，该处并没有观察到 IOCG 矿化与附近的深成杂岩体之间有所关联。例如，在 Mantoverde，热液绢云母的 K – Ar 年龄为 123 ± 3 Ma，121 ± 3 Ma 和 117 ± 3 Ma，而附近深成杂岩体的锆石 U – Pb、全岩 Rb – Sr 等时线和角闪石 $^{40}Ar/^{39}Ar$ 以及 K – Ar 年龄为 127 ~ 120 Ma（Berger 等，2010；Espinoza，2002）。与之相似的是以 Candelaria 代表铜矿化的首选年龄 116 ~ 114 Ma 或 112 ~ 110Ma（（Ulrich 和 Heinrich，2002；Ulrich 等，2009）也落于附近 Ojancos 深成杂岩体侵位的时间跨度（117.2 ± 1.0 ~ 110.5 ± 1.7 Ma）内。

表 2 - 7　安第斯地区部分 IOCG 矿床的主要地质特征(据 Sillitoe, 2003)

矿床名称	围岩	主要构造	侵入岩	成矿年龄(Ma)	矿床类型	蚀变类型	金属矿物	文献来源
Raul - Condestable	安山质熔岩,凝灰岩,石灰岩	北西 - 北东向断裂	闪长岩岩体,英安质斑岩墙	115	网脉型,顺层交代型,浸染型	方柱石,钠长石,阳起石	Co, Mo, Zn, Pb, As, LREE	Vidal, (1990);de Haller等, (2002)
Eliana	辉长岩,火山碎屑岩	岩墙	辉长闪长岩墙	114 ~ 112	顺层交代型	角闪石,方柱石	As,Zn,Mo,Co	Vidal等, (1990)
Monterrosas	辉长岩	北西向断裂	辉长闪长岩		细脉型	阳起石	Zn,Co,Mo,Pb	Vidal等, (1990)
Mina Justa	安山质辉长岩,安山质火山碎屑岩	北东向犁状正断层	安山质斑岩墙,英安质斑岩墙	160 ~ 154	不规则的似脉状	阳起石,钾长石,绿泥石	—	Moody等, (2003)
Cobrepampa	二长岩 - 闪长岩	北西向断层	二长岩 - 闪长岩岩体	—	脉状	钾长石,阳起石,榴石	Zn,Co,Mo,Pb	Jorge (2000)
Tocopilla	花岗闪长岩	北西向断裂	镁铁质岩墙	165	细脉状,网脉状	不确定	Mo,U,Co,Ni,Zn,Sb,As	Ruiz等, (1965)
Gatico	石英闪长岩 - 花岗闪长岩	北东 - 北西向断裂	镁铁质岩墙	—	细脉状	绿泥石	As, Mo, U, Co, Ni	Boric等, (1990)
Julia	花岗闪长岩	北北东向断层	闪长岩 - 辉长岩岩墙	164	细脉状	绿泥石,钠长石	Mo	Boric等, (1990)
Teresa de Colmo	安山质火山岩及火山碎屑岩	北北西 - 北西西向断层	闪长岩岩体及岩墙	—	角砾岩筒型	绿泥石,绿帘石	—	Hopper等, (2000)
Cerro Negro	安山质熔岩及凝灰岩	北北东向断层	闪长岩深成侵入体	—	角砾岩筒 - 顺层交代型	绢云母,绿帘石	—	Gelcich等, (1998)

续表 2-7

矿床名称	围岩	主要构造	侵入岩	成矿年龄(Ma)	矿床类型	蚀变类型	金属矿物	文献来源
El Salado	安山质熔岩	北东向断层	闪长岩岩墙		细脉状	绿泥石	Zn	Gelcich 等,(1998)
Las Animas	闪长岩	北西向断层和断裂	较小的闪长岩侵入体	162	细脉型	阳起石,钾长石,绿帘石	U, As, Zn	Gelcich 等,(1998)
Mantoverde	安山质熔岩及火山碎屑岩	北北东向断层	闪长岩岩墙	123~117	角砾岩筒-顺层岩交代型	钾长石,绿泥石,绢云母	LREE	Vila 等,(1996)
Dulcinea	安山质熔岩及凝灰岩	北北西向断层	镁铁质岩墙	65~60	细脉型	绿泥石,绢云母	Mo, Zn, Pb	Ruiz 等,(1965)
Candelaria-Punta	安山质-玄武质熔岩及火山碎屑岩	北西,北北西向断层	闪长岩及辉长岩岩墙	116~114	顺层交代型,角砾岩筒型,细脉型	钾长石,石英,黑云母	Mo, LREE, Zn, As	Marschik 等,(2001b)
Carrizal Alto	闪长岩	北东东向断层	镁铁质岩体	150	细脉型	绿帘石,绿泥石,阳起石	Mo, Co, As, U	Ruiz 等,(1965)
Panulcillo	石灰岩及安山质火山岩	北北西向断层	闪长岩侵入体	115	矽卡岩型	榴石,透辉石,方柱石	As, Mo, Pb, Zn, Co, U	Hopper 等,(2000)
Tamaya	安山质粗面岩及火山岩,细屑岩	北北东向断层	不确定	—	细脉型	不确定	Mo, Ni, As	Sugaki 等,(2000)
Los Mantos	安山质火山岩及沉积岩	北北东向断层	二长岩-闪长岩侵入体	—	细脉型	绢云母化	Hg	Ruiz 等,(1965)
El Espino	安山质火山岩	南北向断层	闪长岩侵入体	108	细脉型,顺层交代型	钠长石化,绿帘石化	Mo, Co	Mcallister (1950)
La Africana	闪长岩	北北西向断层	闪长岩	—	细脉型	绿泥石化	—	Saric (1978)

与此相反的是大部分位于智利北部的主要 IOCG 矿床,如 Toco - pilla、Gatico、Montecristo、Julia、Las Animas、Ojancos Nuevo、Carrizal Alto、Quebradita 和 La Africana 都是赋存在深成岩体中,它们中大部分为闪长质岩石。几个 IOCG 脉型矿床和其母岩侵入体具有相似的年龄,这种关系尤其在 Las Animas 比较明显,该处蚀变黑云母的年龄为 162 ± 4 Ma(K - Ar),而附近闪长岩的年龄为 161 ± 4 Ma(K - Ar 法,黑云母)、159.7 ± 1.6 Ma(U - Pb,锆石)和 157.6 ± 2.6 Ma(全岩 Rb - Sr 法)。此外,在秘鲁南部的 Monterrosas 和 Eliana 矿脉也主要赋存在辉长闪长岩中。不论成矿母岩是闪长质的还是长英质深成岩体(如 Julia)还是其他围岩(如 Brillador,Tamaya),IOCG 矿脉通常都受限于镁铁质 - 中性岩墙的断层。

尽管在 Cordillera 的 IOCG 矿床和广泛分布的闪长质深成岩体以及小的侵入体之间具有明显的普遍联系,一些还具有强烈的钠长石化,但是与成矿同时或是成矿间出现的小英安斑岩岩墙亦产出在 Punta del Cobre、Raul - Condestable 和 Mina Justa 矿床。Raul - Condestable 英安斑岩的锆石 U - Pb 年龄约为 115 Ma,和与 IOCG 矿化有关的热液榍石的年龄非常相似。

在很早以前,北智利含铁氧化物的铜矿床就被认定属于 IOCG 族,Ruiz 等将它们细分为以磁铁矿为主的亚类和(镜状的)以赤铁矿为主的亚类。这两个亚类的大部分成分为含黄铜矿 ± 斑铜矿的矿脉,但是富赤铁矿的亚类也包括 Mantoverde 的脉状角砾岩和 Punta del Cobre 的矿脉、角砾岩以及平卧层控矿体。毫无疑问 Candelaria 属于该时期已知的富磁铁矿的一类。后来的工作表明至少有一些富赤铁矿的矿脉向下转变为富磁铁矿;在 Julia 和 Las Animas 观察到的以及近来在 Mant - overde 和 El Salado 的深孔钻探结果,都与 Hitzman 等(Hitzman 等,1992)所提出的 IOCG 矿床的普遍垂直分带性相一致。在 Candelaria - Punta del Cobre 区域尺度上向上和向外也发现相似的由磁铁矿向赤铁矿的变化。富赤铁矿矿脉中磁铁矿是假象磁铁矿变种,是在镜状赤铁矿之后生成的假晶。晚阶段的赤铁矿也切割或取代了一些磁铁矿。赤铁矿之后磁铁矿在 Candelaria - Punta del Cobre、Raul - Condestable 和 Mina Justa 普遍发育。铁氧化物的形成时间明显晚于黄铁矿和含铜硫化物。

富磁铁矿的矿脉中含有大量的阳起石、黑云母和石英,局部也含有磷灰石、单斜辉石、石榴石、赤铁矿和钾长石,具有一个或多个由阳起石、黑云母、钠长石、钾长石、绿帘石、石英、绿泥石、绢云母和方柱石所组成的狭窄蚀变晕。而富赤铁矿的矿脉则趋向于由绢云母和/或绿泥石,有或没有钾长石或钠长石,具有以这些矿物为特征的蚀变晕。电气石可能是上述亚类的一种组分,它在赤铁矿比磁铁矿多的地方可能比较常见。两个 IOCG 亚类都相对贫石英,而富赤铁矿的亚类则通常与粗粒的方解石和铁白云石共生,作为早阶段或晚阶段的副矿物出现。单矿物黄铜矿可能与这些碳酸盐矿物交生。

富磁铁矿和富赤铁矿的 IOCG 矿脉中都含有黄铜矿和少量的黄铁矿，但有时也有斑铜矿与黄铜矿伴生。主要的 Tamaya 矿脉以 400m 深度的斑铜矿为主。不规则状但广泛分布的似脉状 Mina Justa 矿床含有硫化物共生组合的同心状环带结构，核部主要为斑铜矿－辉铜矿，向外经斑铜矿－黄铜矿和黄铜矿－黄铁矿变至广泛分布的黄铁矿晕圈。在 Panulcillo 也具有类似的环带，只是在中心条带中没有辉铜矿。一般来说，在安第斯 IOCG 成矿带，富赤铁矿矿床中的金含量要比富磁铁矿的高，但并不是非常确定。一些富赤铁矿的矿脉是作为独立的小的金矿床加以开采，包括 Los Mantos de Punitaqui，而该处有经济价值的金属则主要集中在 4.5 km 的范围内，矿种从 Cu 至 Au 至 Hg 形成一特殊的条带。

两个 IOCG 亚类都以 Co、Ni、As、Mo 和 U 含量高为特征，矿物主要为辉钴矿、斜方砷钴矿、钴毒砂（都含有 Co 和 As）、红砷镍矿、砷镍矿（两个都含 Ni 和 As）、辉钼矿和沥青铀矿。Car-rizal Alto 矿脉中有几处含有 0.5% 的 Co。砷通常以毒砂的形式产出，在 Tocopilla 极为常见，在 Candelaria-Punta del Cobre 也有报道。钴和钼的含量在 Raul-Condestable, Candelaria 和 El Espino 异常高。钛铁矿是作为几个矿床中的热液矿物被记录下来的，尤其是在秘鲁南部的 IOCG 矿床中，尽管 IOCG 矿床中磁铁矿的钛含量很低。

与该区内一般的大型复合矿床有关的明显的蚀变相比，IOCG 矿床的蚀变相对比较复杂。广泛分布的早期钠质或钠钙质蚀变以钠长石和阳起石（或没有）为主，在几个 IOCG 矿区中产出（如 Candelaria-Punta del Cobre），但是在其他一些地方明显没有（如 Mantoverde）。在 Candelaria-Punta del Cobre 黑云母－石英－磁铁矿－钾长石蚀变十分普遍且形成早于铜矿化，且与阳起石的形成密切相关。值得注意的是，与附近 Ojancos 深成杂岩体 IOCG 矿脉中相同的矿物中也含有狭窄的蚀变晕。钠长石、绿泥石和方解石主要在 Punta del Cobre 矿床较浅的部位，如它们在 Teresa de Colmo 角砾岩筒中一样。Mina Justa 的高品位矿化与阳起石、单斜辉石和磷灰石共生，与钾长石－绿泥石－阳起石蚀变关系密切。在 Mantoverde 脉状角砾岩中，除钾长石和绿泥石以外，绢云母化与铜矿化密切相关，黑云母非常少。而在 Raul-Condestable，钾质蚀变不明显，早期的钠长石、方柱石和多种钙质角闪石伴随铁氧化物、绿泥石和绢云母出现。钾质蚀变在 El Espino 也未见报道，该处早期形成的钠长石被绿帘石、绿泥石和少量阳起石以及绢云母所叠加（Correa，2003）。

智利北部和秘鲁南部滨海 Cordillera IOCG 矿床的成矿模型是基于不同尺度的。

在区域和矿田尺度上来看，大部分 IOCG 矿床是在硅铝质的安第斯造山带早期发育过程中形成的，此时的地壳是不同程度的伸展、减薄并且是热的，岩浆作用则是相对原始的。IOCG 的形成发生在构造体制处于伸展和转换拉张的情况下。

该区内大多数 IOCG 矿床,是在早白垩世地壳减薄达到最大时形成的。矿床主要是被脆性断层控制,尽管韧性变形在局部与早阶段的矿化重叠。IOCG 矿床中及其附近产出的拉斑玄武质至钙碱性侵入体具有典型的幔源特征,而且缺少明显的地壳混染,这些玄武质至安山质的岩层倾斜至伸展滑脱构造带的上部,经受了葡萄石-绿纤石和绿片岩相地壳热(埋藏)变质作用。区内 IOCG 矿床随同块状磁铁矿、Manto 型铜矿和小型斑岩铜矿床一起构成了 Cordillera 地区侏罗纪—早白垩世所特有的成矿特征。

与世界范围内,尤其是那些前寒武纪的 IOCG 矿床相比,安第斯地区的 IOCG 矿床与侵入岩之间的关系较为清楚,许多矿床明显赋存在辉长闪长岩或闪长岩侵入体中或是在其附近,即使是在长英质深成岩作为母岩的地方,大范围的同时期的闪长岩岩墙与 IOCG 矿脉也是受断层控制的。因此,相对原始的、分离差、混染极少的辉长闪长岩至闪长岩岩浆与区内 IOCG 矿床之间有极为密切的关系。

Cordillera 地区铜和少量的金在一定程度上是由岩浆—热液供给的,这在该区中生代斑岩铜(金)矿床中很常见,这些矿床在空间上的分布在一定程度上受控于长英质的斑岩岩株。实际上,Cordillera 斑岩铜矿形成时间与区内普遍发育的与挤压相反的伸展应力体制有关,这也是导致这些矿床规模小和品位低的主要因素(Sillitoe, 1998)。因此,区内大范围出露的深成杂岩体,其顶部的斑岩铜矿和岩株可能已被剥蚀了,也有可能形成许多的类似于 IOCG 来源的岩浆-热液流体。区内几个 IOCG 矿床的硫同位素结果均落在相对较窄的区域,集中在 0 值附近,这基本上和岩浆来源的硫同位素一致,然而也不能完全排除由中生代火成岩淋滤而来的可能性。Teresa de Colmo 矿床的硫同位素值显示其为岩浆来源,该矿床切割了蒸发岩层序(Correa, 2000)。Raul-Condestable 提出了一个明显不同的特例,非常大的正 $\delta^{34}S$ 值和负 $\delta^{34}S$ 值可能为蒸发来源的硫和生物成因的硫。

通常在许多 IOCG 矿区广泛分布的,尤其是与大型复合 IOCG 矿床有关的矿化和蚀变可以认为是在母岩或附近深成杂岩体一定深度存在的岩浆-热液流体的结果。流体沿着主要的断层带、侵入接触带和透水层的二级或更低级分叉断层群上升至成矿层附近。尽管侵入体源区来源目前尚不清楚,根据深成岩体侵位和与地壳尺度上韧性-脆性断层带有关的 IOCG 矿床给出的推测深度它们可能来源于相当的古深度,甚至深至 10 km。在垂向广泛分布的矿脉和赋存在辉长闪长岩以及闪长岩中的矿床一样,推测其成矿流体可能是在深部化学组成相似的深成岩体的最后固结阶段出溶的。而且,在闪长岩岩墙和 IOCG 矿脉所受断层控制的位置,岩墙岩浆可能来自深部含金属流体的衍生以及深成杂岩体的镁铁质岩浆。岩浆房对更多初始地幔熔体的补充可导致深成杂岩体中许多镁铁质物质的底侵,并促使含硫和金属电荷流体的释放。假定 IOCG 成矿流体可能由位于母岩和附近深成杂岩体中的镁铁质侵入岩所提供,它们可以沿着陡峭的深大断裂所形成的分支上升，其上升距离在垂向上可达 10 km。从 CO_2 含量较高推测，安第斯中部的 IOCG 流体来源相较于斑岩铜矿床较深，与假定的 IOCG 矿床中岩浆流体的深部来源一致（Pollard，2001），且与 Cet al. elaria 流体包裹体所表征的流体来源相符（Ullrich 等，1999）。存在于沿海山脉伸展的中生代弧形地体中的地热梯度的升高有利于延长来源于深部岩浆流体在冷却以前的上升运动乃至侧向运移，这足以导致全部金属的沉淀。

在矿床尺度上，Cordillera 深成岩体中所赋存的 IOCG 矿床，主要为脉型，其主要受控于小的断层和断裂带。与之相反的，位于火山岩和沉积岩中的 IOCG 矿床规模较大，包括该区内出现的所有大型矿床。其成因主要是岩浆热液流体沿断层进入渗透层或多层多孔地层而成矿。

Marschik 等（1996）认为 Punta del Cobre IOCG 矿床是介于块状磁铁矿床和斑岩铜矿床之间的特殊类型的矿床，这两种矿床在沿海山脉的产状相当接近。然而，如上所述该区的 IOCG 矿床和斑岩铜矿床之间具有明显的区别，没有直接的联系，不过它们也呈现一些相同的特征，包括热液磁铁矿和/或赤铁矿的产状、钾质蚀变、钾－钙质蚀变和钠质蚀变（Pollard，2000）。

世界范围内的许多含金的斑岩铜矿床含有大量的热液型磁铁矿±赤铁矿。其早期蚀变以贫矿的钠－钙质蚀变为主，在晚期则是与矿化有关的钾（－钙）质蚀变组合。例如，Grasberg 的磁铁矿含量在钾质蚀变带的有些部分达到15%，与 IOCG 矿床并不相同。在一些斑岩铜矿床中，由含钠的斜长石、单斜辉石、角闪石和磁铁矿界定的钠（－钙）质蚀变组合（而不是正常的钾质组合）是铜（－金）矿化的成矿母岩（Sillitoe，2003）。

安第斯中部的 IOCG 矿床中铜矿化（例如，Raul－Condestable，El Espino）只产在钠－钙质蚀变中，尽管钾质蚀变可能比钠－钙质蚀变更有利于成矿。这种情况可能是垂向蚀变分带所造成的，而并不是流体地球化学不同所导致。在 Cordillera 地区的 IOCG 矿床中分带性并不是很明显，尽管几个矿区和 Candelaria－Punta del Cobre 的观察表明在单个矿脉或是区域尺度上是由磁铁矿－阳起石－磷灰石向上转变为赤铁矿－绿泥石－绢云母。大量的热液角砾岩脉、岩筒和平卧层控矿体似乎很大程度上受限于浅部以赤铁矿为主的 IOCG 成矿带（图 2－13）。

在 Cordillera 地区的几个矿区中，中—晚侏罗世以磁铁矿为主的 IOCG 矿床和含有少量铜矿的块状磁铁矿（－磷灰石）矿床之间的关系表明两种矿床类型是过渡的，而且随着 IOCG 矿床中的铜含量下降可导致块状磁铁矿矿脉的产生。深部含铜或不含铜、缺少热液黑云母和钾长石的块状磁铁矿体常伴随钠－钙质蚀变一起产出。

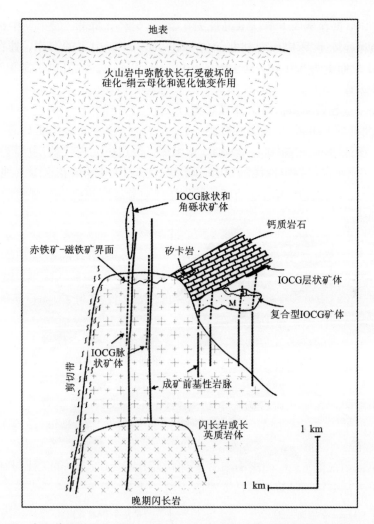

图 2 - 13　中安第斯沿海 Cordillera 地区的 IOCG 矿床的类型概要图(据 Sillitoe, 2003)

斑岩铜矿床中的热液磁铁矿正常情况下被认为是直接从源区岩浆分配到岩浆热液中沉淀产生的。但 Cordillera 一些块状磁铁矿床和 IOCG 矿床中铁氧化物中的部分铁则是由矿化位置附近火成岩铁镁矿物中超盐度岩浆流体的淋滤得来。发育在许多大型块状磁铁矿床和一些 IOCG 矿床附近的贫镁铁质钠长石 - 钾长石蚀变岩带,包括 Candelaria 和 Mantoverde 矿床的特征都支持这一结论。

安第斯地区最重要的 IOCG 矿床是坎德拉里亚 - 蓬塔矿床(Candelaria - Punta)和曼托维德(Mantoverde)矿床。其中,坎德拉里亚 - 蓬塔矿床是 Candelaria 地区最大的一个 IOCG 矿床,其储量约为 470 Mt, Cu 品位为 0.95% , Au 品位为 0.22 g/t, Ag 品位为 3.1 g/t。而蓬塔地区则分布着一些中小型的矿点,矿床储量约 120 Mt，Cu 品位为 1.5%，Au 品位为 0.2 ~ 0.6 g/t，Ag 品位为 2 ~ 8 g/t。曼托维德(Mantoverde)矿床位于智利北部的 Cordillera de la 山系的海岸，处在下白垩世地层中，总储量为 630 Mt，其中铜的品位为 0.52%(边界品位 0.2%)，Au 的品位为 0.11 g/t。

2.1.3.3 巴西 Carajás IOCG 成矿省

巴西北部的 Carajás 矿物省(图 2 - 14，表 2 - 8)位于太古代亚马逊克拉通的东南边缘，东界为新元古代的 Araguaia 褶皱带，西边由元古代地层所覆盖，北边被亚马逊盆地元古代到中生代沉积岩石所切，南与 Rio Maria 花岗绿岩地体相连。

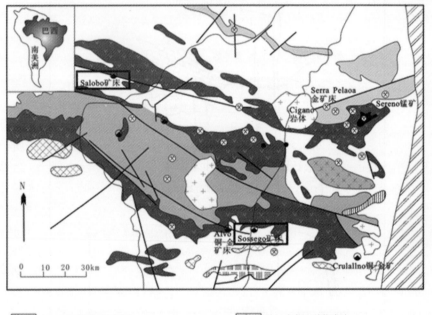

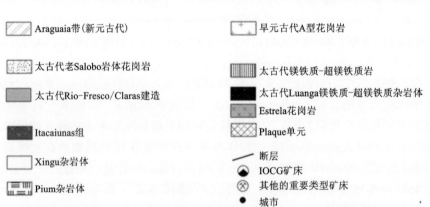

图 2 - 14　巴西 Carajás 地区区域地质图(据 Monteiro 等，2008b)

这个地区发育有全球最广泛的 A 型花岗岩,同时在这个地区也赋存着世界上最大的超大型高品位 IOCG 矿床(如 Sossego, Salobo, Igarapé Bahia/Alemão, Cristalino, Alvo 118, Igarapé Cinzento/Alvo GT46)。这些矿床赋存于一个大型的脆韧性剪切带中 2.76 ~ 2.73 Ga 的变火山 - 沉积岩,2.70 到 2.65 Ga 辉长岩/辉绿岩、花岗岩和斑岩脉中。地质年代学的研究表明 Carajás 地区 IOCG 矿床的形成可能与本区内三期成矿事件有关,分别为 2.74 Ga、2.57 Ga 和 1.8 Ga(Agnol 和 de Oliveira,2007; Corriveau, 2005; Corriveau 等, 2009; Dall'Agnol 等, 2005; Dreher 等, 2008; Galarza 等, 2008; Grainger 等, 2008; Hitzman, 2000b; Hitzman, 1992; Lascelles, 2006; Maier, 2005; Monteiro 等, 2008b; Monteiro 等, 2008c; Pimentel 等, 2003; Sener 等, 2002; Tallarico 等, 2005; Williams, 2009; Williams 等, 2005b; Williams 等, 2010)。

Carajás 地区包含了大量不同类型的矿床,并且有世界上出露最好的矿床。Carajás 的南部地区分布有小型的与剪切带有关的矿脉型 Au 和 Au - Cu - Bi - Mo 矿床,包括位于 2.76Ga Itacaiúnas 超群中的世界级规模的 Carajás 铁矿床,储量为 1800 万 t,Fe 品位为 63%,以及 Estrela 花岗岩接触带(2.76Ga)的 Rio Novo 群变质火山岩中的贫铁氧化物 Cu - Mo - Au 矿床。Carajás 还有与镁质 - 超镁质杂岩体相关的铬 - PGE 矿床和红土型镍矿床。形成于 2.68Ga 的 Águas Claras 组部出露在 Carajás 的北部和中部,包含了 Azul 和 Sereno 的锰矿床和与侵入体相关的 Cu - Au(- Mo - W - Bi - Sn)矿床,与 1.88Ga 非造山型花岗岩体有关的 W 矿床。Águas Claras 组还包括有 Serra Pelada 和 Serra Leste Au - Pd - Pt 矿床。Carajás 矿集区拥有着世界上最大储量的 IOCG 矿床组合,包括 Sossego、Salobo、Igarapé Bahia、Alemão、Cristalino、Gameleira 和 Alvo 118 等一系列矿床(图 4 - 30;表 4 - 6)。Carajás 的 IOCG 矿床显示了一系列相似点,包括:(1)围岩类型多样,其中有 2.76Ga 形成的 Itacaiúnas 超群的变质火山沉积单元;(2)多与剪切带有关;(3)分布于不同组份的侵入体邻近;(4)存在强烈的热液蚀变(钠质、钠质 - 钙质或钾质组合)以及绿泥石化、电气石化和硅化;(5)有硫化物参与的磁铁矿地层组合;(6)在相关的矿物中不同程度地包括有流体包裹体,均一温度为 100 ~ 570℃,盐度约为 0 ~ 69%(NaCleq.)。

Carajás 地区的 IOCG 矿床主要的不同点包括独特的热液蚀变组合(如高温硅酸盐矿物,例如只在 Salobo 出现的铁橄榄石和铁铝榴石),以及矿石矿物组合(例如 Salobo 的黄铜矿 - 辉铜矿 - 斑铜矿;Igarapé Bahia 的黄铜矿 ± 辉铜矿 - 蓝辉铜矿 - 铜蓝;Sossego,Cristalino 和 Alvo 118 矿床的黄铜矿 - 黄铁矿)。

表 2-8 Carajas 成矿省 IOCG 矿床的主要特征（据 Monteiro 等，2008b）

矿床名称	储量	围岩	侵入体	蚀变类型	结构构造	矿石矿物	流体包裹体特征	稳定同位素特征	矿化年龄
Sossego	245Mt; 铜：1.1%、金：0.28 g/t	花岗岩；长英质火山岩	辉长岩、酸性侵入体、辉绿岩墙	钠质、钠质-钙质蚀变；绿泥石化、碳酸盐化	破碎角砾岩筒型；充填细脉型	Ccp, Mag, Py; Sig; Mil; Hes; Sp; Hem	$Th=102\sim312℃$; 盐度$=0\sim23\%$; $Th=200\sim570℃$; 盐度$=32\%\sim69\%$	$\delta^{34}S=2.2\sim7.6$; $\delta^{18}O=-5\sim15.4$	$2.2\sim2.3$ Ga Ar-Ar法
Salobo	789Mt; 铜：0.96%、金：0.52 g/t	英安岩、角闪闪长岩、硬砂岩、条带状铁建造	花岗岩	钾质、钙质蚀变；青磐岩化	剪切带控制的透镜状	Mag, Bn; Ccp; Dig; Cc; Mo; Ilm; Cov; Co-pen; Hem;Cu	$CH_4<10\%$; $Th=360℃$; 盐度$=35\%\sim58\%$; $Th=133\sim270℃$; 盐度：$1\%\sim29\%$	$\delta^{34}S=0.2\sim1.6$; $\delta^{18}O=6.6\sim12.1$	2579 ± 71 Pb-Pb; 2576 ± 8 Re-Os
Igarape Bahia/Alemao	170Mt; 铜：1.5%、金：0.8 g/t	火山岩, 火山角砾岩, 条带状铁建造	石英闪长岩	绿泥石化、碳酸盐化；钠质-钾质蚀变；电气石化	角砾岩型、细脉型浸染型	Ccp; Cc; Dig; Cov; Cob; Hes; Bn; Py, Mo	主矿化期：$Th=160\sim330℃$; 盐度$=5\%\sim45\%$; 晚期 $Th=120\sim500℃$; 盐度$2\%\sim60\%$	$^{13}C=-6\sim-15$; $\delta^{18}O=2\sim20$; $\delta^{34}S=-2.1\sim5.6$	2772 ± 46 Pb-Pb; Ccp2, 575 ± 12 SHRIMP U-Pb
Gameleira	100Mt; 铜：0.7%	镁铁质岩石、云母片岩	辉长岩及花岗岩	钾质蚀变	层状, 剪切带中的细脉浸染状	Ccp; Py, Mo; Hem; Copen; Cob; Bn; Po; Au; Cub; Mag	$Th=80\sim160℃$; 盐度：$8\%\sim21\%$, 饱和包裹体：$Th=200\sim400℃$	$\delta^{34}S=3.1\sim4.8$; $\delta^{18}O=8.9\sim10$; $\delta^{13}C=-9.5\sim-8.4$	1734 ± 8 Ar-Ar; 1700 ± 31 Sm-Nd
Alvo	70Mt; 铜：1.0%、金：0.3 g/t	镁铁质火山岩和火山碎屑岩	英云闪长岩；流纹岩；英安岩	钾质蚀变、绿泥石化、硅化、碳酸盐化	角砾岩型、细脉型及充填型破碎带型	Mag; Ccp, Py, Bn	—	—	1869 ± 7; 1869 ± 7 (SHRIMP Pb-Pb Xe)
Cristalino	500Mt; 铜：1.0%、金：0.3 g/t	长英质火山岩和铁建造	闪长岩及石英闪长岩	钾质、钠质蚀变；绿泥石化、碳酸盐化	破碎带角砾岩筒型	Ccp; Py; Au; Bra, Cob; Mil; Va	—	—	2719 ± 36 Pb-Pb; Ccp 和 Py

　　Carajás IOCG 矿床的热液蚀变(图 2 - 15,图 2 - 16)以早期 Na 和 Na - Ca 蚀变为主,紧接着为钾化,磁铁矿(- 磷灰石)化,然后是绿泥石化、Cu - Au 矿化,最后为水解作用。电气石化在那些成矿母岩为变质火山岩 - 沉积岩的矿床中(如 Salobo 和 Igarapé Bahia/Alemão 矿床)尤其发育。铁橄榄石、石榴子石和硅线石是那些产在韧性剪切带中的矿床中高温蚀变矿物的共生组合,这类矿床如 Salobo 和 Igarapé Cincento/Alvo GT46。硅化和碳酸盐化是这些形成于脆韧性剪切带中的矿床(如 Sossego 和 Alvo 118)最重要的特征。

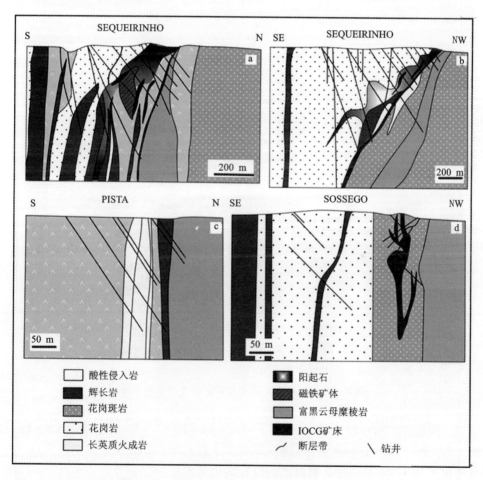

图 2 - 15　Sossego 地区部分主要矿点的剖面简图

　　广泛发育的方柱石化带(>20 km^2)代表了围绕 IOCG 矿床(如 Sossego)的 Na化,反应早期区域热液流体为高盐度流体。Carajás 成矿省矿床中的金属主要从母岩中淋滤出,并在高盐度流体的作用下更加富集,然后在侵入岩侵入过程中受热

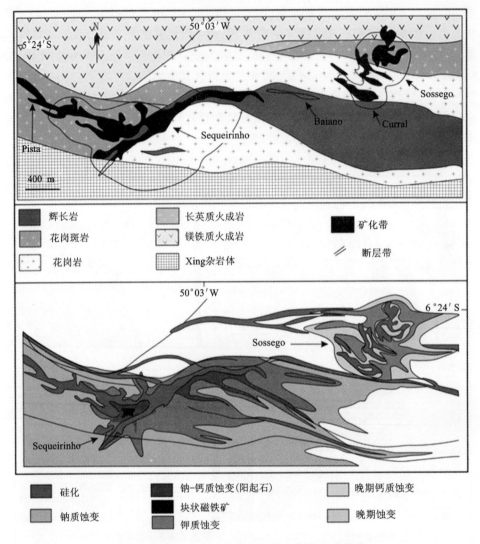

图 2-16 Sossego 地区部分矿点分布的地质简图

成矿。因此在矿石中以地球化学中 Fe – Cu – Au – REE(– U – Y – Ni – Co – Pd – Sn – Bi – Pb – Ag – Te) 为主要元素关联标识,在 Carajás IOCG 矿床中很发育,而且变化复杂,这主要取决于被淋滤的母岩的化学成分。

与成矿相关的流体包裹体的研究发现成矿流体是一种热的卤水(>30% NaCl)溶液,以含石盐的液态包裹体为主和一种低温低盐度(<10% NaCl)流体相混合的结果。这种混合过程导致了盐度和温度随着成矿期 f_{O_2} 的增加而降低。这个过程有利于以赤铁矿 – 斑铜矿为主的更显氧化态的矿床(如 Alvo 118 矿床)形

成，而不利于以磁铁矿 – 黄铜矿为主的矿床(如 Sossego 矿床)的形成。

　　广泛的水岩反应中可能涉及盆地水/蒸发岩或岩浆流体成分，因为其导致 ^{18}O 富集的流体($\delta^{18}O_{流体} = 5‰ \sim 15‰$)，这是 Carajás IOCG 矿床中一种典型的流体特征(图 2 – 17)。除此之外，在浅部侵位的 IOCG 矿床中(e. g. Sossego 和 Alvo 118)，计算的流体同位素组成($\delta^{18}O = -5.2‰$，$\delta D = -35‰$，300℃)也证明了构造控制的大气降水对于矿床沉积中高压流体释放和角砾岩化十分重要。Cl 同位素和 Br 同位素，结合 Cl/Br – Na/Cl 的特征表明 Carajás IOCG 矿床的形成还与一部分剩余的蒸发岩流体的加入有关(苦卤水一般由海水蒸发岩产生)。Carajás IOCG 矿床中硫同位素组成在幔源值($\delta^{34}S = 0 \pm 1‰$)和大气降水值(>7‰)之间变化，这也反映了不同的物理化学条件或者从地表有重硫的参与。

　　总之，Carajás 成矿省的 IOCG 矿床的共同点包括：(1)围岩性质(多位于 Itacaiúnas 超群内)；(2)与剪切带的空间关系和与不同组分侵入体的关系；(3)早期钠质蚀变，到晚期钾化蚀变，到最后的硫化物矿化的递增热液蚀变作用；(4)与成矿有关的矿物中流体包裹体均一温度(100 ~ 570℃)和盐度(0 ~ 69% NaCleq.)。

　　Salobo 矿床和 Sossego 矿床是 Carajás 成矿省中最重要的组成部分。

2.1.3.4　南澳赤铁矿为主的 Olympic Dam Cu – U – Au – Ag – REE 矿床

Olympic Dam Cu – U – Au – Ag – REE 矿床位于澳大利亚南部 Gawler 克拉通的东缘，成矿带的东部为 Torrens 枢纽带，西南端以 Kalinjala 剪切带(KSZ)为界，北部到达 Prominent Hill 矿床附近(图 2 – 18)，呈南北向条带状分布、全长超过 500 km。高勒(Gawler)克拉通地区经历了长期较为复杂的构造岩浆演化历史，总时间跨度约 10 亿年(Hand 等，2007)，其构造演化简述如下：新太古代(2560 ~ 2500 Ma)的构造活动形成了一系列火山沉积盆地，并发育有弧形的长英质岩浆作用和包含科马提岩在内的镁铁质 – 超镁铁质岩浆，此后于 2480 ~ 2420 Ma 的碰撞变形，导致了古元古代早期大陆内部约 400 Ma 的构造宁静期。第二期的构造活动主要发生于古元古代中、晚期—中元古代早期(2000 ~ 1450 Ma)，早期大陆发生裂解，形成一系列 1900 ~ 1730 Ma 的火山沉积盆地，其间于约 1850 Ma 发生了 Cornian 造山运动，导致挤压变形并伴有岩基规模的花岗质岩浆作用，其中有部分源于新太古代基底的熔融；此后于 1730 ~ 1690 Ma 发生 Kimban 造山运动，形成了地壳规模的剪切带、花岗质岩浆作用和强烈的变质作用，被紧接着 1680 ~ 1640 Ma 的伸展作用所改造；到 1620 ~ 1615 Ma 在高勒克拉通的南部构造背景为一活动大陆边缘，之后到 1595 ~ 1575 Ma 进入陆内演化阶段，形成了大面积的高勒山火山岩及 Hiltaba 花岗闪长岩套，并伴随大规模的 IOCG 成矿作用。

　　Olympic Dam Cu – U – Au – Ag – REE 矿床产在 Olympic Dam 角砾杂岩中(图 2 – 18)，巨大的角砾岩系统包含在 Roxby Downs 花岗岩中，而该花岗岩为元古代的花岗岩，属于 Hiltaba 岩套的一部分。Olympic Dam 角砾杂岩主要受 NEE 和

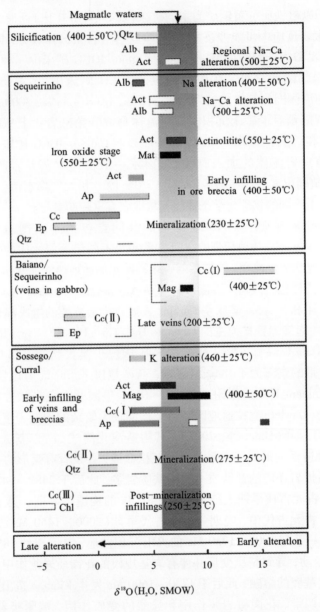

图 2 - 17 Sossego IOCG 矿床 Sossego 和 Sequeirinho 矿体中与热液蚀变和矿化有关氧同位素组成计算结果，阴影部分表示原始岩浆水的区域（据 Monteiro 等，2008b）。

NNW 走向棋盘式构造交叉部位构造控制，紧接下来角砾杂岩不断受重复的物理化学以及火山爆破作用，导致在角砾岩带的不规则分布。该角砾杂岩体过去曾被认为是中元古代沉积角砾岩。而近年来的研究表明，该杂岩体由一个大型的裂隙化、角砾岩化和热液蚀变的花岗岩体、各类角砾岩(包含富花岗岩角砾、富花岗岩和富赤铁矿角砾、富赤铁矿角砾岩和贫赤铁矿－石英角砾岩)及少量凝灰岩和沉积岩组成。矿体主要产于富含赤铁矿的角砾岩中。其中，高品位的铜矿石主要赋存在 Olympic Dam 角砾岩杂岩的中部，而高品位的金矿主要产于陡倾斜的石英－赤铁矿角砾岩边缘的富铀－铜矿带附近(Davidson，1994)。角砾岩和沉积岩的组构特征显示其形成于一具有火山喷气和岩浆气流活动特征的高侵位的次火山环境(Haynes 等，1995)，反映角砾岩化和矿化与该区中元古代火山—侵入事件密切相关。

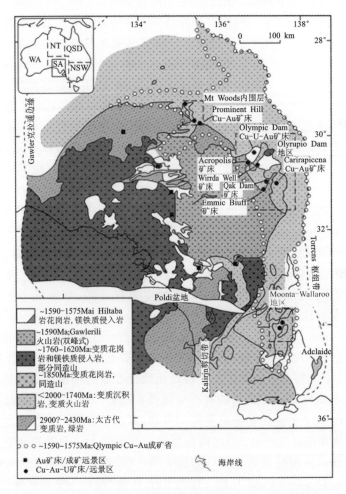

图 2-18　高勒克拉通地质简图(据 Skirrow 等，2007 修改)

在 Olympic Dam Cu－U－Au－Ag－REE 矿区各类大小矿体共计150多个，从350 m 深处的古地表一直延深至超过1 km，矿体主要呈层状、透镜状及交切脉状产出。矿化主要与花岗岩类的铁氧化物蚀变(主要为赤铁矿,在深部角砾杂岩边缘亦有少量磁铁矿)密切相关。主要的铜矿化表现出明显的纵向和横向分带性,各类矿体的垂直分带明显,矿物从下往上、从内往外的大致分带情况为:黄铁矿→黄铜矿→斑铜矿→辉铜矿→自然铜→金→硅质,其中铜的变化为从边缘的黄铜矿至斑铜矿到中心弱矿化的辉铜矿。Au 和 Ag 主要与铜硫化物密切相关。高品位的铜矿体由辉铜矿和斑铜矿组成,位于矿床的上部,高品位的富铀地段为含沥青铀矿细脉和浸染状沥青铀矿,大多数铜铀矿化伴有 La、Ce 等 REE 的显著富集。除此之外,矿床内从早到晚,依次出现三种明显的矿物组合(Haynes 等,1995),最早的矿物共生组合 I 为:磁铁矿 ± 赤铁矿、绿泥石、绢云母、菱铁矿及少量的黄铁矿、黄铜矿和沥青铀矿,其经过部分或完全氧化过渡为组合 II;矿物组合 II 为:赤铁矿、绢云母、辉铜矿、斑铜矿、沥青铀矿、重晶石、萤石和绿泥石,形成于成矿作用的中晚期。矿物组合 III 形成于该区成矿作用的最晚阶段,主要由多孔或块状黄铁矿、粒状石英和重晶石组成,是矿化作用晚期的特征。各矿物组合间局部出现时空上复杂的重叠关系,且界限模糊,但整体呈现垂直分带现象,从较浅部位的组合 III 向深部依次变为组合 II 和组合 I。矿体内整体上为无矿赤铁矿 ± 白云石 ± 绿泥石 ± 菱锶矿(浅部)→金→沥青铀矿→辉铜矿 ± 绿泥石 ± 天青石 → 碳酸盐→斑铜矿 ± 螺硫银矿 ± 天青石 ± 碳酸盐→黄铜矿→黄铁矿 ± 磁铁矿(深部)的空间分带。各矿带中赤铁矿常与斑铜矿和黄铜矿等硫化物共生,构成硫化物的边缘环形分带,占各类角砾岩中基质含量的 30% ~ 70%。矿石呈块状、细脉状、中细粒浸染状构造。主要的矿石矿物有赤铁矿、磁铁矿、黄铁矿、黄铜矿、斑铜矿、辉铜矿、自然金、自然银、沥青铀矿、水硅铀矿、氟碳铈矿、铈磷灰石、独居石、磷铈铝石、含钴硫化物等;脉石矿物主要有石英、绢云母、钾长石、萤石、重晶石及少量菱铁矿和绿泥石等。

Olympic Dam IOCG 成矿省内围岩蚀变广泛,总体的蚀变特征如表 2 - 9 (Skirrow 等,2007):(1)蚀变以磁铁矿和/或赤铁矿为主,矿物组合具有典型的 IOCG 矿床蚀变的特点,尽管在一些铁氧化物蚀变组合中出现少量的磷灰石,但成矿省内并不发育 Kiruna 式的磷灰石 - 磁铁矿型矿床;(2)硫化物以铜和铁的硫化物为主,含 REE 的副矿物普遍发育,Pb 和 Zn 含量极低;(3)浅成的蚀变和矿化呈交代、脉状和角砾状产出,与区内断裂或剪切带相关。主要的蚀变类型及其矿物组合有磁铁矿 - 碱性长石 - 钙硅酸盐 ± Fe - Cu 硫化物和赤铁矿 - 绢云母 - 绿泥石 - 碳酸盐岩 ± Fe - Cu 硫化物 ± U 和 REE 矿物(简称为赤铁矿蚀变)。上述三种蚀变组合主要呈脉状出现,交代长英质及镁铁质的容矿岩石。磁铁矿 - 长石 - 钙硅酸盐组合可进一步分为磁铁矿 - 钠长石 - 钙硅酸盐(Fe - Na - Ca - rich)蚀变和富钾蚀变两种亚型。在富钾蚀变组合中,钾长石交代了早期形成的钠长石。这类磁铁矿 - 钾长石 - 钙硅酸盐组合为区内 IOCG 矿床体系的主要含磁铁矿组合。

而这两亚类含磁铁矿组合中，钙硅酸盐主要为阳起石或透辉石，同时含有少量的石英、黄铁矿、磷灰石、榍石、黄铜矿、方柱石和褐帘石等。整体而言，磁铁矿 – 钾长石 – 钙硅酸盐蚀变和赤铁矿 – 绢云母 – 绿泥石 – 碳酸盐岩蚀变是该区围岩蚀变的两个主要端元，磁铁矿 – 钠长石 – 钙硅酸盐组合与其他 IOCG 成矿省区域上的 Na – Ca 质蚀变相似，磁铁矿 – 黑云母蚀变和磁铁矿 – 钾长石 – 钙硅酸盐蚀变与其他 IOCG 成矿省内的钾质蚀变对应，而赤铁矿 – 绢云母 – 绿泥石 – 碳酸盐岩蚀变与 Hitzman 等（1992）提出的富水蚀变相当。由于晚期的富赤铁矿组合不同程度地交代先期形成的富磁铁矿组合，因此 Bastrakov 等（2007）认为 Olympic Dam IOCG 成矿省内早期富磁铁矿蚀变被晚期富赤铁矿叠加，成矿分两阶段完成，这与 Haynes 等（1995）认为两个蚀变类型同时形成于矿床的不同部位有所差别。

表 2－9 奥林匹克克坝 Cu－Au(－U) 成矿省部分矿床及成矿远景区的基本特征(据 Skirrow 等, 2007)

矿床/成矿远景区(北－南)	矿化(和蚀变类型)	储量－品位	围岩	蚀变和硫化物期次	矿化的结构、类型	年龄
Prominent Hill	主要 Cu－Au 矿床(Hem－Ser－Chl－Carb)	119 Mt, 1.3% Cu, 0.49 g/t Au	变沉积岩, 火山岩, 基性岩、安山岩, 长英质岩浆岩容的赤铁矿'角砾岩	1. Ccp－Bn－Cc－Hem－Ser－Qtz; 2. Fl－Ur	浸染状角砾岩型	—
Mamxman Al, Joes Dam	弱的 Cu－Au 矿化(Mag－Alb－Calc－Silicate; Mag－Bt; Hematitic)	Mamxman: 237 m, 0.23 Cu;Joes Dam: 136 m,0.13 Cu	富磁铁矿'和富钙的泥质变沉积岩角砾; I型花岗岩、长英质－中性片麻岩, 麻粒岩	1. Alb, Scp, Cpx, Qtz, Act 2. Mag, Bt, Ap, Ttn, REE 3. Po, Ccp, Py, REE－U－Th, Hem, Chl, Cal, Alb, Fl, Kfs, Stp, Brt, Ser	硫化物呈脉状, 浸染状充填在角砾内; 块状磁铁矿'和赤铁矿'带	—
Mamxman West	贫矿(Mag－Alb－钙硅酸盐)	—	Fs－Qtz－Bt 片麻岩; Hiltaba Suite 花岗岩脉	Mag, Alb, Act, Ttn	很少有硫化物	$1567\pm10\sim1586\pm3$ Ma
Titan	缺乏 Cu 矿化(Mag－Kfs－钙硅酸盐; Hem－Ser－Chl－Carb)	47 m, 0.27% Cu, 0.06 g/t Au, 5 m 1.1 Cu, 0.25 g/t Au	变质长石砂岩和薄层状 Wallaroo 群; 基性和长英质的岩脉	1. 叶片状赤铁矿' 2. Mag, Qtz, Act, Tr, Py, Kfs, Ccp 3. Hem, Carb, Chl	硫化物为浸染状和脉状	—
Olympic Dam	主要的 Cu－Au－U 矿床(Hem－Ser－Chl－Carb)	3.81 Gt,1.1% Cu, 0.5 g/t Au, 0.4 kg/t U_3O_2	ODBC 赋存在 Roxby Downs 花岗岩内; 多阶段的赤铁矿'角砾岩化, 火山碎屑岩, 长英质和镁铁质－超镁铁质岩脉	1. Mag±Hem, Chl, Ser, Sd, Py, Ccp, Pt 2. Hem, Ser, Cc₁,Bn, Py, Brt, Fl, Chl 3. Hem, Qtz, Brt	硫化物呈浸染状区分布于赤铁矿'角砾岩内, 或呈脉状	1590~1595 Ma
Torrens	缺乏 Cu 矿化(Mag－Kfs－钙硅酸盐; Hem－Ser－Chl－Carb)	—	细粒富长石变沉积岩(Wallaroo 群?)	1. Mag, Qtz, Py, Kfs, Ap, Carb 2. Hem, Chl, Ms/Ser, Ccp	—	1575±11Ma
Murdie	贫矿(Mag－Alb－Kfs－钙硅酸盐; 弱赤铁矿'化)	—	细粒富长石变沉积岩(Wallaroo 群?)	1. Mag, Alb, Act, Ap, Ttn, Py, Ccp, Carb 2. Kfs 3. Hem, Chl, Cal	—	1567±10 Ma

续表 2 - 9

矿床/成矿远景区(北-南)	矿化(和蚀变类型)	储量-品位	围岩	蚀变和硫化物期次	矿化的结构/类型	年龄
Oak Dam	弱的 Cu – U 矿化(含磁铁矿);Hem – Ser – Chl – Carb)	7 m 0.27% Cu, 63 m 0.32% Cu, 690×10⁻⁶ U, 约 560 Mt 块状铁矿, 216 m, 1480×10⁻⁶ La, 1615×10⁻⁶ Ce	Donington 花岗闪长岩和变沉积岩;被 Hiltaba Suite 切穿;花岗岩脉,少量闪长岩和基性岩墙	1. Mag – Qtz – Ap – Py 2. 胶粒结构赤铁矿 3. 晚于磁铁矿的赤铁矿,黄铜矿,Qtz, Chl, Ser, Mnz, Ccp, Py, Sp, Ap, Carb, Ur; 4. 晶簇状 Qtz ± Brt	硫化物呈浸染状分布于赤铁矿角砾岩内,或呈铁矿脉状,或交代胶粒结构的条带	—
Emmie Bluff	弱的 Cu – Au 矿化(Mag – Kfs – 钙硅酸盐;Hem – Ser – Chl – Carb)	Cu 品位达到 2.6%, Au 为 0.6 g/t	Wallaroo 群, Donington 花岗岩(北), Gawler Range 火山岩 英安岩(南)	1. Mag, Cpx, Act, Grt, Qtz, Cal, Kfs, Py, Aln(南) 2. Ccp, Bn, Hem, Chl, Qtz, Cc(北)	浸染状硫化物出现在构造角砾岩内	—
Wallaroo	小的 Cu – Au 矿床(Mag – Bt)		千枚岩,黑云母片岩 (Wallaroo 群)	Qtz, Carb, Tur, Ap, Fl, Amph, Cpx, Mag, Kfs, Bt, Py, Po, Ccp	沿剪切带呈交代和浸染状分布	—
Moonta	Cu – Au 矿床(富石英,贫铁氧化物的IOCG?)	约 6.75 Mt, 5% Cu, 1~4 g/t Au	变质流纹岩(Wallaroo 群)内的 Moonta 斑岩	Qtz, Kfs, Bt, Tur, Chl, Ser, Hem, Mag, Cpx, Py, Ccp, Bn	裂隙脉状,脉宽达 5 m	—
Alford	弱的 Cu 矿化(Mag – Bt – Qtz?; Hem – Ser – Chl – Carb)	Cu 达 0.2%, Mo 为 3600×10⁻⁶	富长石粉砂岩, Wallaroo 群	1. Mag, Bt, Alb, Act, Ttn, Tur; 2. Qtz, Kfs, Chl, Hem, Mo	石英–硫化物细脉沿剪切带膨胀部位分布	1574 ± 6 Ma
Pridhams	弱的 Cu 矿化	Cu 达 1%	钙质变沉积岩, Wallaroo 群	Cal, Qtz, Bt, Chl, Ser, Ccp, Py, Mo	硫化物脉切穿含 Scp 变沉积岩	1596 ± 6 Ma

注:ODBC 为 Olympic Dam 角砾杂岩, Act—阳起石, Alb—钠长石, Aln—褐帘石, Amph—角闪石, Ap—磷灰石, Bn—斑铜矿, Brt—重晶石, Bt—黑云母, Cal—方解石, Carb—碳酸盐岩, Cc—辉铜矿, Chl—绿泥石, Cpx—单斜辉石, Dol—白云石, Ep—绿帘石, Fl—萤石, Gn—方铅矿, Grt—石榴石, Hem—赤铁矿, Ill—伊利石, Kfs—钾长石, Mag—磁铁矿, Mar—白铁矿, Mnz—独居石, Mo—辉钼矿, Ms—白云母, Po—磁黄铁矿, Pt—沥青铀矿, Py—黄铁矿, Qtz—石英, Scp—方柱石, Sd—菱铁矿, Ser—绢云母, Sp—闪锌矿, Stp—黑硬绿泥石, Tr—透闪石, Ttn—榍石, Tur—电气石, Ur—沥青铀矿

Olympic Dam IOCG 成矿省内热液蚀变和矿化期的石英和方解石的流体包裹体可以分为三个主要类型：Ⅰ类主要为富蒸气相的高温包裹体，气相主要为水蒸气，没有检测到 CO_2 和 CH_4；Ⅱ类为中 – 低温液 – 气相包裹体；Ⅲ类为高温高盐度含子晶的多相包裹体，子晶主要为一些盐类、硅酸盐和不透明的子矿物如磁铁矿、赤铁矿和黄铜矿等。其中，Ⅰ类和Ⅲ类包裹体主要出现在含磁铁矿蚀变组合中，部分可出现在受赤铁矿叠加的含磁铁矿带的石英颗粒内，这两类包裹体常同时出现，暗示成矿流体演化过程中可能发生过相分离。而Ⅱ类包裹体普遍出现在富赤铁矿蚀变组合内或作为富磁铁矿组合内的次生包裹体出现。大量的研究显示，高温高盐度的包裹体广泛出现在奥林匹克坝 IOCG 成矿省内（Oreskes 等，1992；Davidson 等，2007；Bastrakov 等，2007），主要出现在磁铁矿 – 钾长石 – 钙硅酸盐蚀变组合中。同时中低温的Ⅱ类包裹体也大量出现在该成矿省内。C 类包裹体的爆裂温度在 400℃ 以上，而Ⅱ类包裹体的盐度为 1% ~ 6% NaCleq.，均一温度为 150 ~ 300℃。

大量的热液矿物和赋矿岩石的同位素年代学数据显示，该成矿省内广泛的铁氧化物蚀变及相关的 IOCG 成矿作用主要集中于 1600 ~ 1570 Ma（图 2 – 19），IOCG 热液活动在时间上与 Hiltaba Suite 和高勒山火山岩一致。三个矿区的成矿年龄具体如下：（1）在 Moonta – Wallaroo 矿区，磁铁矿 – 黑云母蚀变组合内辉钼矿 Re – Os 年龄为 1575 ±6 Ma，与热液榍石和独居石 SHRIMP U – Pb 年龄（1620 ~ 1570 Ma）一致，亦与 Hiltaba Suite 花岗岩和辉长岩的形成时代（1598 ~ 1575 Ma）相近。相比之下，黑云母和角闪石的 K – Ar 年龄为 1545 ~ 1425 Ma，可能指示了该区在 Hiltaba Suite 侵位及相关的 IOCG 成矿作用之后经历的热扰动事件；（2）在 Mount Woods 矿区内，与磁铁矿共生的热液榍石的 U – Pb 年龄为 1567 ±10 Ma，该数据也与区域上的中高级变质作用时限（1587 ~ 1576 Ma）相近，Hiltaba Suite 花岗岩墙的锆石 SHRIMP U – Pb 年龄为 1586 Ma，代表了该区富磁铁矿蚀变的时限。（3）在 Olympic Dam 地区，黑云母的 Ar – Ar 年龄为 1593 Ma，奥林匹克坝角砾杂岩形成于 1595 ~ 1590 Ma，榍石和白云母的年龄为 1576 ±5 Ma 和 1575 ±11 Ma，Hiltaba Suite 和镁铁质岩浆作用形成于 1596 ±4 ~ 1588 ±4 Ma。

Olympic Dam Cu – U – Au – Ag – REE 矿床中同位素特征如下：（1）H、O 同位素：与富磁铁矿矿物组合平衡的流体的 $\delta^{18}O$ 值和 δD 值分别为 7.7‰ ~ 12.8‰ 和 –15‰ ~ –21‰。而赤铁矿矿物组合的 $\delta^{18}O$ 值和 δD 值分别为 4.7‰ 和 –9‰。两类流体的混合是 Olympic Dam Cu – U – Au – Ag – REE 矿床形成的关键（Haynes 等，1995）。（2）C、O 同位素：Olympic Dam Cu – U – Au – Ag – REE 矿床中 16 个菱铁矿的 C、O 同位素研究表明，$\delta^{13}C$ 相对集中，其值为 –2.3‰ ~ –3.5‰，平均值为 –2.6‰，可能源于基底碳酸岩、碳酸盐岩或溶解于热液流体中的岩浆 C；而 $\delta^{18}O$ 值相对分散，变化范围为 12.7‰ ~ 20.9‰，平均值为 16.6‰，可能是由于流

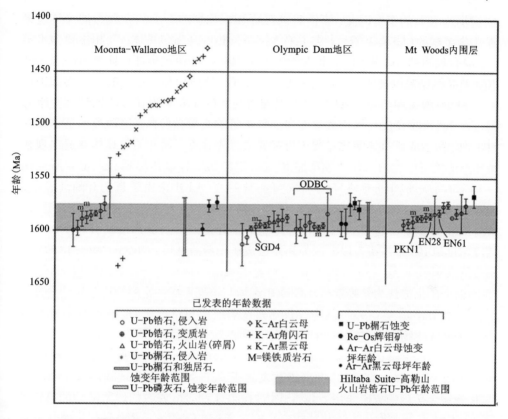

图 2-19 奥林匹克坝 IOCG 矿床成矿年龄(Skirrow 等, 2007)

灰色带代表高勒克拉通 Hiltaba Suite 和高勒山火山岩年龄范围(1575-1600Ma), ODBC 为奥林匹克坝角砾岩

体降温形成菱铁矿期间发生了氧同位素的分馏;(3)Sm-Nd 同位素组成:根据该矿床内 Nd 和 Cu 呈明显的正相关性, Johnson 和 McCulloch(1995)认为流体中 LREE 尤其是 Sm 和 Nd 与成矿元素同时被迁移, 可以用来示踪成矿物质来源。研究表明, 奥林匹克坝矿床富黄铁矿、黄铜矿和富斑铜矿-辉铜矿矿石的 $\varepsilon(Nd)$ 值约为 -2.5, Roxby Downs 花岗岩的 $\varepsilon(Nd)$ 值为约 -5, 反映有同时期幔源物质的参与, 可能与该区的 Gawler Range 火山事件有关, 如矿床中碱质的镁铁质、超镁铁质岩墙 $\varepsilon(Nd)$ 值高达 +4;与赤铁矿矿石相比, 数量较少的富磁铁矿组合具有与花岗岩一致的 Nd 同位素组成, 假设端元成分相当于这些岩墙和 Roxby Downs 花岗岩, 矿石的特征指示矿石中约有 30% 的 Nd 为镁铁质、超镁铁质来源。如果 Nd 是从这些源岩中淋滤出来的, 而不是源于岩浆挥发, 则推测出矿床中的 REE 有超过 13% 来源于镁铁质、超镁铁质岩石, 而小于 87% 的 REE 源于花岗岩或其对应的喷出相。质量平衡计算指示, 13% 的镁铁质、超镁铁质岩石的分异可为矿

床提供约50%的铜。因此，镁铁质岩石的参与可能对奥林匹克坝富铜矿石的形成是非常关键的(Johnson 等, 1995)；(4)S 同位素：黄铜矿和黄铁矿的硫同位素组成(Naomi 等, 1992)显示，在两类蚀变组合中的硫或许来源于冷却的岩浆或被氧化的流体携带的结晶的火山岩(-5‰~2‰)，或者来源于壳源沉积岩(5‰~10‰)。

对于 Olympic Dam 矿床的成因，争论很多，Roberts 和 Hudson(1983)认为该矿床是一种特殊的沉积岩(沉积角砾岩)容矿的矿床类型，为低温同生成岩成因矿床。然而，此后大量的研究表明，该矿床为典型的热液型矿床，但在成因方面存在较大的争论：Reeve 等(1990)提出，Olympic Dam 铁氧化物和 Cu-U-Au-Ag-REE 矿化形成于近地表环境，原生的 Cu-U-Au 矿床主要是上升的高温、富含成矿元素的还原热卤水与下降的低温、相对氧化的大气降水相互作用的产物，从下部的黄铜矿±黄铁矿到上部的斑铜矿±辉铜矿呈明显的带状分布。Oreskes 和 Einaudi(1992)等认为该矿床为两阶段成矿作用的结果，Olympic Dam 角砾岩及伴随的 Cu-U-Au-Ag-REE 矿化相比 Roxby Downs 花岗岩要晚将近 200 Ma，晚期铜金矿化被认为是晚期氧化性成矿流体与早期形成的富磁铁矿矿物组合反应产生。而 Haynes 等(1995)认为仅仅通过水岩反应很难形成 Olympic Dam 超大型规模的铁氧化物铜金矿床，而两种不同性质的流体的混合可能是该区超大型多金属矿床形成的关键，这种流体混合模型与该区流体包裹体的研究结果相吻合。此后，Barton 和 Johnson(1996)提出的蒸发岩模式进一步较为合理地解释了该区铁氧化物铜金矿床的成矿作用。该模式认为，在 1590 Ma 左右的岩浆活动的热驱动下，该区先存的蒸发岩层受热活化产生富含 Na 和 Cl 的盆地流体，与岩浆热液流体发生混合形成循环的成矿流体。成矿流体在上升过程中与区内的围岩发生水岩反应，形成该区强烈的钾质蚀变组合，同时从围岩中萃取部分成矿物质。流体上升过程中，随着温度、压力、氧逸度及 pH 等的变化，形成该区主要的铁氧化物铜金矿化。该模式可以较好地解释该区强烈的蚀变分带，同时认为贫硫的成矿流体中，成矿元素可能主要以 Cl 的络合物形式进行迁移成矿，较好的解释了该区大量亲石元素和亲铁元素的同时富集，这也与该区流体包裹体较高的 $w(Br)/w(Cl)$ 值和同位素及元素地球化学研究的结果相吻合。因而，不管蒸发岩层是否为 IOCG 成矿作用所必须，当岩浆热液体系与大量蒸发岩层相互作用时，往往有利于形成类似于 Olympic Dam 的超大型的 IOCG 矿床。

2.1.3.5 澳大利亚昆士兰州 Cloncurry 地区中的 IOCG 矿床

位于澳大利亚昆士兰州的 Eastern Succession of the Mount Isa Inlier 中发育有一系列元古代的铁氧化物铜金矿床，从北往南依次分布有 Ernest Henry、Great Australia、Eloise、Mount Elliott、Starra 和 Osborne 等多个铁氧化物铜金矿床(附图 1)，构成了澳大利亚除 Olympic Dam 之外的又一个重要的铁氧化物铜金成矿省。整个 Mount Isa 地区经历了复杂的地质演化历史，发育有多期次的构造热事件(表

2－10)。而 Eastern Succession of the Mount Isa Inlier 地区超过 1.87Ga 的结晶基底主要发育在西部的 Mary Kathleen 褶皱带内,而在东部地区没有出露,但捕获锆石和 Sm－Nd 同位素的证据显示,该区深部存在太古宙~古元古代(1900~1850Ma,Pollard 等,1997;Page 等,1998)岩石。区内发育的岩浆岩主要分为两期:早期为1760~1720Ma 的 Wonga 花岗岩及相关的辉长岩(Wonga 花岗岩套);晚期为 1550~1480 Ma 的 Williams Suite,主要为 Williams 和 Naraku 花岗岩及相关的辉长岩和中性的侵入岩,要晚于区域变质作用的峰期时限(1600~1580 Ma)约 50Ma(Oliver 等,2008),而与区域上广泛的强烈钠钙质蚀变及相关的角砾岩化密切相关,在地球化学特征上,晚期的 Williams－Naraku 花岗岩具有 A 型花岗岩的特征(Mark 等,2006b),可能形成于弧后板片反卷(rollback)驱动下地幔上涌背景,花岗岩侵位于板片反卷停止后的挤压环境(Mark 等,2005a)。区内除 Osborne 矿床形成较早(约 1600Ma)外,主要的 IOCG 成矿作用均与晚期 Williams－Naraku 花岗岩具有密切的时空及成因联系(Page 和 Sun,1998a;Rubenach 和 Barker,1998)。

表 2－10　Eastern Succession of the Mount Isa Inlier 地区经历过的主要的热事件
(据 Oliver 等,2008)

热事件	岩石	年龄	分布情况	蚀变和矿化
Williams－Naranu 岩基	花岗闪长岩,少量基性和中性侵入岩	1550~1490 Ma	广泛分布于东部,范围达 10 km	广泛的 Na－Ca 质蚀变,Ernest Henry 及其他 IOCG
Isan 造山峰期	基性岩墙,伟晶岩	1600~1580 Ma	伟晶岩在南部(Osborne,Cannington),基性岩墙在 Snake Ck 背斜轴部	基性岩释放 Cu－Co－Ni－S,伴随岩石的部分熔融,局部发生钠长石化
早期的钠质蚀变	泥质片岩,基性岩	1670~1630 Ma	广泛发育在 Soldiers Cap 群的片岩中	钠长石化与早期 Cu－Au－Fe 的预富集有关
早期侵入岩	英云闪长岩,辉绿岩,辉长岩	1686~1676 Ma	侵入 Snake Creek 背斜南部 Llewellyn Ck 组的泥质片岩	Ag－Pb－Zn 富集,可能在 Cannington Ag－Pb－Zn 矿床内成矿盆地流体循环
火山作用	玄武岩	约 1700~1660 Ma	Soldier Cap 群的 Toole Creek 火山岩,英云闪长岩侵入到较老的玄武岩中	很可能同生富集 Cu,Au,S(Osborne,Starra 矿床)

续表 2 – 10

热事件	岩石	年龄	分布情况	蚀变和矿化
Wonga 侵入岩	花岗闪长岩，辉长岩，辉绿岩	1750 ~ 1730 Ma	Starra 西部的 Gin Creek 花岗岩，分布于 Mary Kathleen 褶皱带内	矽卡岩，富集 U – REE，钠钙质蚀变
Marraba 和 Argylla 火山岩	玄武岩，流纹岩	1785 ~ 1780 Ma	Mary Kathleen 褶皱带，Kalkadoon – Leichardt 地体, Duck Creek Antiform	同火山作用 Cu 的富集

Oliver 等(2008)认为，在 1800 Ma 的板块边界发育时期或之前，在 Mount Isa 地体的中部，薄的富含挥发分的岩石圈地幔发育在东 Succession 的近弧环境，随后海沟(快速)后撤到东部，残留下早先富集的岩石圈地幔，以至于随后远端弧后伸展触发了源于这一富集地幔的富含挥发分的镁铁质岩浆的释放，而后的 Isan 造山运动的碰撞事件以及后来的花岗岩源区涉及下部地壳和上部富集的岩石圈地幔的部分熔融(图 2 – 20)。

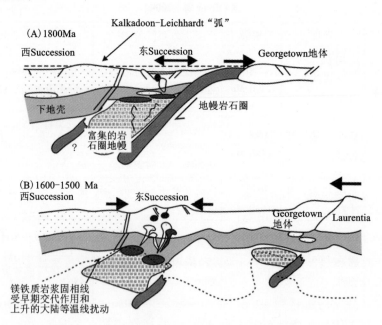

图 2 – 20　Cloncurry IOCG 成矿省内构造 – 热演化示意图(Oliver 等, 2008)

Eastern Succession of the Mount Isa Inlier 地区长期的热液活动，造成了该区多期次、多阶段的蚀变作用，包括峰期变质之前及峰期变质期间的钠长石化蚀变和峰期变质作用,伴随着 Williams – Naraku 花岗岩及深断裂带广泛发育的钠长石 – 阳起石 – 磁铁矿 – 榍石 ± 斜方辉石的蚀变作用。前者与该区 Osberne 矿床的早期矿化作用有关;而后者与区内主要的 IOCG 矿床(如 Ernest Henry、Starra 和 Eloise 矿床等)具有密切的时空联系,可以进一步分为两个阶段:早阶段广泛发育浸染状贫 Cu – Au 矿化的 Na – Fe(钠长石 – 磁铁矿)和 Na – Ca ± Mg(钠长石 – 阳起石 – 磁铁矿 – 榍石 ± 斜方辉石)交代变质作用,之后被晚阶段富 Fe – K(钾长石 – 石英 – 赤铁矿 ± 黄铜矿)的蚀变作用叠加,伴随有区内主要的 Cu – Au 矿化。

同位素年代学研究(表 2 – 11,图 2 – 21)表明 Eastern Succession of the Mount Isa Inlier 地区主要的 IOCG 矿床为后生矿床,成矿作用多集中于 1500 ~ 1550 Ma 之间,明显晚于区内 Isan 造山期的峰期变质作用年龄(1600 ~ 1580 Ma),(Giles 等,2002;Rubenach 和 Lewthwaite,2002),而与 Williams 和 Naraku 岩基的形成时代(1550 ~ 1500 Ma)一致;从该区两类主要矿床有关的侵入体,区域 Na – Ca 蚀变以及矿化年龄的年代学约束(图 2 – 21)上也可以看出,该区变质作用峰期时限主要集中于 1600 ~ 1580 Ma,而大规模的钠 – 钙质蚀变作用和铜金成矿作用明显要晚于峰期变质作用,主要集中于 1550 ~ 1500 Ma,与峰期变质作用之后的 Williams – Naraku 岩浆热事件有关。然而,该区也存在峰期变质作用期间或之前的成矿作用,如 Osborne Cu – Au 矿床辉钼矿的 Re – Os 年龄和榍石的 U – Pb 年龄为 1600 ~ 1590 Ma,与该区区域变质峰期(1600 ~ 1580 Ma)接近(Mark 等,2006b;Mark 等,2006c;Mark 和 Pollard,2006;Rubenach 和 Barker,1998;Williams,1998),而明显早于区内 Williams 和 Naraku 岩基的侵位,指示了该区存在两期明显的 IOCG 成矿事件,Perkins 等(1998)获得的 Osborne Cu – Au 矿床内绢云母的 Ar – Ar 年龄与 Williams – Naraku 岩基侵位时代(1510 ~ 1485 Ma)一致,其 Cu – Au 矿化之前的角闪石和黑云母给出的最大成矿年龄仅为 1540 Ma,这也在一定程度上反映了该区存在两期的矿化热液活动。Oliver 等(2008)根据近年来的一些同位素年龄数据和矿石交代关系等推测,认为区内主要的 IOCG 矿床的成矿作用与 Isan 造山运动的峰期变质作用之后的 Williams – Naraku 花岗岩浆活动密切相关,但该区 Osborne、Eloise 以及 Starra 等 IOCG 矿床内存在 1600 Ma 的区域变质作用或更早期的矿化,此后在与 Williams – Naraku 岩基相关的热液活动中再次富集成矿。

根据矿床地质特征、微量元素地球化学特征及同位素地球化学、流体地球化学和同位素年代学的研究,Eastern Succession of the Mount Isa Inlier 地区 IOCG 矿床的成矿流体和成矿物质具有多来源的特点,成矿作用具有多期次的特点,其成矿过程简述如下:

在 Isan 造山运动之前,该区经历了复杂的构造演化过程,发育有一系列的构造岩浆活动(表 2 – 11),Cu – Au – Fe – REE 等部分成矿元素通过长期的多期次构造热事件发生预富集作用,在 Isan 造山峰期(1600 ~ 1580 Ma),区内广泛发育

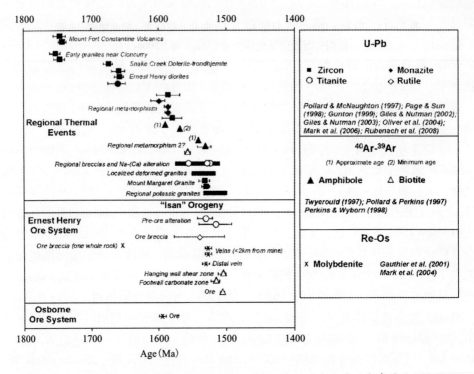

图2-21 与 Eastern Succeession of Mount Isa Inlier 地区两类主要矿床有关的侵入体，区域 Na - Ca 蚀变以及矿化年龄的年代学约束（Williams, 2009）

区域钠-钙质蚀变，并在局部发育基性岩墙，通过基性岩的部分熔融及钠长石化作用，释放出部分 Cu - Co - Ni - S 等，并在区域蚀变的热动力作用下，驱动盆地流体的循环，萃取部分围岩中先期预富集的成矿元素，在 Osborne 和 Cannington 矿区内形成了第一期成矿作用。此后，由于 1550 ~ 1500 Ma 发生的大规模的 Williams - Naraku A 型花岗岩的侵入，出溶大量高温、超高盐度的富铜岩浆流体，沿着大规模的构造通道运移，并与具有低 Cu 含量和蒸发岩卤素的非岩浆流体混和，流体混和、温压条件的变化以及水岩反应导致了该区第二次 IOCG 成矿作用，并对早先发生矿化的 Osborne 及 Cannington 等矿床进一步叠加富集成矿，形成了该区主要的 IOCG 成矿省。

表 2 – 11　**Ernest Henry 及邻区 Cu – Au 矿化、花岗岩、热液蚀变、变质**
及构造活动的年代学数据(Mark 等, 2006c)

热液体系		Ar – Ar(Ma)	U – Pb(Ma)	Re – Os(Ma)	资料来源
Ernest Henry 热液体系	早期阳起石 – 磁铁矿脉	1611 ~ 1610	—	—	Twyerould, 1997
	晚期铁阳起石 – 磁铁矿脉	1476 ± 3	—	—	
	黑云母 – 磁铁矿蚀变	—	榍石 1514 ± 24	—	Mark 等, 2006
	钠 – 钙质蚀变	—	榍石 1529 + 11/ – 8	—	
	Cu – Au 矿化	黑云母: 1504 ± 3	金红石 1538 ± 37	—	Twyerould, 1997; Gunton, 1999
	成矿期	黑云母: 1476	—	—	Perkins 等, 1998
	成矿后热液蚀变	黑云母 1514 ± 16	—	—	Twyerould, 1997
	近矿热液角闪石	约 1526	—	—	Gauthier 等, 2001
Osborne 热液体系	成矿前富钙热液蚀变	—	榍石 1595 ± 6	—	Perkins 等, 1998; Gauthier 等, 2001
	成矿期	角闪石和黑云母: 约 1540	—	辉钼矿 1595 ± 6, 1600 ± 6	
Monakoff 铜金矿化		黑云母: 1508 ± 10	—	—	Pollard 和 Perkins, 1997
Eloise Cu – Au 热液体系	成矿前黑云母脉	1555 ± 4	—	—	Baker 等, 2001
	第二阶段热液脉	角闪石: 1530 ± 3; 黑云母: 1521 ± 3	—	—	
	成矿后的剪切带	白云母: 1514 ± 3	—	—	
区域 Na – Ca 蚀变	钠长石化角砾岩	—	1521 ~ 1555	—	Oliver 等, 2004

续表 2-11

热液体系	Ar-Ar(Ma)	U-Pb(Ma)	Re-Os(Ma)	资料来源
MountFort Constantite 火山岩	—	锆石 1742~1746	—	Page 等, 1998
Ernest Henry 闪长岩	—	榍石 1657~1660	—	Pollard 等, 1997
Tea Tree 花岗岩	—	锆石 1512±4	—	Pollard 等, 1997
Malakoff 花岗岩	—	锆石 1505±5	—	Davis 等, 2001
Mavis 花岗岩	—	锆石 1505±5	—	Davis 等, 2001
Mount Margaret 花岗岩	—	1528~1530	—	Page 等, 1998

Eastern Succession of the Mount Isa Inlier 地区内出现的重要的 IOCG 矿床有 Ernest Henry、Great Australia、Eloise、Mount Elliott、Starra 和 Osborne 等。其中 Ernest Henry IOCG 矿床为本区最为典型的 IOCG 矿床，其矿床的物理化学条件及矿物的微量元素地球化学将特征在本书第 5 章和第 6 章详细讨论。

2.1.3.6 Tennant Creek IOCG 矿区

位于澳大利亚北邻地 Tennant Creek 地区(图 2-22)的 Au-Cu-Bi 矿床因其高品位且矿体产在铁氧化物中，故划归到铁氧化物型铜金(IOCG)矿床的范围内。矿床赋存于与外生的富磁铁矿 ± 赤铁矿的含铁岩石(Ironstone)中，该种岩石年龄约为 1860 Ma，由低级变质富铁杂砂岩、粉砂岩和页岩组成。许多高品位的 Au 矿体主要与由磁铁矿-绿泥石 ± 少量的赤铁矿、绢云母和黄铁矿关系密切，且存在着一个明显的连续的矿化转变，即从还原的 Cu-Au-Bi 矿床(含磁黄铁矿)到氧化的 Au-Bi(Cu) 矿床。

赋存于含铁岩石(Ironstone)中的 Cu-Au 矿化在一定程度上受剪切带控制。而含矿母岩，即含铁岩石(Ironstone)属于 1830~1825 Ma 同变形或者晚变形的岩石，它在 300~350℃，引入了含 Au、Cu 和 Bi 的低-中等盐度和高盐度流体。整个区域的矿床形成过程在一个很大范围内的氧化-还原反应内，它既有还原产物(如磁铁矿 ± 磁黄铁矿)，也有氧化产物(如赤铁矿)。H 和 O 同位素数据表明流体为混合来源，结合 Sm-Nd 同位素和 S 同位素的研究表明，矿床的形成与地表水和岩浆水的混合有重要的关系。

在 Tennant Creek IOCG 矿区有三种类型的 IOCG 矿床：(1) Tennant Creek 类型，与含铁岩石(Ironstone)有关的形成于 1850 Ma 的 Au-Cu-Bi-Se 矿床，这种矿床与区域中的 Tennant 岩浆和变形事件同时；(2) Juhnnies 类型，与富磁铁矿的

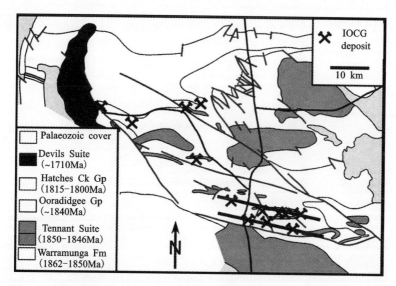

图 2-22　Tennant Creek IOCG 矿区地质简图(据 Geosciences Australia 网站)

岩石有关,形成于 1780 Ma 的 Cu - Au(- Pb - Zn - Bi - Mo)矿床,该矿床可能与 Yambah 岩浆活动有关;(3)Mt Webb 类型,与 1640 Ma 的钠 - 钙蚀变,绢云母化,赤铁矿化叠加在 Webb 岩套的花岗岩事件之上,只是局部有 Cu 矿化。但从整体来说,整个 Tennant Creek IOCG 地区的矿化具有多期次同一事件(Multiple - stage, single event)特点。

2.1.3.7　加拿大 IOCG 矿床

加拿大的 IOCG 矿床大多出露在地表,而且赋存于最年轻的造山带地体中。对于大地构造背景、野外地质特征、蚀变带组合模式和地球物理学的研究有助于指导加拿大 IOCG 矿床的勘探。在北领地的 Great Bear Magmatic Zone(简称 GBMZ)地区,冰川刨蚀作用揭露了一个壮观的以磁铁矿为主的 IOCG 矿床,以赤铁矿为主的 IOCG 矿床和与铁氧化物磷灰石矿床(IOA)剖面,各种与火山深成侵入岩有关的 IOCG 矿床和与之相关的斑岩型矿床和浅成低温热液矿床的共同出现,加大了对加拿大偏远地区的勘探的影响。目前,在加拿大勘探的目的主要是那些元古代的地盾、山脉及显生宙的 Appalachian 造山带(图 2 - 23;Corriveau, 2005)。在这些矿床集中区内,主要是位于 Québec 的 Grenville 省东部的 Manitou 地区,包含了一系列类似 SEDEX 和 IOCG Kiurna 类型的矿床以及类似 Eastern Succession of Mount Isa Inler 中 IOCG 矿床的 Kwyjibo IOCG 矿床。

和全球的 IOCG 矿床一样,在 GBMZ 北端的 Port Radium - Echo Bay 地区矿种和矿化形式复杂多变,而南边主要生产 Au - Co - Bi 的 NICO 矿床和生产 Cu - Au

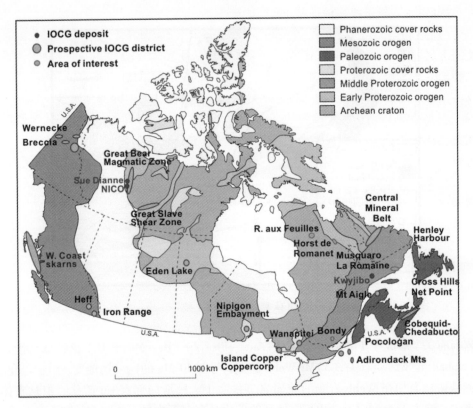

图 2-23 加拿大 IOCG 多金属矿床预测区（据 Corriveau, 2007）

- Ag 的 Sue Dianne 矿床估计将于 2012 年正式投入生产，除此之外，在本区还有大量的隐伏矿体。

广泛的前进变质、退变质蚀变和角砾岩表明，蚀变模式、角砾岩化和矿化具有相同性，为区域填图和勘探提供了一个有用的借鉴作用。地壳大规模的断层控制着 IOCG 矿床的发育，Appalachian 造山带中的 Cobequid - Chedabucto Fault Zone 就是典型例子。多期次的 IOCG 成矿过程形成于造山过程中，这一点在 Grenville 省的中元古代的 Manitou Lake 地区最为明显。此外，太古宙的 Shebandowan 绿岩带中可能存在有太古宙和中元古代的 VMS 和 Au 矿床。Yukon's Wernecke 的角砾岩最有利于 IOCG 矿床的形成，而且在该区域内未出露同时代的岩浆岩体。总而言之，加拿大的 IOCG 矿床因其广泛的区域上的热液蚀变和多种多样的矿床类型促使矿床学家们去建立综合的 IOCG 矿床成矿模型，从而为矿床勘探提供有益的指导。

2.1.3.8　新近提出的一些 IOCG 矿床

（1）俄罗斯。位于 Siberia 的 Angara 和 Ilim River 盆地中赋存着与铁氧化物有关的著名的 Angara – Ilim 式矿床。它们大都与基性岩浆活动有关,这有助于认识二叠纪 – 三叠纪 Siberian 的驱动力作用下形成的矿化了的近于垂直的角砾岩筒,这些角砾岩筒看起来像火山爆破角砾岩筒和低平小火山口,向深部延伸 >1.5 ~ 2 km。这些角砾岩筒切穿了年轻的玄武岩脉,它们主要为碱性的,并且与矿化密切相关。从块状玄武岩到斑岩型的多孔至“凝灰质”胶结的角砾岩在本区内广泛出露。

在本区内发育两期与玄武岩脉侵位有关的的角砾岩化、热液蚀变和矿化。具体来说,第一期(早期)主要是辉绿岩和沉积岩石的角砾岩化,紧接着是角砾岩的热液蚀变作用(从前进变质的镁和钙矽卡岩到退变质的含水硅酸盐蚀变)和矿化,在中期出现了大量的磁铁矿。第二期(晚期)与玄武岩岩脉的侵位同期或稍晚,与“凝灰质”和广泛发育的“再次角砾岩化”作用有关,形成了大量的块状磁铁矿、磁铁矿 – 磷灰石和磁铁矿 – 方解石脉。

矿床中含大量的镁、钙矽卡岩和不同比例的辉石/石榴子石,广泛发育有退变质和含水硅酸盐(主要是绿泥石和蛇纹石)蚀变。所有的矿物共生组合中都含有磁铁矿,含量丰富的磁铁矿与绿泥石和蛇纹石一起形成了角砾岩化的浸染状矿石和块状矿石。晚期块状磁铁矿脉(+磷灰石,方解石)切穿了早期矿物共生组合和“鲕状”(同心球状)磁铁矿的集合体以及磁铁矿 – 石盐团块。在一些矿床的上部,硫化物(黄铜矿和黄铁矿)较富集。

Siberian 克拉通的 Aldan 地盾中大量的 IOCG(– U)矿床形成于古元古代和中生代,这些矿床沿着主要的线性构造切过地盾。古元古代从 2.0 到 1.8 Ga 是主要的磷灰石 – 铁氧化物 – REE,铁氧化物(±磷灰石±铜)和铜 – 铁氧化物 – 金矿床的形成时期。在这一时期内大量的 Au 和 U 矿化同时出现。这些矿床主要赋存于太古宙—古元古代的克拉通基底内,在这个区域内没出现与之相关的同时期的非造山带型古元古代的 A 型花岗岩。相比之下,在中生代,尤其是从 150 到 130 Ma,是主要的 U 矿床、A 矿床和低品位的 Cu 矿床形成的时代,而且很明显的,仅仅含少量的铁氧化物而没有典型的 IOCG 矿化的特征。这些年轻的矿床主要位于 Cambrian 克拉通内,覆盖或者沿着克拉通基底/不整合面,与区内小的富钾的碱性或钙碱性岩石和那些远处的与俯冲带有关和非造山带型的岩浆岩密切相关。古元古代和中生代的矿床代表两个时期的矿化,主要包括铜、金、铁氧化物和铀。

（2）土耳其。土耳其地体内的 IOCG 矿化主要由一系列不同成因不同类型的外生 Cu – Au 矿床组成。作为地体的一部分,Turkey 地体中赋存有大量的 IOCG 矿床,这些 IOCG 矿床形成于与欧亚板块之下的新生代特提斯海洋壳的俯冲有关的白垩纪和第三纪的碰撞后,与晚造山拉张的大地构造背景有关。研究表明

Turkey 的 IOCG 矿化发生在经过广泛钠－钙质和重叠的钾交代作用的岩浆岩中。这些矿床具有可比的蚀变形式，从成矿前的 Na－Ca 蚀变，至相对晚的与成矿和磁铁矿化同时期的钾化到成矿后的绢云母化和硫化物的矿物共生组合。接下来硫化物和铁氧化物叠加在先前的蚀变之上。磁铁矿主要与钾蚀变有关，Cu 矿化则伴随着晚期绢云母化和碳酸盐化，主要沿着构造不连续面分布。所有的母岩和蚀变都要受制于地壳级的走滑断层和正断层。

蚀变和岩浆岩中矿物的 Ar－Ar，U－Pb 和 K－Ar 的年代学研究表明热液蚀变和矿化发生在一个时段内(74～22Ma)，蚀变与中部 Anatolian 地区拉张性的碰撞及 Anatolian 西部拉张性的大地构造背景中所产生的钙碱性至碱性岩浆作用有关。蚀变和岩浆岩在空间上的联系表明 Anatolia 中东部晚白垩世碰撞后的碱性至钙碱性岩浆作用的结晶和冷却作用和 Anatolia 西部渐新世—第三纪的钙碱性岩浆作用对整个地区 IOCG 成矿省成矿起了重要的作用。热液蚀变类型、矿物学特征、矿物共生组合、稳定同位素和放射性同位素以及地质年代学的研究都表明蚀变流体主要是岩浆来源的，这也证明了稳定同位素和放射性同位素所支持的蚀变与岩浆岩有关是正确的。基于地质年代学的证据和区域地质特征，在 Anatolia 中部和西部地区对 IOCG 矿床有利的成矿时代分别为 74～69 Ma、23～18 Ma，而该时段内存在有碰撞后沿着 Bitlis－Zagros 俯冲带板片的反卷作用(Anatolia 中东部)和 Aegean 俯冲杂岩(Anatolia 西部)有关的壳体级的拉伸作用。同时从整个 Turkish来看，碰撞后造山和陆内拉张的岩浆环境有利于 IOCG 成矿，这与加拿大 1.9～1.5 Ga 陆弧背景以及 Pacific 东部活动的拉张性质的板块边缘成矿作用一致。

(3)哈萨克斯坦西北部。位于 Kazakhstan 北部石炭系的 Valerianovskoe 岛弧Turgai 成矿带内，世界级的 Sarbai、Kachar 和 Sokolovsk 铁矿床含有超过 3 亿 t 可开采的块状磁铁矿矿石。Valerianovskoe 岛弧可能是天山弧的西缘，在 Uzbekistan的天山弧中赋存着巨大的 Almalyk 斑岩铜矿。Turgai 成矿带中的磁铁矿体交代了石灰岩和凝灰岩，从远到近是辉长岩－闪长岩－花岗闪长岩侵入杂岩。

矿床中有三期的蚀变和矿化，即(1)成矿前;(2)主要的磁铁矿形成期;(3)成矿后。成矿前期以高温、变质交代钙铝硅酸盐为主。成矿期则以贫硫相，含铁、硅和富铝的流体受构造控制溶解和交代了主要的石灰岩。这一期还伴随着一期矽卡岩的矿物共生组合，主要由绿帘石、钙辉石、钙石榴子石、钙角闪石和少量硫化物及含高场强元素的副矿物如钛铁矿和磷灰石组成。磁铁矿－矽卡岩矿化紧跟着硫化物相，由于流体相对变冷，产生了广泛发育的蚀变矿物共生组合，如富钠的方柱石、钠长石、绿泥石和钾长石，伴随着黄铜矿、黄铁矿、方铅矿和闪锌矿。晚期以切割弱矿化的脉为主，这些脉为方解石、少量钠长石、钾长石、少量石英和广泛分布的由方柱石、钠长石和硅质组成的蚀变，这些蚀变围绕着矿床，延伸几公里后进入母岩当中。这些矿床中的地质特征和矿化特征与全球 IOCG 矿床一致。然而，由于铜硫化物不是主要的开采对象，因此可能该类矿床要归到类似 IOCG 的矿床或者与 IOCG 有关的矿床中去。

对于矿床中一系列硫化物、碳酸盐和硅酸盐的稳定同位素(C，O，S)研究表明 S 源来自于岩浆。与铁氧化物相关的硅酸盐的 O 同位素数据表明矿化流体来源为岩浆岩，或者是岩浆岩与岩石平衡来源。碳酸盐脉石中 C、O 同位素表明碳酸盐来自于岩浆来源的流体或者是岩浆与围岩石灰岩平衡来源的流体。

(4)伊比利亚西南部。伊比利亚南部的 Ossa Morena Zone(OMZ)是欧洲一个重要的成矿带。它具有复杂的、多相的地质历史，而且赋存了大量经典的和不同寻常的矿化类型，包括岩浆型的 Ni – Cu 矿床和一系列 IOCG 类型的矿床。相对于其他地区老的矿床来说，本区的矿石有轻微的变质和变形。OMZ 成矿带中有两种形式的 IOCG 矿化:(1)寒武纪和华力西时代带状与钠长石有关，交代型的磁铁矿矿床;(2)浅层的、复杂的与切穿地壳级剪切带相关的热液磁铁矿床。IOCG 矿床和早寒武世的层状铁氧化物矿床出现在同一地区。与钠长石有关的矿床反映了一个复杂的岩浆热液过程，成因与岩浆型的钠长石 ± 磁铁矿岩石有关，而钠长石 ± 磁铁矿岩石的形成是大气降水回返到先前富铁沉积岩中的结果。由剪切带构造控制的矿床的形成机制目前尚不清楚，有人认为是早期的矿化受到晚期的变质流体作用而沿着主要构造活化形成的。IOCG 矿床与先前存在的含铁层状沉积岩是世界上 IOCG 成矿带的一个普遍特征，IOCG 矿床可能由热液和先存的矿床中的岩浆流体的活化作用而形成。

(5)格陵兰。对于格陵兰地区的 IOCG ± Ag ± Nb ± P ± REE ± U 矿床，目前报道并不多，但是在格陵兰地区具有明显的矿化迹象，包括区域级的 Na 蚀变和铁氧化物蚀变，壳体级的构造控制区和岩浆岩杂岩体，都有利于 IOCG 矿床的形成。更进一步，该区内几个出露的 Cu – Au(± Co ± Nb ± P ± REE) 矿点可能说明该区存在 IOCG 矿床，但这需要进一步的调查来验证和说明。

两个构造省:古元古代的 Ketilidian 活动带和 Inglefield Land 活动带被认为是 Greenland 西北部最有找矿前景的地区。其中，Ketilidian 活动带位于太古代的大西洋克拉通南部，代表了广泛存在的钙碱性岩浆作用和晚期同构造的 A 型花岗岩侵入事件。在这个带中，广泛分布的、受构造控制的 Na 化蚀变已在多个已知的 Cu、Au 和 U 矿床中发现，局部与铁氧化物有关。尤其是 Niaqornaarsuk 和 Qooormiut 地区的 Au – Bi – Ag – As – W – Cu – Mo 矿化在成因上可能与区内 1780 Ma 的 Julianehåb 岩基中的钙碱性侵入体和热液型的铁氧化物 – 钠长石化有关。

而 Inglefield Land 活动带中赋存有 1950 ~ 1915 Ma 由侵入体组成的变火山杂岩，该杂岩主要由闪长岩、石英闪长岩、花岗闪长岩组成，并有少量次级的变辉闪岩和富磁铁矿相。构造期后晚期的花岗岩包括花岗岩和正长岩(1785 ~ 1740 Ma)，是在区内变形晚期侵位的。该活动带东北的包括有"North Inglefield Land 金矿带"，以及壳体级的线性构造和围岩中广泛发育的受构造控制的一连串的以赤铁矿为基质的角砾岩，局部发育富 Cu 和 Au 以及相关的黄铁矿 – 重晶石 – 赤铁矿矿化。

在其他地区，诸如格陵兰南部大西洋克拉通北部、格陵兰西边古元古代的 Nagssugtoqidian 造山带，格陵兰东边的 Ammassalik 活动带、格陵兰 Caledonides 东部(包括一大块古元古代的基底)都可能存在 IOCG 矿床。

尽管在格陵兰地区还没有发育已知的 IOCG 矿床和预测区，但是该区的地质情况非常有利于这些热液矿床的形成。

2.2 矿物学回顾

在过去的半个多世纪中，矿物的地球化学性质已经被成功地应用于矿床的地质勘探中。磁铁矿、硫化物矿(如黄铁矿和黄铜矿)、石英、长石、斜长石和一些副矿物如磷灰石、独居石和锆石已经被作为很好的找矿标志而应用于地质勘探中。本次的研究工作中，我们也试图用磁铁矿、硫化物矿(如黄铁矿和黄铜矿)、石英、长石来帮助我们理解澳大利亚北昆士兰 Cloncurry 地区中的 IOCG 矿床，尤其是该区内一个典型的 IOCG 矿床，即 Ernest Henry IOCG 矿床。

2.2.1 矿物中元素分布规律

Goldschmidt(1937)第一次提出了矿物和岩石中化学元素的分布规律，继而 Ringwood(1955)提出了岩浆结晶过程中控制微量元素分布的因素，Nockolds (1966)也研究了岩浆分异过程中一些元素的地球化学行为。基于 Ringwood (1955)和 Goldschmidt's(1937)的规律很难应用于过渡元素，Curtis(1964)提出了晶体场理论并以之去研究岩浆分异过程中矿物中的过渡元素包裹体。Bruns 和 Fyfe(1973；1967；1966)总结了 Goldschmidt(1937)、Ringwood(1955)和 Nockolds (1966)的全部工作，并指出过渡元素经常受晶体场的影响，可能与矿物的化学组成和矿物结构有关，这一点在很多情况下可以用晶体场理论给予解释。矿物中的元素行为一般受均质性、相平衡、热力学因素、离子半径、电负性熔点和生成热的影响。Allègre 等(1978)提出了一个岩浆过程中的定量模型。

除此之外，矿物和岩石中的微量元素地球化学行为已被广泛地讨论，如在 Horsman(1957)的书中就讨论了岩浆岩和沉积岩中元素 Li、Rb 和 Ce 的行为。Norman 和 Haskin(1968)用中子活化法(Neutron Activation Analyses)研究了 76 个岩浆岩和沉积岩样品中的 Sc 和 Fe 的地球化学行为，并指出基于离子大小、价态和电负性等的考虑，Sc 与最重的 REE 元素间没有明显的地球化学联系，然而，沉积岩中的 Sc 和 Fe 可能存在一定的关联。Argollo 和 Schilling(1978)应用放射性中子活化法去研究 19 个 Hawailian 火山岩样品的岩石学特征和地球化学特征，发现在 Ge – Si 和 Ga – Al 之间存在着一定的分馏。

在这里回顾一下影响矿物中微量元素分布的经验型的"规则"：

1）Goldschmidt(1937)规律：

（1）如果两个离子具有同样的半径和同样的价态，那么他们进入一个固定的固体相取决非于其丰度比例(微量元素是被常量元素"伪装"的)。

（2）两个离子具有相似的离子半径和同样的价态，离子半径小的优先进入固相(键弱则离子半径大，熔点低)。

（3）如果两个离子具有相似的半径不同的价态，高价态的离子优先进入晶体结果(如果微量元素具有高价态，它容易被主量元素"捕获"而进入分馏；如果微量元素具有低价态，它也会被主量元素"承认"，只是晚些进入分馏)。

2）Ringwood(1955)规律：

对于两个具有相似价态和半径的离子，电负性低的优先进入，因为其可以形成更强的离子键。

3）Nocklods(1966)规律：

（1）当两个离子具有相同的价态，在晶体中可以发生替代时，具有相对大的总键能的离子优先进入。

（2）当两个离子具有不同价态时，如果涉及复式替代，替代优先发生在相对总键能较大的离子中。

2.2.2　矿物中微量元素替代机制

在过去的一百多年里，许多人已经对不同矿物中的微量元素进行了探讨，其结果主要包括以下几个方面：(1)微量元素直接替代矿物中特定的结构位置；(2)微量元素更容易进入缺陷位置，如 Schottky 缺陷和 Frenkel 缺陷；(3)微量元素以不同相的包裹体赋存于母岩当中；(4)吸附在矿物表面或沿着矿物边界分布的微量元素与矿物内部具有不同的微量元素化学组成。

Cook 等(2009)应用 LA – ICP – MS 调查了来自 26 个矿床的闪锌矿中 Ag, As, Bi, Cd, Co, Cu, Fe, Ga, Ge, In, Mn, Mo, Ni, Pb, Sb, Se, Sn 和 Tl 元素的分布，其中一些样品具有百分级别的 Mn, Cd, In, Sn 和 Hg，而且还发现(1) Cd, Co, Ga, Ge, In, Mn, Sn, As 和 Tl 主要出现在固相中；(2) 在不同矿床中，有些时候在同一矿床中，不同样品间大部分元素的含量变化超过几个数量级；(3) 一些元素，尤其是 Pb, Sb 和 Bi，主要以微细粒的矿物包裹体来运载那些微量元素，而不是在固相中；(4) Ag 可能以固相和细粒的包裹体形式存在；(5) 少量的 As 和 Se，可能含 Au 进入了闪锌矿；(6) 富锰(可达4%)时一般不含其他元素；(7) In 闪锌矿(可达6.7% In)与 Sn 闪锌矿(可达2.3% Sn)共存，In 的含量与 Cu 相关，证明

了复合替代 $Cu + In^{3+} \rightleftharpoons 2Zn^{2+}$；(8) Sn 与 Ag 相关，说明存在复合替代 $2Ag + Sn^{4+} \rightleftharpoons 3Zn^{2+}$；(9) 含 Ge 的闪锌矿包含有 $n \times 10^{-4}$ 的 Ge，与 Fe 相关，而且 Ge 可能以 Ge^{2+} 的形式存在而不是 Ge^{4+}；(10) 来自不同矿床的闪锌矿中微量元素含量不同，这可能是因为对于给定元素进入闪锌矿的分馏作用受结晶温度、金属来源和矿石中闪锌矿的总量的影响。在低温热液型和一些矽卡岩中主要以固相存在且微量元素含量较高；(11) 有一些元素的出现是偶然的，如 In，Ga，Ge 等。

Prichard 等(2004)研究 Uruguay 的 Multiphase Sulfide Droplets 中的一个基性岩脉的岩石学和结晶历史时指出，一定程度上，硫化物的矿化牵涉到含 Cu -，Fe -，富 S，Pd -，Sn -，Pb -，Mo -，Ag -，Bi -，Te,和 Sb - 的液相。

对于矿物颗粒边界和内部微量元素的比较，前人做的工作很少。Reeder's (1996)的沉淀实验显示了层状生长的时候方解石表面二价离子如 Co^{2+}，Zn^{2+}，Ca^{2+}，Ba^{2+} 间的相互作用，他也指出离子的大小控制了几何形态表面上离子替代时的优先级，Zn^{2+} 类似大离子如 Ba^{2+} 和 Sr^{2+} 具有特有的优先分布，它可能反映了与溶液和部分表面位置反应中配位体之间存在着强烈的相关性。

Chouneard 等(2005)研究了智利中部 El Indio 成矿带中的高硫 Au - Ag - Cu 的 Pascua 矿床中的微量元素 As - Ag、Au - Cu 和 Se - Te 的相关性，提出前两个关联，即 As - Ag 和 Au - Cu 对 Fe 的复合替代，在这里 Te 和 Se 通过直接的离子交换取代了 S。Ag 和 As 几乎完全相同的模式表明 Ag 通过与 As 复合替代作用进入了黄铁矿的结构，在这里一个 Ag 和一个 As 替代了两个 Fe，而且 Au 以 Au^{3+} 的形式参与了进来，这一切说明在 Pascua 矿床的形成过程主要是一个以氧化为主的成矿作用。

2.2.3 磁铁矿

在过去的一百多年中，许多地质学家对磁铁矿和一些尖晶石的结构进行了详细的研究(Berman，1988；Bessekhouad 等，2005；Bosi 等，2010；Petric 和 Jacob，1982；Wakihara 等，1971)。

尖晶石是一种镁铝端元的尖晶石族矿物，其化学式为 $MgAl_2O_4$，尖晶石还有一个更通用的化学式，即 $A^{2+}B_2^{3+}O_4^{2-}$，它以立方体(等轴晶系)形式存在。其中氧化物离子紧密地排列为立方体晶形，而离子 A 和 B 则分别占据一些或全部的八面体和四面体位置。

磁铁矿是一种氧化物，具有 $[Fe^{2+}(Fe^{3+})_2O_4]$ 的分子式和反尖晶石结构，这个系列中其他常见矿物有镁铁尖晶石 $[Mg^{2+}(Fe^{3+})_2O_4]$、锌铁尖晶石 $[Zn^{2+}(Fe^{3+})_2O_4]$ 和黑锰矿 $[Mn^{2+}(Fe^{3+})_2O_4]$ 等。磁铁矿的结构包括一个紧密的 O 的排列，Fe^{2+} 在四面体位置和 Fe^{3+} 在八面体位置与 O 进行配位。磁铁矿的结构也可以看作是在紧密排列的 O 中 $[Fe^{2+}，Fe^{3+}]$ 层片状结构。八面体的位置有大约二倍的四面体位置。

磁铁矿是一种典型的反尖晶石结构的矿物，也是地壳中一种最重要的磁性矿物(O'Reilly, 1976; Wasilewski 和 Warner, 1988)，通常以副矿物形式广泛分布于岩浆岩、沉积岩和变质岩中(Grant, 1985a; Grant, 1985b)。它出现在土壤的重矿物分馏作用后各种各样的副矿物、母岩、淋滤下来的火山灰中。对自然的磁铁矿进行化学分析表明纯的磁铁矿很少。许多二价离子(Co^{2+}, Ni^{2+}, Zn^{2+}, Cu^{2+}, Mn^{2+})和三价离子(Al^{3+}, V^{3+}, Cr^{3+})存在于磁铁矿中(Mathison, 1975; Wager 和 Mitchell, 1951)。

关注磁铁矿和赤铁矿中的微量元素含量的文献非常少。Verwey(1947)研究了尖晶石结构的氧化物的物理特性和其中的离子排列的形式。Colombo 等(1968)研究了磁铁矿在低温状态下的氧化机制。Geier 和 Ottemann(1970)讨论了非洲西南部 Tsumeb Pb – Zn – Cu 矿床中原始的含 V, Ge, Ga 和 Sn 的矿物。Annersten 等(1971)研究了一个变质铁矿床中共存的矿物中的主量元素和微量元素。Cooley 和 Reed(1972)讨论了 $NiAl_2O_4$、$CuAl_2O_4$ 和 $ZnAl_2O_4$ 尖晶石矿物中平衡的离子分布。根据 Costa 等人(Costa 等, 2006; Nejad 和 Jonsson, 2004)的研究，磁铁矿的活度强烈受尖晶石结构中不同金属离子的影响。

磁铁矿中的 Fe 可以以类质同像的形式被其他过渡金属元素和离子替代以保持尖晶石的架状结构，而这种替代关系将会严重地影响其产物的物理化学性能和氧化特征(Costa 等, 2006; Magalhães 等, 2007; Menini 等, 2004; Oliveira 等, 2004; Ramankutty 等, 2002)。事实上，自从 Goldschmidt(1937)提出那些控制替代的因素如半径和价态以来，Co(Costa 等, 2006; Menini 等, 2004; Ramankutty 等, 2002)、Mn(Costa 等, 2006; Menini 等, 2004; Oliveira 等, 2004)和 Cr(Magalhães 等, 2007)的替代都有相应的报道。一系列的规则和规律基于不同设想如均质(Burns 和 Fyfe, 1964; Burns 和 Fyfe, 1966)、相平衡(Shaw, 1961)、热力学动力学(Burns 和 Fyfe, 1966)、离子半径(Shaw, 1961; Goldschmidt, 1937)、电负性(Ringwood, 1955)、熔点(Burns 和 Fyfe, 1966; Ringwood, 1955)、生成热(Ahrens, 1963)，已经被提出来用于预测在矿物形成反应中元素分布的行为和解释微量元素的变化原因。

Ringwood(1955)和 Nockolds(1966)提出 Mg 和 Ni 明显地优先替代磁铁矿晶格的 Fe^{2+}；Co^{2+} 也有一定的优先性；Mn^{2+} 不容易替代 Fe^{2+}；由于其相对键能的影响，Zn^{2+} 肯定很难替代 Fe^{2+}；由于其离子半径和键能的影响，Sn^{2+} 可以替代非常有限的一部分 Fe^{2+} (Burns 和 Fyfe, 1964; Burns 和 Fyfe, 1966; Burns 和 Fyfe, 1967; Nockolds, 1966)，然而，Sn^{2+} 在铁镁质矿物，如橄榄石中可以替代 Fe^{2+} (Grohmann, 1965; Hamaguchi 等, 1964)。其他一些过渡金属离子包括 Cr, V, Sc, Al, Ti, Ga, As 可能以复合替代为主，类似 $X^{3+}Al \Leftrightarrow X^{2+}Si$(类型 I)和 $2X^{3+} \Leftrightarrow 3X^{2+}$

+ 八面体空位（类型 II），类型 I 包括 CrAl，VAl，ScAl，TiAl，GaAl，As^{3+}Al（Nockolds，1966）。在类型 II 中，3Fe^{2+} 可能会被 3Mg^{2+}，CrFe^{3+}，AlFe^{3+}，ScFe^{3+}，VFe^{3+}，Ti^{3+}Fe^{3+}，GaFe^{3+} 和 AsFe^{3+}（Tischendorf 等，2001）所替代。表 2-12 中总结了目前报道的大部分存在类似磁铁矿和尖晶石结构的实际矿物。

在 IOCG 矿床中，磁铁矿和赤铁矿一样重要，其与 Cu-Au 矿化有着密切的联系，而且以各种不同的矿物共生组合存在于矿床中（Oliver 等，2004；Polito 等，2009；Williams 等，2005a）。尤其是在 Eastern Succession of Mount Isa inlier 地区，磁铁矿与大量广泛分布的含铁岩石（Ironstone）关系密切，而区内这种含铁岩石与 Cu-Au 矿化也有着密切的关系。

应用原位 LA-ICP-MS 对来自 Ernest Henry（一个典型的以磁铁矿为主的铁氧化物型铜金（IOCG）矿床）中各种不同地质背景的磁铁矿和赤铁矿中的微量元素进行了分析。LA-ICP-MS 被认为是目前在分析硫化物和相应的化合物时比较快速、准确的一种分析测试手段，应用 LA-ICP-MS 的优点就在于能够迅速地原位微分析地质、环境和工业样品中的主量和微量元素。

此次研究工作中，我们主要应用 LA-ICP-MS 调查了铁氧化物（磁铁矿和赤铁矿）和硫化物（黄铁矿和黄铜矿）中一系列主量和微量元素。我们的目的是寻找磁铁矿中的微量元素含量范围，然后分析其趋势，在特定的样品中建立元素内部的相关关系，系统总结不同结构构造，不地地质背景中磁铁矿的地球化学性质。

表 2 - 12　报道的已存在的尖晶石组矿物及其光性参数

序号	矿物	化学式	晶系	S.G	晶面间距(Å)	$V(Å^3)$	形态	参考文献
1	锗磁铁矿	$(Ge, Fe)Fe_2O_4$	等轴晶系	Fd3m	8.397	592.07	—	(Geier 和 Ottemann, 1970; KELLER, 2001)
2	铬铁矿	$FeCr_2O_4$	等轴晶系	Fd3m	8.344	580.93	八面体	(Bliss 和 MacLean, 1975; Papike 等, 2004)
3	钴铬铁矿	$(Co, Ni, Fe)(Cr, Al)_2O_4$	等轴晶系	—	—	—	—	(Châteauneuf 和 Gruas-Cavagnetto, 1978)
4	钒磁铁矿	FeV_2O_4	等轴晶系	—	—	—	—	(Gupta 和 Mathur, 1975; Petric 和 Jacob, 1982; van Vuuren 和 Stander, 1995; Wakihara 等, 1971)
5	铜铁尖晶石	$Cu^{2+}Fe_2^{3+}O_4$	等轴晶系	—	—	—	—	(Ata-Allah 等, 2005; Evans 等, 1966; Jiang 等, 1999; Nickel, 1973; Sartale 和 Lokhande, 2001; Selvan 等, 2003)
6	黑铁锑锰矿	$(Mn, Mg)_2(Sb_{.5}Fe_{.5})O_4$	斜方晶系	—	a=36.7; b=36.7; c=25.9	34884.45	—	(Dunn, 1988; Holtstam, 1993; Holtstam 和 Larsson, 2000)
7	锌铁尖晶石	$Zn^{2+}Fe_2^{3+}O_4$	等轴晶系	Fd3m	8.45	603.35	八面体	(Burke 和 Kieft, 1972; Lucchesi 等, 1999; O'Neill, 1992; Sack, 1982)
8	锌尖晶石	$ZnAl_2O_4$	等轴晶系	m3m	8.062	524.00	八面体	(Cooley 和 Reed, 1972; Ferguson 等, 1969; Mathur 等, 2001)

续表 2-12

序号	矿物	化学式	晶系	S.G	晶面间距(Å)	$V(\text{Å}^3)$	形态	参考文献
9	锰尖晶石	$(\text{Mn, Fe, Mg})(\text{Al, Fe})_2\text{O}_4$	等轴晶系	Fd3m	8.271	565.81	块状	(Gnos 和 Peters, 1995; Neill 和 Dollase, 1994; Spry, 1987)
10	铁铝尖晶石	FeAl_2O_4	等轴晶系	Fd3m	8.119	535.19	八面体	(Andreozzi 和 Lucchesi, 2002)
11	锰铁尖晶石	$\text{Mn}^{2+}\text{Fe}_2^{3+}\text{O}_4$	等轴晶系	Fd3m	8.457	604.85	八面体	(Dasgupta 等, 1987; Essene 和 Peacor, 1983; Hu 等, 2005; Sileo 等, 2001)
12	锰铬铁矿	$(\text{Mn, Fe})(\text{Cr, V})_2\text{O}_4$	—	—	—	—	—	(Graham, 1978; Hoeller 和 Stumpfl, 1995)
13	镁钒尖晶石	MgV_2O_4	等轴晶系	—	—	—	—	(Lavina 等, 2003)
14	镁铬铁矿	MgCr_2O_4	等轴晶系	Fd3m	8.305	572.82	八面体、块状	(Alper 等, 1964; Anderson, 1974; Ikeda 等, 1997; Nitta 等, 1980)
15	镁铁尖晶石	$\text{MgFe}_2^{3+}\text{O}_4$	等轴晶系	Fd3m	8.3866	589.87	八面体、块状	(Bohor 等, 1986; Chervonnyi 和 Chervonnaya, 2010; Harrison 和 Putnis, 1999; Mulaba-Bafubiandi 等, 2001; Neill 等, 1992; Wirtz 和 Fine, 1968)

续表 2 - 12

序号	矿物	化学式	晶系	S. G	晶面间距(Å)	V(Å³)	形态	参考文献
16	镍铬铁矿	(Ni, Co, Fe)(Cr, Fe, Al)$_2$O$_4$	等轴晶系	Fd3m	8.31?	573.86	—	(Bohor 等, 1986; Vienna 等, 2001; Wilson 等, 2002)
17	Qandilite	(Mg, Fe)$_2$(Ti, Fe, Al)O$_4$	—	—	—	—	—	(Neill 等, 2003; Palin 等, 2008; Zabicky 等, 1997)
18	尖晶石	MgAl$_2$O$_4$	等轴晶系	Fd3m	8.0898	529.44	八面体、块状	(Bratton, 1971; Kuleshov 等; O'Horo 等, 1973; Yumashev 等, 2000)
19	铁镍矿	Ni^{2+}Fe$_2^{3+}$O$_4$	等轴晶系	Fd3m	8.41Å	594.82	八面体、块状	(Hudson 和 Travis, 1981; Liebermann 和 Schreiber, 1969)
20	钛尖晶石	Fe$_2$TiO$_4$	等轴晶系	Fd3m	8.529	—	—	(Aragón 等, 1983; Bosi 等, 2009; Rossiter 和 Clarke, 1965)
21	锰铁尖晶石	(Mn, Fe)(V, Cr)$_2$O$_4$	等轴晶系	Fd3m	8.48	—	—	(Hoeller 和 Stumpfl, 1995; Zakrzewski 等, 1982)
22	锌铬尖晶石	ZnCr$_2$O$_4$	等轴晶系	Fd3m	8.32Å	575.93	—	(Binks 等, 1996; Klemme 和 Van Miltenburg, 2004; Leccabue 等, 1986; Piekarczyk, 1988)
23	黑锰矿	MnMn$_2$O$_4$	四方晶系	I4$_1$/amd	$a = 5.76$, $c = 9.46$	313.86	假八面体、块状	(Bosi 等, 2010; Finch 等, 1957; Jacobs 和 Kouvel, 1961; Jarosch, 1987; Jensen 和 Nielsen, 1974)

续表 2 - 12

序号	矿物	化学式	晶系	S.G	晶面间距(Å)	$V(Å^3)$	形态	参考文献
24	锌锰矿	$ZnMn_2O_4$	四方晶系	$I4_1/amd$	$a=5.72$, $c=9.24$	302.32	—	(Bessekhouad 等, 2005; Chhor 等, 1986; Hem 等, 1987)
25	水锌锰矿	$ZnMn_2O_4 \cdot H_2O$	四方晶系	$I4_1/amd$	$a=5.73$, $c=9$	295.50	假八面体块体	(Feltz 和 Lindner, 1991; Frondel 等, 1942)
26	四方锰铁矿	$Mn(Fe,Mn)_2O_4$	四方晶系	$I4_1/amd$	$a=8.51$, $c=8.54$	618.4	—	(Allen 和 Hallam, 1996; Ban 和 Sikirica, 1965; Hastings 和 Corliss, 1956; Huang; Obermayer 1973)
27	磁赤铁矿	Fe_2O_3	等轴晶系	—	8.33Å	578.01	假八面体块体	(Berman, 1988; Haruta 等, 1993; Ziolo 等, 1992)
28	钛磁赤铁矿	$Fe^{3+}(Ti, Fe^{2+})_2O_4$	等轴晶系	—	—	—	螺旋状	(Basta, 1959; O'Reilly, 1983; Özdemir, 1987; Zhou 等, 1999)
29	碲银矿	$(Mg, Mn)_2 Sb_{0.5}$ $(Mn, Si, Ti)_{0.5}O_4$	三方晶系	—	—	—	—	(Grew 等, 2001; Holtstam 和 Larsson, 2000)
30	Xieite	$FeCr_2O_4$	斜方晶系	mmm	$a=9.462(6)$, $b=9.562(9)$, $c=2.916(1)$	263.8	双棱锥状	(Chen 等, 2008)

说明：a、b、c 晶胞参数；V 为晶胞单元体积（根据单元晶体计算的数据）；S.G 为空间同群（Space group）。

2.2.4　硫化物

一系列先进的测试手段可以用于测定矿物中微量元素含量,如电子探针、离子探针、溶液 ICP – MS 和 LA – ICP – MS 以及 XRF 等。

Hawley(1961)最早研究黄铁矿中的微量元素地球化学特征,他的样品采自岩浆 Ni 矿床和热液 Cu – Au 矿床,用光谱进行了分析,他指出:(1)相当的元素,尤其是 Co 和 Ag,以及少量的 Ni 和 Pb 在三种硫化物中具有一定的含量;(2)一些重要的变化发生在不同类型的矿床或者矿化形式中;(3)在所有的矿床中存在一个明显的定性的相似性。Raiswell(1980)采用中子活化法和原子吸收光谱分析来自 England 的 Yorkshire Upper Lias(早侏罗系)中碳酸盐中的黄铁矿,研究表明相对于赋矿围岩中的沉积岩而言,Mo、As 和少量的 Cu 富集在黄铁矿中。Ryall(1977)把澳大利亚的 Woodlawn 中矿床矿化带附近的黄铁矿中微量元素含量分为四组:第一组具有高的 Pb、Ag、Zn 和 Cu 含量,$w(Co)/w(Ni)$ 平均值为 0.8,这组黄铁矿代表下盘中绿泥石化带外围被碱金属硫化物交代,其中大部分黄铁矿晶形呈圆状;第二组较第一组碱金属含量较低,主要与细粒的黄铁矿集合体有关,这些黄铁矿切穿了下盘的绿泥石化带;第三组具有最高的 Zn、Cu、Cd、Sn 和 Bi 含量,较高的 As、Pb、Sb、Ag 含量和较低的 Ni 含量,这一组黄铁矿主要来自于围绕矿体的硅化带;第四组黄铁矿来自与上盘成分相似的岩石,其远离矿化,具有低的碱金属和 Ag,高的 As 和 Bi 含量和高的 $w(Co)/w(Ni)$ 值(平均 7.9)。Roberts(1982)在研究了一系列来自于澳大利亚东部的 Kangiara 区域的样品后认为该区存在两组黄铁矿:一组含 Ag、Cu、Pb 和 Mo 含量较高,对应于硫化物碱金属矿床;另一组 Mn、Ti 和 Ni 含量较高,与矽卡岩矿化、火山活动和石英脉有关。Annels(1984)在研究了 Zambian 铜矿带中 Co 的区域分布后提出含 Co 相的变化主要取决于原岩岩性、原始渗透率、沉积岩和成矿硫酸盐的含量,尤其是还原性硫的活动。Botinelly(1985)比较了 California West Shasta 地区中的浸染状硫化物、磁铁矿和块状硫化物中的微量元素后,提出微量元素的不同是由于区域变化,样品来自于不同的矿床,导致了其微量元素不同。Large 等(2007)详细研究了 Russia 的 Lena Gold 省的 Giant Sukhoi Log 矿床中的黄铁矿,基于对黄铁矿结构的分析比如颗粒大小、产状、形态、微量元素含量等,他认为在矿化、围岩和碳酸盐中有六期黄铁矿。在他的研究中,同沉积的黄铁矿含 Au 最高,在 0.4×10^{-6} 和 12.1×10^{-6} 之间变化,平均值为 3.22×10^{-6},而且含有 1900×10^{-6} 的 As,还富集一套微量元素(Mo, Sb, Ni, Co, Se, Te, Ag, Cu, Pb, Zn, Mn, Ba, Cr, U, V),这种情况和静海沉积环境造山过程中的黄铁矿微量元素特征相似。晚期的黄铁矿以平行层理的黄铁矿 – 石英细脉为主,包括有大量低品位的金和大部分的微量元素。然而,这种变质前和变质后的黄铁矿包括微细粒包裹体的自由金、毒砂、磁黄铁矿、闪锌矿和黄铜矿。Morey 等(2008)用 SEM、EMPA 和 LA－ICP－MS 研究了西澳太古宙 Goldfields 省东部的六个造山带金矿中含金黄铁矿和毒砂的微观结构、地球化学特征。其中 LA－ICP－MS 分析表明特定微量元素(Au, Ag, Sb, Bi, Ba, Te, Pb, Co,和 Mo)的相对和绝对变化可以用于区分蚀变或未蚀变的黄铁矿和毒砂。通常,黄铁矿和毒砂中的微量元素具有一致的分布,晚期蚀变边缘具有更大的微量元素变化。Huston 等(1995b)提出在黄铁矿中微量元素根据其最可能出现的赋存状态,主要可以分为三组:(1) 包裹体(如 Cu, Zn, Pb, Ba, Bi, Ag 和 Sb);(2) 以非化学计量比替代入晶格(如 As, Tl, Au 和可能 Mo);(3)以化学计量比替代 Fe(Co 和 Ni)和 S(Se 和 Te)。其中第一种情况和第二种情况与热液和变质重结晶有着重要的关系。

在刚果共和国的 Kamoto 矿床黄铁矿中微观的 Co 环带已被 Bartholome(1971)报道。Craig 等(1998)指出黄铁矿可以在原始结晶的时候以草莓状或立方体状产出,其取决于形成时的温度和压力。在黄铁矿中经常可以看到一些物理和化学的结构,它们被认为是代表矿床沉淀的或者后沉淀的历史,甚至还有一些硫化物和其他矿物的包裹体提供了结晶和重结晶信息。元素化学面扫描如 Ni、Co 和 As 显示了这些元素在流体中运移时的相对时间信息。Stavast 等(2006)检查了来自 Utah 的 Tertiary Bingham(Cu－Au－Mo)和 Tintic(Ag－Pb－Zn－Cu－Au)矿区的火山岩和侵入岩中 97 个岩浆硫化物样品。结果表明硫化物颗粒的结构甚至是富硫化物的样品通常已经被改造,这可能表明在样品中已经不存在原始的岩浆硫化物的成分,在温度和压力降低时,不能混合的一相硫化物固态结晶形成磁黄铁矿、黄铜矿、黄铁矿。硫化物成分的变化可能是由于在淬火或基质结晶时的冷却速度和推断的压力不同所造成的。

对于黄铜矿的研究,Ross 等(1957)讨论了硫化物中主要的金属成分,以及复杂硫化物和硫酸盐化学键的相似性,并且指出单个的硫化物和硫酸盐具有不同的化学成分,这主要与键的结构有关。Large 等(1995)研究了 Poland 西南部的 Kupferschiefer 铜矿床中的硫化物的低温蚀变,认为从 Lubin 到 Rudna 矿山的 Cu－Fe－S 系统的矿物在结构上和组成上与贫铜的特征相似。Wada(2003)研究了黄铜矿中微量元素 In 和 Se 的替代,发现对于 $CuInSe_2$ 形成最有利的条件就是反应 $Cu + In + 2Se \longrightarrow CuInSe_2$。

Maslennikov(2009) 应用 LA－ICP－MS 研究了 Russia Urals 南部的 Silurian Yaman－Kasy VHMS 矿床黑烟囱中硫化物的微量元素分带性,然后发现在横穿烟囱的剖面中,不同类型的矿物中存在着系统的微量元素分布型式,即:(1) 在中心管状部位粗粒的黄铁矿层具有相对较高的 Se 和 Sn 及较低的其他元素。(2) 这一层边缘的黄铜矿中富 Bi、Co、Au、Ag、Pb、Mo、Te 和 As,这些矿物主要以微小的碲化物和硫砷化物的细粒包裹体存在;(3) 在管道中和烟囱外墙的的闪锌矿包括有较高的 Sb、As、Pb、Co、Mn、U 和 V。Sb、As 和 Pb 主要以方铅矿 – 黝铜矿集合体中的微粒包裹体存在。在这里，Co 和 Mn 可能替代了闪锌矿中的 Zn^{2+}；(4) 含这些元素最高的是胶粒状的黄铁矿，其位于烟囱的外墙，可能是由于高温梯度条件下迅速沉淀导致；(5) 在外墙胶粒状的黄铁矿中微量元素含量按以下顺序递减，从外墙到内墙：Tl > Ag > Ni > Mn > Co > As > Mo > Pb > Ba > V > Te > Sb > U > Au > Se > Sn > Bi，主要受温度梯度的控制；(6) 相比之下，在高 – 中温管道中心的黄铁矿具有一定含量的 Se、Sn、Bi、Te 和 Au；(7) 管道内部和外墙之间的带以胶体状黄铁矿和自形黄铁矿的重结晶为典型特征。矿物学和微量元素变化在烟囱不同部位是因为 fO_2 的增加和温度的降低，这主要是由于热液流体和冷的氧化了的海水混合造成的。从黑到灰至白烟囱平均的 Se(典型的高温元素)含量减低。中温的元素组合(Te、Bi、Co、Mo 和 Au) 出现在灰烟囱中。白烟囱缺少大部分的元素除了 Ag、Tl、Te、Sb 和 As，可能是由于来自海水的流体(其渗透到了深部的热液系统中)的分馏作用所致，U 和 V 主要富集在大部分烟囱的外墙，这是因为海水的抽取与黑至白烟囱还原流体有关。

2.2.5　石英

2.2.5.1　引言

石英是自然界中最常见且分布最广的矿物之一，在各种不同的地质环境中均可出现，石英经常存在于许多火成岩和变质岩内，而且也是伟晶岩、花岗岩的主要组成矿物。在沉积岩中，含石英的岩石在崩解后会以碎屑粒残存而形成砂粒，富含石英的砂岩及其变质产物石英岩也主要是由石英构成。除此之外，石英多为热液矿脉、金属矿脉内最常见的脉石矿物之一(Klein 等，1998)。其次，在火山岩、克拉通、变质岩及沉积成岩环境中(表 2 – 13)，地壳中的流体的循环对热传递和质量转移起着至关重要的作用，在上述环境中，石英无处不在，成分复杂，形成温度为 50 ~ 750℃。不像其他热液矿物，石英化学成分相对单一且比较稳定，即使在退变质反应后其物理化学性质也只发生轻微的改变，其地质历史基本未被破坏，因此很多地质学家将石英作为一种可靠的矿物去示踪地质历史和地质过程(Götze，2009；Monecke 等，2002；Rusk 和 Reed，2002；Rusk 等，2008)。对于石英的研究，国际上目前主要关注其矿物成因和岩石成因、氧同位素和微量元素地球化学、物理性质及结构中的晶体缺陷等(Bahadur，1995；Bakker，2009；Bersani 等，2009；Botis 和 Pan，2009；Götze，2009；Jourdan 等，2009；Kotzeva 等，2009；Larsen 等，2009；Muller 和 Welch，2009；Pan 等，2009；Rusk 和 Reed，2002；Rusk 等，2008；Rusk 等，2006；Stevens – Kalceff，2009)。

表 2 - 13　石英在岩石圈中的丰度(据 Götze，2009；Rösler，1981)

岩石类型	石英含量(10^{18}t)	相对比例(%)
岩浆岩	8.05	93.6
变质岩	0.28	3.2
沉积岩	0.28	3.2
岩石圈	8.60	100

　　自 20 世纪 70 年代以来，很多地质学家已将目光投向了应用石英阴极发光的不同颜色来作为一个合适的工具去示踪石英的起源(Boggs 等，2002；Dennen，1964；Dennen，1967；Götze，2009；Marshall，1988；Seyedolali 等，1997；Stevens - Kalceff，2009；彭惠娟等，2010；卢秋霞，2000；张绍平和顿铁军，1989；杨勇和陈能松，2003)。除石英的 CL 颜色外，石英在不同环境中的构造和微量元素地学化学的研究也越来越得到重视，因为不同成分、不同结构构造的石英可提供相应的地质历史过程相关信息。

　　目前就石英的物理性质方面，地质学中较成熟的方法主要是应用阴极发光去研究其形貌特征。阴极发光全称阴极射线致发光，也叫电子激光(CL)。目前，常用的阴极发光有光学显微镜阴极发光(OM - CL)、扫描电镜阴极发光(SEM - CL)和电子探针阴极发光(EMP - CL)。应用 CL 图像可以清楚地观察石英的显微构造(Bernet 和 Bassett，2005；Boggs 等，2002；Boggs 等，2001；Dickinson 和 Milliken，1995；Evans 等，1994；Götze，2009；Marshall，1988；Milliken 和 Laubach，2000；Rusk 和 Reed，2002；Rusk 等，2006；Seyedolali 等，1997；彭惠娟等，2010；张绍平和顿铁军，1989)。而在石英的微量元素地球化学成分方面，主要借助于激光剥蚀电感耦合等离子体质谱仪(LA - ICP - MS)进行分析(Kotzeva 等，2009；Muller 和 Welch，2009；Muller 等，2003a；Parnell 等，1996；Rusk 和 Reed，2002；Rusk 等，2008；Rusk 等，2006；Zingernagel，1978)。

　　石英虽然是一种简单和最常见的矿物，但是对于石英的研究一直是矿物学和地质学中一个重要的部分，如 2008 年在挪威召开的第 33 届世界地质大会上就将石英列为专题，出版了专题书集《石英研究前沿——成因、晶体化学和岩浆岩中的石英、变质岩中的石英及热液石英的重要性》，共 11 篇文章被收录，反映了过去 15 年间对石英研究的成果。由此可见，国际上对于石英的研究一直不断。本书中，笔者结合近两年在澳大利亚詹姆士库克大学与 Brian Rusk 博士取得的一些工作成果，就石英中微量元素分布情况，不同成因的石英(包括沉积岩、变质岩、岩浆岩以及一些热液矿床中的石英)在 CL 下的特征(如在 OM - CL 下的颜色和 SEM - CL 下的发光强度及构造特征)进行总结，并对石英中微量元素与 CL 颜色、发光强度及构造之间的关系进行阐述,最后简单讨论了 CL 的应用,以此来提供研究石英的一个基础。

2.2.5.2　石英中微量元素

矿物中的微量元素在解释矿物形成条件、示踪矿物来源和热液来源、建立矿床成因模型方面有着重要的作用。由于石英广泛分布于岩浆岩、变质岩和沉积岩中,所以很多研究者试图应用石英中的微量元素去解释其成因(Dennen, 1964; Dennen, 1967; Götze, 2009; Götze 和 Kempe, 2008; Götze 等, 2004; Götze 等, 2001a; Landtwing 和 Pettke, 2005; Larsen, 2002; Muller 和 Welch, 2009; Muller 等, 2003a; Suttner 和 Leininger, 1972)。通常来说石英中的微量元素的变化主要是由于某些离子掺入晶格结构或者是以微小的包裹体(流体包裹体或者矿物包裹体)形式存在。由于石英特定的结构以及其中较小的 Si^{4+} 离子,所以只有少量的"外来"元素可以进入石英晶格而发生替代关系。元素 Al、Ge、Ti、Ga、Fe、H 和 P 能替代石英中 Si 的位置已经被确定(Bahadur, 1995; Götze 等, 2004; Götze 等, 2001a; Weil, 1984)。在石英晶体中发生替代时,电价不足可通过离子来补偿,而该离子通常在晶体结构中平行于 C 轴分布,已发现的处于空隙位置的离子通常是碱性离子如 Li^+, Na^+, K^+ 和 H^+,但有时候也包括 Cu、Ag、Al、Fe、Ti、Co、Cr、Ni 等离子(Dennen, 1964; Götze 等, 2004; Götze 等, 2001a; Landtwing 和 Pettke, 2005; Miyoshi 等, 2005; Muller 和 Welch, 2009; Muller 等, 2003a; Sim 和 Catlow, 1989; Suttner 和 Leininger, 1972; Weil, 1984)。石英中大部分的微量元素主要是以微粒的包裹体存在,其中,Jung(1992)提出仅仅 Al、B、Ge、Fe、H、K、Li、P 和 Ti 是结构性并入,而其他诸如 Ca, Cu, Mg, Mn, Pb, Pb 和 U 则主要是以固态和液态包裹体形式存在。Rossman 等(1987)提出石英中的 Sr、Rb、Sm、Nd 通常也是结构性并入,并且讨论了流体包裹体在这些元素并入过程中的作用。Gerler (1990)发现元素 Cl、Br、Na、Ca、Sr 和 Mn 与流体包裹体中的水含量之间具有明显的相关性,并且指出 100% 的 Cl、Br 和 I 集中于流体包裹体中。还有一些其他的元素,诸如 Ag、Au、K、Li、F、Mg、Ba、Cs、B、Hg、Fe、Co、Cu、Pb、Sb、Zn 和 U 在石英液体包裹体中也已被陆续发现(Bakker, 2009; Bersani 等, 2009; Czamanske 等, 1963; Gerler 和 Schnier, 1989; Kotzeva 等, 2009; Kurosawa 等, 2008; Kurosawa 等, 2003; Parnell 等, 1996; Pettke 和 Diamond, 1995; Pinckney 和 Haffty, 1970)。Gelrer(1990)同时还发现,元素 K、Cs、Rb、Fe、Cr、Co、Al、Ba、Sc、W、U 和 REE 与石英中的矿物包裹体也有着密切的关系,这表明,微量元素并入石英的机制是变化的,甚至对于一个特定的元素在单个的晶体中也是变化的。

在 20 世纪中期,研究者们对于微量元素在石英中的分布情况很感兴趣,但由于技术原因,无法定量分析石英中的微量元素含量。而时至今日,激光剥蚀等离子质谱仪(laser ablation inductively coupled plasma mass spectrometry, LA – ICP – MS)、毛细管离子分析(capillary ion analysis, CIA)和电子自旋共振(electron spin resonnce, ESR)的结合,使得研究者们开始定量分析石英中的微量元素,并取得了一系列的成果(Bakker, 2009; Botis 和 Pan, 2009; Götze, 2009; Kotzeva 等, 2009; Larsen 等, 2009; Muller 和 Welch, 2009; Pan 等, 2009; Rusk 等, 2008; Rusk 等, 2006; Stevens – Kalceff, 2009)。Pan 等(2009)应用单晶电子顺磁共振(EPR)光谱在石英中发现了一种由铀矿物衰变产生的过氧酸原子团,这种过氧酸原子团在地质学、考古学和核工业中被广泛应用于放射性测量和定年,相关的实验方法及实验过程见 Pan 等(2009)、Botis 和 Pan(2009)的研究成果。Stevens – Kalceff(2009)应用阴极发光(CL)光谱研究了石英中自然的和 CL 激发的点缺陷,通过 CL 研究发现了大的缺陷中心,这其中包括:(1)填隙中的氧原子(0.968 eV)和价补偿替代的 Fe^{3+} (1.65eV);(2)一个非桥接的氧洞中氢氧基为 1.95 eV,而非桥接的杂质(比如 Li^+、Na^+ 或 K^+)则在 1.9 eV 附近;(3)价补偿的 Al^{3+} 中心为 3.3 eV,(4)中性自由氧空缺在 4.3 eV,(5)与 CL 释放非晶化有关的"E"中心为 2.3 eV。Götze 等(2009)的研究则主要集中于用复合的多种分析手段(如 XRD、optics、LA – ICP – MS、CL、SEM 和氧同位素)研究玉髓、微晶石英和石英晶簇的形成,以及石英中的物理性质与结构构造的多样性之间的关系。Jourdan 等(2009)和 Lehmann 等(2009)主要研究热液石英中的微量元素环带和氧同位素问题。

Rusk 等(2002; 2006; 2008)在研究 Montana 斑岩铜矿后,将石英中的微量元素与其结构构造联系起来,并指出石英中 Al 含量反映了热液流体中的 Al 的溶解度,Al 含量主要取决于 pH,同时 Al 含量变化反映出的 pH 波动正说明了金属硫化物进入了热液系统。而岩浆岩石英中用地质温度计(Wark 等, 2007)计算石英不同生长阶段的岩浆温度,高 Ti 含量的石英形成温度大于 500℃,且形成压力较高。

2.2.5.3 石英 CL 颜色和构造

2.2.5.3.1 石英 CL 颜色

自 20 世纪 70 年代起地质学家们就对石英的荧光产生了浓厚的兴趣,并应用于示踪。Zinkernagel(1978)首次应用荧光仪研究了石英发光性和不同源岩之间的关系,荧光仪的应用目的在于能够在可见光范围内定量检查 CL 的颜色(Marshall, 1988)。很多学者应用荧光仪观察石英的 CL 颜色,并把其作为鉴定不同来源石英的标准(Marshall, 1988; Zingernagel, 1978; 彭惠娟 等, 2010; 卢秋霞, 2000)。Zinkernagel(1978)认为在 OM – CL 下呈蓝光到紫光是火山岩、深成岩和一些接触变质岩中的石英的特征,褐色是变岩浆岩、变沉积岩和一些接触变质岩、区域变质岩及含金石英脉中的石英的特征,而无荧光现象的石英在沉积岩中则是自生来源。自 Zinkernagel(1978)的研究发表以后,许多其他的地质学家们开始研究石英 CL 颜色和来源之间的关系(Bernet 和 Bassett, 2005; Götze 等, 2001a; Seyedolali 等, 1997)。彭惠娟等(2010)在研究西藏甲玛斑岩 - 矽卡岩铜矿床中的斑岩中的 石英时发现了利用 SEM - CL 和 OM - CL 具有明显的对应关系, SEM - CL 中微弱 的石英 CL 对应 OM - CL 中的红色至淡棕色, 而 SEM - CL 中明亮的 CL 对应 OM - CL 中蓝色至紫色的石英。卢秋霞(2000)系统地总结了黔东南及桂西北金矿硅 质及石英的阴极发光特征。张绍平等(1989)系统地总结了石英中阴极发光特征。 有一些研究者们认为在荧光仪下观察 CL 是一个比较主观的过程, 所以, 一种定 性的方式, 即应用研究 CL 发射光谱已被广泛用于定量 CL 的研究中(Götze 等, 2001b; Marshall, 1988)。这些都说明石英的阴极发光 CL 颜色在研究石英的起源 过程中具有重要的作用, 但是 Boggs(2002)在进行了大量的火山岩、深成岩、变质 岩、热液石英研究以后发现, 仅靠 CL 颜色来确定石英的来源是不可靠的, 他发现 一些弱变质的火山岩仍保持其源岩的生长环带现象, 在一些浅成的深成岩石英中 出现类似火山岩的 CL 颜色; 此外, 他还发现一些不具生长环带的热液石英可能 容易与深成岩石英的颜色相混淆。因此, 他提出, 在确定石英来源的时候, 结合 SEM - CL 和构造分析一起, 可能是一个比只考虑 CL 颜色更为可靠的手段。由于 上述 CL 颜色的叠加问题, 在应用 SEM - CL 定量和荧光仪定量中, 石英的 CL 颜 色不能够准确提供其来源, 有些研究者提出应用在靠近紫外波段(ultraviolet, UV) CL 的放射可能会提供更加准确的来源信息, 如杨勇等(2003)对次生石英的紫外 阴极发光机理进行了讨论, 并且指出次生石英的阴极荧光特征与其生成条件有着 密切的关系。

2.2.5.3.2　CL 构造

Seyedolali 等(1997)应用 SEM - CL 发现石英颗粒显示了一系列的构造, 比如 生长环带、愈合裂纹、暗黑色条痕以及补丁状构造等特征, 而这些特征在普通岩 石学显微镜和背射电镜下均无法观察到。表 2 - 14 和表 2 - 15 中结合 Bernet 和 Bassett(2005)及 Rusk 等(2002; 2006; 2008)和笔者的研究成果, 总结了应用 SEM - CL 和光学显微镜下不同来源, 包括深成岩、火山岩、变质岩及粗到中粒的砂岩 中的同一单个石英颗粒 SEM - CL 特征及光学特征。其中表 2 - 15 总结了不同成 因的石英的 SEM - CL 及物理特征。通常来说, 石英的构造特征依据其成因可分 为两大类, 一是原生的, 一是次生的, 原生的构造主要包括生长环带如图 2 - 24 中的(a)、(c)、(d)、(e)、(f)等。随定向的微裂隙和愈合裂纹(类似缝合线), 均 一的 CL, 非均匀的补丁状和斑杂(或称斑驳)状构造如图 2 - 24 中的(u)、(x); 而 次生构造主要是指颗粒的破碎、定向的微裂隙、变形双晶、非均一的补丁状和斑 杂状、均一的 CL 五种情况。原生构造主要在于石英自生的生长或构造影响 (Rusk 和 Reed, 2002; Rusk 等, 2008), 而次生构造则主要是由重结晶或变形所致

表2-14 应用SEM-CL和光学特征鉴定不同类型石英对照表(据Bernet和Bassett., 2005修改)

石英类型	SEM-CL特征	光学特征	说明
深成岩石英	淡灰色的CL 微裂隙和愈合裂纹(随机定向) 罕见环带结构	单晶质 <3多晶体 无波状消光到弱波状消光	可能包含含流体包裹体拖尾和矿物包裹体(如磷灰石或锆石)
火山岩石英	淡灰至黑色的CL 均一或补丁状CL 常见环带结构 大的张裂隙	单晶质 无波状消光	包裹体和张裂隙在两种手段下均可见, 裂隙形成于快速冷凝过程中
脆性变形石英(低级变质条件下)	具定向的微裂隙和愈合裂纹	单晶质或多晶质 弱的波状消光	构造诱发的微裂隙存在于多种遭受脆性变形的石英中, 在同一石英颗粒上可能出现多期次的定向微裂隙和愈合裂纹
韧性变形石英(低中级变质条件下)	变形双晶 复杂剪切	弱到强的波状消光 变形双晶	构造诱发的变形双晶可能存在于韧性变形的石英中可能会出现复杂的剪切模式(Seyedolali, 1997)
低中级变质石英	淡灰至黑色CL 补丁状和斑驳状CL	弱到强的波状消光	火山岩、深成岩和其他来源但遭受了低到中级变质叠加的石英
高级变质石英-重结晶石英	黑色CL	多晶(与非波状消光到波状消光的石英镶嵌)	重结晶石英在光学显微镜下易区别, 高级变质石英罕见(Seyedolali, 1997)
脉石英	淡灰至黑色的CL 均一CL 环带CL 补丁状CL 罕见微裂隙	单晶体线或多晶体线 弱到强的波状消光	脉石英通常类似变质岩, 重结晶和微晶石英
破碎石英	明显的裂隙网络(黑线)	裂隙和液体包裹体 强的波状消光	Seyedolali, 1997; Boggs, 2001
重结晶碎屑, 在埋藏和液体成形过程中脆性变形石英	晶体破碎	单晶体或多晶体, 取决于石英类型 弱到强的波状消光(取决于继承的消光行为)	应用光学显微镜, 颗粒看起来像经过了压溶, 但在SEM-CL下显微颗粒破碎(Dickinson, 1995 #69; Milliken, 2000 #70)
微晶石英	黑色CL	单晶体	应用光学显微镜易于观察

表2-15 石英SEM-CL特征和物理性质(据Bernet和Bassett，2005和Seyedolali，1997修改)

特征	描述	石英类型	百分比	说明
原生	形成子结晶，或冷却结晶之后	—	—	—
环带	同心环带比非同心环带常见，环带宽度不同，对称和非对称，样品内环带无明显变化	火山岩型	约50%	在火山岩型石英中非常常见，但在深成岩和脉型石英中较少，晶体增长过程中涉及岩浆和热液
		深成岩型	<5%	
		脉型石英	<5%	
随机定向微裂隙和愈合裂纹	相对较薄（<10 μm），黑灰至黑色色线，有时候呈蛛网状。	深成岩型	100%	与冷却相关的随机定向微裂隙和愈合裂纹主要存在于所有的深成岩石英中，脉石英中较罕见
		脉型石英	1%	
均一的CL	在整个单晶体中无明显CL变化，CL呈灰-灰黑-黑色	火山岩型 重结晶	约30%	在火山岩中的石英中较常见
非均一的补丁状和斑驳状	CL对应的变化在子不规则碎片状和斑杂状的明暗CL模式	火山岩型	约20%	在火山岩中的石英中较常见，少量存在于脉型石英中
		脉型石英	<10%	
次生	形成子变形和重结晶	—	—	—
颗粒破碎	沉积岩石固结过程中的脆性变形	任何类型	未见	取决于压紧作用的强度和基质成分（Dickinson，1995；Milliken，2000）
具定向的微裂隙	类似子原生的微裂隙，但是平行排列，可能会有几组	任何类型	100% 脆性变形	典型的石英经遭受了脆性变形，构造引起的微裂隙已愈合
变形双晶	非常细，相互平行，紧密排列，黑灰色线，可能存在几组	任何类型，取决子变质程度	100% 韧性变形	典型的石英遭受了弱的脆性变形（例如，石英受低级变质变质）
非均一补丁状或斑驳状	通常非常暗的CL并具不规则状，局部出现亮的CL	低-中级变质石英	可变的，取决子变形程度	石英具典型的波状消光，可见明显重结晶石英亚晶边界和镶嵌结构（Seyedolali，1997）
均一CL	黑色的CL，其余不可见	重结晶石英包括大部分的脉石英及高级变质石英	90% 全部重结晶石英	非常典型的强烈和完全重结晶，常见子中到高级变质岩和重结晶石英的脉石英中

（Milliken 和 Laubach, 2000）。

2.2.5.3.3　石英中微量元素的 SEM – CL、OM – CL 颜色及 CL 构造之间的关系

石英中阴极发光现象是多种因素所引起的，比如晶体缺陷（Stevens – Kalceff, 2009）、空的晶格位置、晶格顺序、变形机制和杂质的影响（Landtwing 和 Pettke, 2005；Miyoshi 等，2005；Rusk 等，2008；Rusk 等，2006；Wark 等，2007；Zingernagel, 1978）。比如，Al^{3+}、Fe^{3+}、H^+、Li^+、K^+ 等离子的影响。不同的构造表现在 OM – CL 下的颜色不同和 SEM – CL 下的光强度不同，构造的不同造成部分石英晶体显示很弱的 CL 光强度，如一些经过了变质和变形的石英，而另一些则显示中到强的 CL 光强度［如某些热液矿床中石英和脉石英，如图 2 – 24 中的（a）~（p）。对单个晶体，不同光强度的影响因素更多，如火山岩和深成岩中的石英经常具生长环带，这主要是由于温度和冷凝速度起着重要的作用（Miyoshi 等，2005；Rusk 和 Reed, 2002），而诸如愈合裂纹、暗色条痕和补丁状构造则可能是由于晶体错位导致构造作用或晶体增长过程中的推移作用造成（Seyedolali 等，1997）。整体来说，具体的构造要以特定的地质作用来解释，对于石英中 CL 的起因目前尚不清楚，仍需要进一步研究。

2.2.5.4　应用

通过上面的讨论可以得知，在实际应用中，不能简单地用 CL 的颜色去判断石英的类型，同时也不能只利用简单的构造特征模式去讨论石英的来源，图 2 – 25 集成了石英在 SEM – CL 和光学 CL 下不同岩石类型中石英的鉴定特征，一方面，不同类型石英的构造特征还不能够完全了解，另一方面，因为 SEM – CL 和 OM – CL 等仍处于一种定性的、主观的观察条件下，随机性较大，影响较多。激光剥蚀电感耦合等离子体质谱（laser ablation inductively coupled plasma mass spectrometry, LA – ICP – MS）、毛细管离子分析（capillary Ion analysis, CIA）和电子自旋共振（electron spin resonnce, ESR）的发展为研究石英从定性跨越到了半定量和定量，但目前除 LA – ICP – MS 已被成功应用于石英中微量元素地球化学研究和流体包裹体的研究外，其余两种技术仍在尝试当中，对于石英的研究，前方的路还很长，进一步的工作亟待去做。

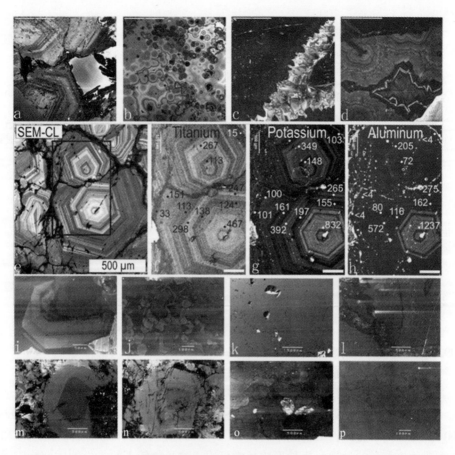

图 2 - 24　各种不同的 CL 构造

其中:a、b、c、d 取自不同的热液脉中的石英,显示了复杂的增生历史;e、f、g、h 显示了光强度与微量元素含量间的对应关系,e 为 SEM - CL 图像,f、g、h 均是电子探针测定石英中不同环带微量元素 Ti、K、Al 的分布情况及其与光强度的对应关系;i、j、k、l 均来自澳大利亚 Ernest Henry IOCG(铁氧化物型)矿床,i 为单个石英晶体,显示了其生长环带,j 显示了不同期次的石英生长,无明显生长环带的石英为相对早期石英,经变质或变形,已不具环带构造,而后期具环带构造的石英则充填于早期的空隙之内,k 和 l 为同一视域,其中,k 为背射图像,而 l 为 SEM - CL 图像,仍显示两期石英,晚期的石英充填于已角砾化了的早期石英空隙间;m、n 是采自新英格兰造山带 Smoky Cape 的 A 型花岗岩,显示仍具弱的生长环带;o 是采自澳大利亚新南威尔士 Berridale 基底的 I 型花岗岩,具不规则的碎片状和斑杂状,p 来自 Coziosco Batholith - Sawpick Creek 的 S 型花岗岩,可见其愈合裂纹。说明:图 a~h 来自于 Brian 演示文稿和文章,图 i~p 来自本次研究

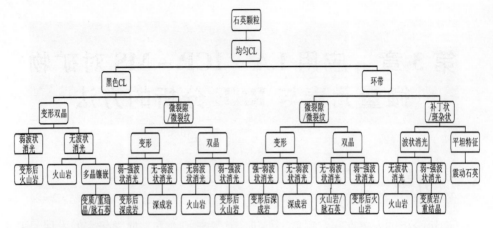

图 2 – 25 基于 SEM – CL 和光学显微镜下不同类型岩石中石英类型鉴定流程图(据 Bernet
和 Bassett，2005 修改)

2.2.6 长石

长石是大洋和陆壳中含量最丰富的矿物，体积占 50% ～ 60% (Deer 等，1992)。长石是一种架状铝硅酸盐矿物，其通式为 MT_4O_8，在这里 M 通常为 Ca^{2+}、Na^+ 或 K^+，T 是 Al^{3+} 或 Si^{4+}，而且 $1 \leqslant Al \leqslant 2$。

岩浆岩中长石的化学组成和生长形貌在一定程度上反映了其结晶环境的变化(Götze 和 Kempe，2008；Larsen，2002；Singletary 和 Grove，2008；Slaby 和 Gotze，2004；Slaby 等，1989；Slaby 等，2007)，其可以记录熔融体的结晶动力过程和成分扰动的热力学的过程。生长形貌通常可以通过显微镜下的光学性质而确定。地球化学手段如电子探针也可以被用于研究长石中的不平衡结构。长石生长处于一个动力环境中，这已为实验所证明。在大部分情况下，研究者们关注的是斜长石，对于钾长石的研究相对比较少。然而，阴极发光 CL 被用于调查和重建长石从岩浆房出来后运动至合适的地方，然后成核和结晶的过程。前人的研究已经证明 CL 对于晶体生长和形貌研究是一项可靠的手段，而且也有助于恢复不同的岩石成因机制。微量元素进入钾长石可以反映其结晶过程中的化学环境，这些元素中的大部分可以作为长石中的激活剂(Singer，1995)。对于发光活化作用，元素含量可以很低，经常低于电子探针或其他空间分辨率分析手段的检测下限，因此，CL 比其他手段更灵敏，可以作为一种重要的地球化学手段应用于分析(Parsons，2010；Parsons 等，2009；Slaby 和 Gotze，2004)。

在此次研究中，我们用 EMPA – XCL(方法见第 3 章相关部分的介绍)对来自 Ernest Henry 不同地质背景的钾长石中的 Al、Ba、Ca、Cu、Fe、K、P、S、Si、Ti、Na 和部分的 Rb、Sr、Mn、Ga 进行了面扫描，具体内容讨论见第 5 章。

第 3 章　应用 LA – ICP – MS 对矿物微量元素与 REE 分析的方法

3.1　引言

　　微束分析的发展在一定程度上促进了矿物学研究和地质学研究的发展，在过去的半个世纪，矿物微量元素原位分析已经引起了不少矿物学家和地质学家的关注（Muller 等，2003a；Norman 等，1996；Norman 等，1998；Rusk 等，2008；Rusk 等，2009b；Rusk 等，2006；Smith 等，2009b）。微束原位分析提供了固体物质的元素组成和同位素组成，从而有利于解决不同的地质问题、环境问题和工业方面的问题（Norman 等，1996；Norman 等，1998）。例如，Mülle 等（2003a）提出应用石英中的微量元素去研究相关晶体生长机制和不同地质过程中的扩散现象（如岩浆、热液和变质过程）。在实际地质科研工作中，二次离子质谱（SIMS）、激光剥蚀电感耦合等离子体质谱（LA – ICP – MS）、波谱 – 能谱电子探针（EMPA）等微束技术都可以用来进行原位分析，而 LA – ICP – MS 则是一种相对较新的微束技术，由于其具有较高的分辨率（图 3 – 1，10～100 μm）、较低的检测限（n×10^{-12}）、分析速度快（通常 ≤5 min/每点）、多元素同时分析（如 LILE、HFSE、REE 和 HSE）以及可以进行原位分析等特点（Ginibre 等，2007；Muller 等，2003b），从而被广泛应用。诸如矿床勘探中，微量元素和稀土元素研究（Müller 等，2003a；Muller 等，2003b；Raju 等，2010；Rehkämper 等，2001；Sutton 等，1987；Yuan 等，2004；Zhang 等，2009b）、同位素组成及年龄的测定（Bendall 等，2006；Horn 等，2006；Orihashi 等，2008；Pearson 等，2002；Smith 等，2009a；Sylvester，2008；Yuan 等，2004）、熔融体的地球化学过程调查，如流体包裹体成分的测定（Audetat 等，2000；Audetat 等，2008；Kouzmanov 等，2010；Rusk 等，2004；Ulrich 等，2002；胡圣虹等，2002）及自然界与实验系统之间的质量转移等地质问题的研究过程。近些年来，国内一些高校和科研单位，如西北大学、中国地质大学（武汉）等亦引进了 LA – ICP – MS 用于地学研究（Hu 等，2001；柳小明等，2002；顾晟彦等，2006）。

　　目前，国际上应用 LA – ICP – MS 进行锆石 U – Pb 定年的技术已基本成熟，在中国该项测定也日趋成熟（罗志高，王岳军，张菲菲等，2010；顾晟彦等，

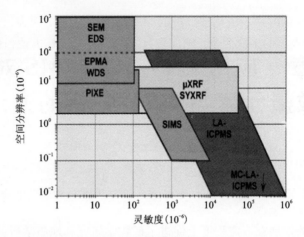

图 3-1 几种微束技术的检测限(灵敏度)和激发量(空间分辨率)对比(据 Ginibre 等,2007)

颜色代表入射光的特性:红色=光子(光);黄色=光子(X射线),绿色=电子;蓝色=质子或其他离子。SEM—扫描电镜;EDS—能谱;EPMA—电子探针;WDS—波谱;μXRF—显微X射线荧光;SYXRF—同步加速X射线荧光;PIXE—质子质子激发X射线发射分析。剥蚀方法如二次离子质谱(SIMS)和激光剥蚀电感耦合等离子体质谱(LA-ICP-MS)的检测限因材料不同,变化范围较大。

2006)。而对于应用 LA-ICP-MS 研究矿物微量元素以及 REE 特征,国际上虽然也已有大量的研究(Flem 等,2002;Hu 等,2001;Jackson 等,1992b;Müller 等,2003a;Müller 等,2003b;Norman 等,1998;Raju 等,2010;Rusk 等,2009c;Rusk 等,2006;Rusk 等,2004;Smith 等,2009b;Ulrich 等,2009;Zhang 等,2009a),但在国内仍不是很完善(Hu 等,2001;柳小明等,2002),尤其是对于矿物研究,诸如硫化物、氧化物和一些硅酸盐的分析。

本章就应用 LA-ICP-MS 进行矿物分析的方法和可能遇到的问题进行分析,如:(1)如何应用 LA-ICP-MS 进行矿物分析;(2)分析过程中要注意到的问题,结合笔者近两年对铁氧化物(如磁铁矿)、硫化物(如黄铁矿、黄铜矿等)以及部分硅酸盐矿物(如石英、长石、石榴石、磷灰石等)微量元素测定,简要探讨问题:(1)实验过程;(2)影响实验的主要因素,如元素的选择、激光束的大小、内外标选择以及质谱干扰等问题。

需要说明的是,在实验过程中,由于仪器采集的原始数据是被测元素的信号强度(Intensity, CPS),此信号强度需要被转换成实际含量(mg/kg),这通常通过测定"标准样品"(即外标)来完成,称为仪器标定,然而在实际研究中一般没有天然矿物标准,在本章中笔者主要探讨对美国国家标准技术研究院人工合成的硅酸盐玻璃标准样品 NIST SRM 610、NIST SRM 612 和 NIST SRM 614,以及美国地质调查所(USGS)提供的用于硫化物分析的 MASS - 1 的应用,因为这些标准已经过不同单位、不同人员的多次测量,绝大多数元素已经有了标准值(Horn 等,1997;Kin 等,1999;Norman 等,1996;Pearce 等,1997a;Rehkämper 等,2001)。

3.2 实验部分

3.2.1 仪器和操作条件

本实验在澳大利亚 James Cook 大学的高级测试中心完成,仪器相关参数和工作条件见表 3 - 1。

表 3 - 1 LA - ICP - MS 微量元素与 REE 分析仪器条件

激光参数	设定值	ICP - MS 参数	设定值
激光源	Coherent GeoLas 200 Excimer Laser Ablation System	ICP - MS 系统	Varian - Bruker 820 - MS
波长	193 nm	功率	1250 W
脉冲宽度	3 ns	气流	
激光束	均值化平顶光束	冷却(等离子体)Ar	15 L/min
脉冲能量	0.01 ~ 0.1 mJ/pulse	辅助 Ar 气流	0.8 L/min
能量密度	6 J/cm^2	样品传输 He 气流	0.235 L/min
焦点	表面	样品传输 Ar 气流	0.95 L/min
光栅扫描速度	10 Hz	分析设定	
激光束直径	5 ~ 160 μm	扫描模式	峰跳跃模式,1 点/峰
		获取模式	时间分辨率分析
		分析持续时间	65 s(25 ~ 30 s 背景值,35 ~ 40 s 信号)

3.2.2 样品制备

通常来说,样品的制备有两种方法:(1)对于可以挑选单矿物的,可将挑出的单矿物固定于标准 2.5 cm 直径的树脂饼并抛光用于分析(如锆石);(2)对于一些很难挑选单矿物且需要进行原位分析的,直接将样品切制成"厚"薄片(有人称之为光薄片),其要求是双面抛光,约 150 μm 厚,对于薄片的厚度随矿物的易剥蚀程度确定，如石英较难剥蚀，可以选择在 100～150 μm，而某些黄铁矿则相对较易剥蚀，故考虑为 150 μm，具体厚度可根据实验中能够保证至少 30 s 时间数据收集为准。笔者在实验中主要研究的矿物来自于铁氧化物型铜金矿床中的磁铁矿、黄铁矿、黄铜矿、磁黄铁矿及 I 型和 S 型花岗岩中的石英，所有样品均磨制成 150 μm 双面抛光的岩(矿)石薄片。

3.2.3 实验流程

在分析的前一天应该对薄片进行表面去污处理，如超声波清洗等。实验开始，先进行 Gas blank，让气体通过仪器，以检查其检测限。之后进行标准样品的测定，可选用不同的标准样品进行相互间的标定，标准样品测定后即开始实验样品的测定，每 2～3 h 后，由于仪器会产生漂移，需要再次进行标准样品的测定，以便于数据处理过程中的结果校正。实际操作过程中步骤如下。

Gas blank

标准样品 1 - 1(激光束大小 X_1)

标准样品 1 - 2(激光束大小 Y_1)

标准样品 2 - 1(激光束大小 X_2)

标准样品 2 - 2(激光束大小 Y_2)

实验样品 1 - 点 1

实验样品 1 - 点 2

……

实验样品 2 - 点 1

实验样品 2 - 点 2

……

实验样品 n 点 m

标准样品 1 - 3(激光束大小 X_1)

标准样品 1 - 4(激光束大小 Y_1)

标准样品 2 - 3(激光束大小 X_2)

标准样品 2 - 4(激光束大小 Y_2)

实验样品 n + 1 点 1

实验样品 n + 1 点 2

……

标准样品 1 - P(激光束大小 X_1)

标准样品 1 - P + 1(激光束大小 Y_1)

标准样品 2 - P(激光束大小 X_2)

标准样品 2 - P + 1(激光束大小 Y_2)

实验完成后，将数据导出，目前用于数据处理的软件有免费的 LaTEcalc 用于微量元素分析，但更多的是使用比较成熟的 GEMOC 开发的 GLITTER。GLITTER 给使用LA – ICP – MS 的用户提供了实时、在线集图形与分析表格于一体的数据处理方法，用户可在 LA – ICP – MS 提供的信号中同时选择背景值和样品信号，具体软件的使用参照用户手册。在实验结束后，导出数据时，首先将"标准样品1"作为外标（即转换 CPS 为含量的标准），将"标准样品 2"作为"待测样品"。对于实际样品，无法知道其真实含量，在此也无法计算测量值与真实值之间的误差，用"标准样品 2"作为"待测样品"很容易计算该过程中的相对误差（具体例子详见实验结果讨论部分）。数据处理结束后，可使用 EXCEL、SPSS 和 Matlab 等软件进行数据质量的检查和后期处理解释。

3.3　实验结果及讨论

3.3.1　实验结果

在该实验中，实验结果表现在两个方面，一是应用标准样品作为"待测样品"的数据质量分析；二是实际样品中微量元素的分布情况。

首先，实际样品中微量元素含量情况为：在石英中含量较丰富的微量元素有 Li、Al、Si、Ti，石英中 REE 含量除 La 外，大部分低于检测限；在磁铁矿中含量丰富的元素为 Mg、Al、Ti、V、Cr、Mn、Fe、Co、Ni、Zn、Ga、Ge、Sn、Pb；在黄铁矿中含量丰富的微量元素为 Co、Ni、Cu、Zn、Ga、Ge、As、Se、Sr、Sn、Sb、Pb、Bi；在黄铜矿中含量丰富的元素有 Cu、Zn、Ge、Se、Ag、Sn、Pb。

这里主要讨论应用标准样品作为"待测样品"分析过程中的数据质量问题。在本实验中，对于铁氧化物（如磁铁矿）采用 NIST SRM 610、NIST SRM 612 作为标准，其中 NIST SRM610 为外标，NIST SRM 612 作为"待测样品"用于检验数据的相对偏差（即 RSD）；而对石英测定过程中，则使用 NIST SRM 612 作为外标，用 NIST SRM 610 和 614NIST SRM 作为"待测样品"进行数据质量检查；对于硫化物，目前所提供的只有 Mass – 1 作为外标，将 NIST SRM610 作为"待测样品"进行数据质量检查，并且在这过程中涉及了元素的变化、激光束大小的变化，实验结果见表 3 – 2、表 3 – 3、表 3 – 4 和图 3 – 2。

表 3 - 2 应用 NIST SRM 610 作为"标准样品"（外标）测试"待测样品"NIST SRM 612 的实验结果

元素	NIST SRM 610（作为标准矿物）						报道含量[6] (10^{-6})	NIST SRM 612（作为待测矿物）				
	报道含量[1] (10^{-6})	平均值[2] (10^{-6})	偏差[3] (10^{-6})	N[4] (个)	误差[4] (10^{-6})	σ^{5}		平均值[7] (10^{-6})	偏差[8] (10^{-6})	N (个)	误差[9] (10^{-6})	RSD[10] (%)
^{24}Mg	465	462	16	12	3	0.7	77	63	5	5	14.0	18.2
^{27}Al	10800	11422	1640	12	622	5.8	11170	11360	852	5	189.6	1.7
^{39}K	486	480	12	12	6	1.3	66.3	63	8	5	3.0	4.5
^{45}Sc	441	438	12	12	3	0.6	41	40	3	5	0.9	2.1
^{49}Ti	434	436	19	12	2	0.3	44	39	2	5	4.8	10.8
^{51}V	442	444	22	12	2	0.5	39	39	3	5	0.0	0.1
^{52}Cr	405	411	25	12	6	1.4	36	38	4	5	2.0	5.6
^{55}Mn	485	483	18	12	2	0.4	38	43	4	5	5.0	13.3
^{59}Co	405	405	15	12	0	0.1	35	35	3	5	0.5	1.3
^{60}Ni	458.7	460	16	12	1	0.3	38.8	41	3	5	1.9	4.8
^{65}Cu	430	433	14	12	3	0.8	37	37	2	5	0.0	0.1
^{66}Zn	456	451	59	12	5	1.2	38	43	3	5	4.6	12.1
^{71}Ga	438	433	9	12	5	1.1	36	38	3	5	2.4	6.5
^{72}Ge	426	422	8	12	4	0.9	35	39	3	5	3.9	11.1
^{75}As	317	304	21	12	13	4.0	37	34	2	5	2.8	7.5
^{88}Sr	515.5	500	42	12	15	3.0	78.4	82	7	5	3.5	4.4
^{98}Mo	410	400	18	12	10	2.4	38	37	3	5	0.7	2.0
^{107}Ag	239	233	13	12	6	2.7	22	21	2	5	1.4	6.5

续表 3 – 2

元素	NIST SRM 610（作为标准矿物）						NIST SRM 612（作为待测矿物）					
	报道含量[1] (10^{-6})	平均值[2] (10^{-6})	偏差[3] (10^{-6})	N /个	误差[4] (10^{-6})	σ^5	报道含量[6] (10^{-6})	平均值[7] (10^{-6})	偏差[8] (10^{-6})	N /个	误差[9] (10^{-6})	RSD[10] (%)
^{111}Cd	259	257	38	12	2	0.8	28.3	31	2	5	2.2	7.8
^{115}In	441	432	20	12	9	1.9	43	39	3	5	4.2	9.9
^{118}Sn	396	387	27	12	9	2.4	38	37	3	5	1.0	2.8
^{121}Sb	369	365	14	12	4	1.0	38	33	3	5	5.2	13.6
^{133}Cs	361	351	31	12	10	2.9	42	43	3	5	1.0	2.3
^{182}W	445	425	81	12	20	4.4	40	40	3	5	0.4	1.1
^{197}Au	23	22	4	12	1	6.1	5.1	4.8	0.2	5	0.3	5.7
^{205}Tl	61	58	13	12	3	4.6	15.1	16.9	1.5	5	1.8	12.2
^{208}Pb	426	418	102	12	8	1.9	38.57	41.4	3.5	5	2.9	7.4
^{209}Bi	358	350	86	12	8	2.2	30	33.9	2.9	5	3.9	12.9
^{232}Th	457.2	455	114	12	2	0.5	37.79	44.4	3.8	5	6.6	17.4
^{238}U	461.5	466	119	12	5	1.0	37.38	45.3	3.9	5	7.9	21.3
^{115}Sn	396	388	18	12	8	1.9	38	34.8	2.6	5	3.2	8.4

表中参数的说明（下同）：

对于标准样品：假定有 N 次测量有 N 个测量值 $a_1 \sim a_n$，报道含量[1] 是指标准样品中提供的元素含量；平均值[2] 是指在测试过程中多次测量的平均值，平均值[2]$=(a_1+a_2+\cdots+a_n)/n$；偏差[3] 是指该标准样品在测试过程中多次测量的绝对含量差值的标准偏差；误差[4] 是指标准样品的测定值与标准值的平均含量差值的平均差；误差[4]$=$Sqrt$\{[(a_2-a_1)^2+(a_3-a_2)^2+\cdots+(a_n-a_{n-1})^2]/(n-1)\}$；$\sigma^5$ 是相对误差，$\sigma^5=|$平均值[2]$-$标准样品含量[1]$|$；误差[4]$=|$平均值[2]$-$标准样品含量[1]$|/$标准样品含量[1]。

对于待测样品，计算与标准样品类似，但各物理量的含义不同：假定有 m 次测量有 m 个测量值 $b_1 \sim b_m$，其中报道含量[6] 是指作为待测量含量 是指作为待测样品的标准样品的含量；平均值[7] 是指作为待测样品的标准样品的测定值在测试过程中多次测量的平均值；偏差[8] 是指作为待测样品的标准样品的标准偏差，偏差[8]$=$Sqrt$\{[(b_2-b_1)^2+(b_3-b_2)^2+\cdots+(b_m-b_{m-1})^2]/(m-1)\}$；误差[9] 是指作为待测样品测定量中的相对误差，误差[9]$=|$平均值[7]$-$标准样品含量[6]$|/$标准样品含量[6]；RSD[10] 是指作为待测样品的标准样品测定量中的相对误差，RSD[10]$=$误差[9]/标准样品含量[6]$)|/$标准样品含量[6]；式中的 Sqrt 代表求平方根。

表 3 – 3　磁铁矿微量元素测试过程中用不同标准样品相互检验的结果

标准	待测	精度	^{24}Mg	^{27}Al	^{39}K	^{45}Sc	^{49}Ti	^{51}V	^{52}Cr	^{55}Mn	^{57}Fe	^{59}Co	^{60}Ni	^{65}Cu	^{66}Zn	^{71}Ga	^{72}Ge	^{75}As	^{88}Sr	^{98}Mo	^{107}Ag	^{111}Cd	^{115}In	^{118}Sn	^{121}Sb	^{133}Cs	^{182}W	^{197}Au	^{205}Tl	^{208}Pb	^{209}Bi	^{232}Th	^{238}U	^{115}Sn
NIST SRM 612	Mass-1	RSD(%)	19.7	2.0	0.3	5.4	20.2	2.8	58.1	21.9		50.3	65.8	12.2	31.6	37.4	41.2	100.7			83.3	85.8	45.1	47.4	84.3		49.0	94.0	53.2					
	NIST SRM 610	RSD(%)					9.6	1.5	11.2	12.9		7.8	15.8	1.1	16.2	6.2	12.5	5.9	7.7	1.3	3.2	7.9	8.8	0.4	16.7	5.3	6.6	15.6	9.5	8.3	14.0	13.2	15.0	7.8
	NIST SRM 612	σ(%)	1.1									5.0	10.5	0.4	0.1	0.7	0.5	1.7	2.1	2.0	0.4	2.4	1.0	1.1	2.5	1.5	0.1	5.7	1.9	2.2	0.4	5.3	5.4	1.1
NIST SRM 610	NIST SRM 612	RSD(%)	18.2	1.7	4.5	2.1	10.8	0.1	5.6	13.3	10.5	1.3	4.8	0.1	12.1	6.5	11.1	7.5	4.4	2.0	6.5	7.8	9.9	2.8	13.6	2.3	1.1	5.7	12.2	7.4	12.9	17.4	21.3	8.4
	Mass-1	RSD(%)							59.2	42.3		62.8	100.5	19.8	50.1	50.9	69.5	95.1			82.2	103.2	33.1	49.1	62.5		64.7	71.7						
	NIST SRM 610	σ(%)	0.7	5.8	1.3	0.6	6.3	0.5	1.4	0.4	0.0	0.1	0.3	0.8	1.2	1.1	0.9	4.0	3.0	2.4	2.7	0.8	1.9	2.4	1.0	2.9	4.4	6.1	4.6	1.9	2.2	0.5	1.0	1.9
Mass-1	NIST SRM 610	RSD(%)						30.0	34.3	28.1		38.0	49.1	11.1	35.8	31.7	37.4	46.3		34.0	43.5	35.2	26.0	31.5			35.8	41.0	29.4					
	NIST SRM 612	RSD(%)						25.4	29.4	14.3		35.3	45.2	7.6	22.7	26.0	27.2	41.5		30.4	43.9	27.0	30.8	30.1			30.7	46.4	33.3					
	Mass-1	σ(%)						0.3	0.6	0.7	0.0	1.2	0.1	0.7	0.8	0.0	0.8	1.5		1.9	0.1	1.1	0.8	0.3			1.6	0.5	0.2					

注：元素上标为该元素的原子量（取整）

表 3－4　石英微量元素和稀土元素测试过程中用不同标准样品间相互检验的结果

标准	待测	精度	7Li	27Al	31P	39K	43Ca	47Ti	49Ti	72Ge	118Sn	121Sb	133Cs	139La	140Ce	141Pr	146Nd	147Sm	153Eu	157Gd	172Yb	175Lu	178Hf	208Pb
NIST SRM 614	NIST SRM 610－24	RSD(%)	16.3	9.4	14.2	0.3	3.0	16.1	32.7	20.9	45.8	26.8	6.2	1.0	6.7	5.4	2.2	1.7	3.7	1.5	6.1	0.7	1.2	6.8
	NIST SRM 612－16	RSD(%)	22.0	16.6	1.5	8.9	5.7	5.7	14.6	6.0	45.8	7.8	1.6	2.8	0.4	1.2	6.2	6.5	4.1	3.4	2.0	5.1	1.6	5.9
	NIST SRM 612－32	RSD(%)	12.8	4.8	7.4	4.4	0.1	6.5	12.9	14.9	41.1	4.6	3.7	7.2	5.0	7.4	2.0	1.9	7.4	6.3	9.1	6.2	9.7	5.9
	NIST SRM 612－44	RSD(%)	10.1	4.1	9.9	2.8	2.1	8.5	16.5	14.9	43.2	4.0	5.1	9.3	8.3	9.7	5.0	5.4	9.6	9.6	11.2	7.6	11.3	8.0
	NIST SRM 614－16	σ(%)	10.8	11.2	48.8	0.8	6.2	0.7	3.0	76.0	34.8	17.9	3.9	10.4	11.4	0.4	14.0	9.7	9.2	9.2	10.6	0.7	10.9	3.2
	NIST SRM 614－32	σ(%)	7.9	1.1	14.4	12.0	2.0	2.2	3.9	15.4	17.9	5.2	2.8	2.8	24.0	4.6	0.6	7.8	3.2	1.7	1.2	3.4	1.9	2.9
	NIST SRM 614－44	σ(%)	1.7	1.2	3.1	0.5	0.4	0.9	2.2	1.7	6.7	0.3	0.5	0.4	0.2	1.1	1.4	1.2	1.7	1.8	1.3	0.7	1.4	1.4
	NIST SRM 614－60	σ(%)	5.6	2.3	0.8	4.3	3.3	4.3	6.8	1.9	2.9	1.5	6.2	8.0	2.4	9.0	10.8	8.7	11.5	8.3	9.9	7.8	9.2	6.2
	NIST SRM 610(AV)	RSD(%)	16.3	9.4	14.2	0.3	3.0	16.1	32.7	20.9	45.8	26.8	6.2	1.0	6.7	5.4	2.2	1.7	3.7	1.5	6.1	0.7	1.2	6.8
	NIST SRM 612(AV)	RSD(%)	13.5	6.5	7.2	4.6	0.2	7.0	14.4	13.4	42.6	4.9	3.8	6.2	5.3	6.8	1.6	1.7	6.2	5.8	7.9	4.7	8.3	6.6
	NIST SRM 614(AV)	σ(%)	3.7	1.6	13.8	4.1	1.1	0.6	0.9	2.9	14.1	6.1	1.1	0.2	2.2	3.0	1.0	1.7	1.8	1.9	0.4	2.8	0.4	2.7
NIST SRM 612	NIST SRM 610－24	RSD(%)	5.5	7.9	33.1	1.9	3.6	14.9	14.9	4.9	4.5	19.1	1.8	5.8	0.6	12.5	0.5	1.5	4.6	3.2	1.5	1.4	0.8	1.8
	NIST SRM 612－16	RSD(%)	12.6	17.7	51.2	6.8	7.4	17.1	11.3	11.0	6.0	6.7	2.0	9.4	6.6	3.7	8.7	9.9	6.5	8.9	5.9	4.1	0.8	1.5
	NIST SRM 612－32	RSD(%)	1.4	5.5	33.0	0.3	1.1	15.9	16.7	1.1	0.7	1.6	0.1	0.3	0.6	4.2	0.3	1.3	1.7	1.1	2.7	4.5	9.4	0.1
	NIST SRM 612－44	RSD(%)	1.6	5.2	31.0	0.3	0.5	18.6	17.8	0.6	0.1	1.5	1.5	1.6	3.0	6.6	3.1	1.9	4.6	3.9	5.3	6.7	11.9	2.6
	NIST SRM 614－16	σ(%)	23.8	12.3	82.5	3.1	7.9	2.9	6.9	57.3	162.3	16.4	7.4	16.5	17.6	2.9	16.2	12.9	11.5	14.4	13.9	0.5	8.8	1.3
	NIST SRM 614－32	σ(%)	1.9	0.0	29.0	12.0	3.3	4.9	4.3	0.2	88.1	2.6	0.8	5.2	26.9	0.3	0.5	3.3	4.8	3.1	6.1	0.3	0.2	3.5
	NIST SRM 614－44	σ(%)	8.8	0.1	29.5	1.7	1.4	2.5	11.7	20.1	108.8	1.2	4.0	6.4	6.8	3.5	4.0	4.8	0.8	7.4	2.7	1.8	3.7	5.3
	NIST SRM 614－60	σ(%)	18.9	1.3	15.4	7.5	2.0	1.9	4.5	17.6	56.0	2.5	2.5	0.2	1.1	4.6	8.9	4.8	2.4	2.9	1.1	4.2	6.7	0.1
	NIST SRM 610(AV)	RSD(%)	7.4	10.6	44.1	2.6	4.8	19.9	19.9	6.6	5.9	25.5	2.4	7.7	0.7	16.7	0.6	2.0	6.1	4.3	2.0	1.8	1.1	2.4
	NIST SRM 612(AV)	σ(%)	5.5	1.9	32.1	17.0	2.2	2.2	3.4	17.5	95.9	2.9	1.6	6.0	3.5	0.3	1.2	0.8	3.1	4.2	4.7	1.6	1.1	2.3
	NIST SRM 614(AV)	RSD(%)	1.8	6.9	33.9	1.0	1.3	17.0	16.4	0.6	1.1	2.2	0.3	0.8	0.5	4.0	0.1	1.3	1.6	0.8	2.5	4.1	9.1	1.1

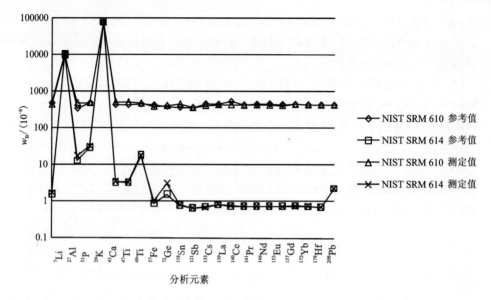

图 3 - 2　以 NIST SRM 612 作为标准值、NIST SRM 610 和 NIST SRM 614 作为待测样品的测量结果

从上述图和表的结果来看：

（1）实验过程中，选择合适的激光束大小和合适的标准样品（外标），其自身的测量相对误差（σ）均较小。如对于磁铁矿测试中用 NIST SRM610 作为外标，采用 44 μm 的激光束大小，NIST SRM 610 自身的误差均小于 5%（Al 除外，主要是 Al 赋存于钾长石中，而在此实验中钾长石经常作为包裹体混在磁铁矿中），这说明在实验过程中，仪器偏差较小和受外界干扰较小，同时也说明用于测定过程中的标准样品较均匀。

（2）在磁铁矿、黄铁矿、黄铜矿测试实验中，无论是应用 NIST SRM610、NIST SRM 612 中的任意一个作为标准，将 Mass - 1 作为"待测样品"，还是用 Mass - 1 作为外标，将 NIST SRM 610、NIST SRM 612 作为"待测样品"，其相对误差（RSD）均较大（大部分大于 40%），主要是由于 NIST SRM610、NIST SRM612 与 Mass1 中的组成物质不同，所含元素及其含量有很大的不同所导致（见 USGS 网页和 NIST 网页）。

（3）在磁铁矿测试实验中，用 NIST SRM 610 作为外标、Fe 作为内标，将 NIST SRM 612 作为"待测样品"时的相对误差（RSD < 14%，除 Mg、U 外，因为 U 在铁氧化物铜金矿床中富集而且不均匀）较将 NIST SRM612 作为外标、Fe 作内标，NISTSRM 610 作为"待测样品"的误差相对较小（RSD < 20%，约一半以上处于 10% ~ 20%），这是由于在磁铁矿中铁的含量较高（应用 NIST SRM610 标准测量

值为 715125×10^{-6}，NIST SRM610 中铁含量为 458×10^{-6}），而 NIST SRM612 中铁的含量较低（51×10^{-6}），与之相差较大，同时也说明在磁铁矿的测定中选择 NIST SRM610 作为外标是合适的。

（4）在石英测试过程中，应用 NIST SRM 612 作为外标，NIST SRM 610 和 NIST SRM 614 作为为待测样品的的相对误差（RSD ＜ 8%，除 P、Ti、Sb 和 Pr 以外）较用 NISTSRM 610 和 NIST SRM 612 作为外标，另外两种作为"待测样品"时的相对误差小（如表 3 – 2 所示），这是因为 NIST SRM610、NIST SRM612 和 NIST SRM614 三者中元素含量相差悬殊。一方面，应用中间值 NIST SRM 612 作为标准，将 NIST SRM 610（含量较高）和 NIST SRM 614（含量较低）作为"待测样品"时相对误差（RSD ＜ 8%、除 P、Ti、Sb 和 Pr）较小；另一方面，与该测试中内标元素的选择有关，在该测试中，选择 Si 作为内标，因为 Si 在 NIST SRM 610、NIST SRM 612、NIST SRM 614 中的含量分别是 327225×10^{-6}、336107×10^{-6}、337977×10^{-6}，石英中的 Si 为 467439×10^{-6}，说明在石英测试中、选择 NIST SRM612 作为外标是合适的。

（5）用 NIST SRM 612 作为标准（外标）而将 NIST SRM614 作为"待测样品"，使用不同大小的激光束，对测定结果有明显的影响，对于大部分的元素，随着激光束的增大，测定结果的相对误差减小，这主要是因为激光束的大小影响了剥蚀量，而剥蚀量又影响了测试精度（Jackson 等，2004）。

（6）对于 REE 元素，采用 NIST SRM 610、NIST SRM 612 和 NIST SRM 614 其中之一作为"标准样品"，另两种作为"待测样品"，其相对误差均较小，原因可能是不同的 REE 元素在每一种 NIST 中的含量相差均不大。

3.3.2　结果讨论

3.3.2.1　分析元素的选择

分析元素的选择取决于 LA – ICP – MS 的分析精度和检测限。通常来说，LA – ICP – MS 的分析精度和检测限受多个因素的影响，如剥蚀量和剥蚀速度等。而剥蚀量又受众多因素控制，如剥蚀次数、激光强度（激光能量大小）、激光频率、激光束大小以及矿物种类。除此之外，就 LA – ICP – MS 系统来说，还受激光剥蚀后样品传输效率的影响，但传输效率对每个特定系统变化不大。一般情况下，大的激光束会导致较高的计数次数，从而降低检测限，增加了精度。剥蚀次数通常受限于样品厚度（即薄片厚度）和所需要的空间分辨率，剥蚀次数主要是由所测定元素的数量所决定，四极质谱是一种序列分析，在总测量时间一定的情况下（总测量时间取决于样品厚度和剥蚀速度），过多的分析元素会导致每个元素上分配的测量时间过短，因而信号强度变弱，导致元素数目与检测限之间呈反比关系，即选择分析的元素越多，检测限上升，不利于分析的进行（Jackson 等，1992b）。

在 AAC, 对大部分矿物的分析(如磷灰石、石榴子石、独居石、金属硫化物和氧化物)激光束能量密度一般控制在 6 J/cm^2, 但由于石英透明度高且难于剥蚀, 其激光束能量则控制在 10 J/cm^2, 激光频率一般控制在 10 Hz, 个别情况下可降至 5 Hz。在实际过程中, 对于不同矿物, 如何选择合适的元素主要取决于以下几个条件:(1)地质环境;(2)该元素在该种矿物中的含量(决定其与检测限的关系);(3)有可能造成干扰的矿物中的主要元素, 如在此次铁氧化物和硫化物的分析中, 由于样品中可能包含有钾长石和磷灰石等, 因此在分析时添加 K、Al、P、Ca 以便在处理数据时剔除包裹体或者杂质, 而石英中可能会含有钠长石、钾长石、斜长石等矿物, 所以考虑要加入 K、Na、P、Ca、Sr、Ba 等元素。由于矿物中的各种元素在不同地质环境中的含量不同, 目前尚无统一的标准来确定哪些矿物中需要测定什么样的元素, 需要根据其相应的地质条件(主要考虑矿物共生组合的影响)进行选择, 有时则需要其他实验方法进行粗测以确定元素种类。选择元素过多会造成检测限升高, 选择过少则不能准确反应其微量元素组成(Jackson 等, 1992), 就笔者实验中, 对于石英主要分析 Li、Na、Al、Si、P、S、K、Ti、Fe、Cu、Ga、Ge、As、Sr、Sn、Sb、Cs、Ba、REE、Au、Hf、Pb, 对于铁氧化物, 如来自铁氧化物型铜金矿床中的磁铁矿分析的元素有 Mg、Al、Si、S、K、Sc、Ti、Cr、Mn、Fe、Co、Ni、Cu、Zn、Ga、Ge、As、Sr、Mo、Ag、Cd、In、Sn、Sb、Cs、W、Au、Pb、Bi, 对于铁硫化物中, 如来自铁氧化物型铜金矿床中黄铁矿分析的元素有 Mg、Al、Si、S、K、Sc、Ti、V、Cr、Mn、Fe、Co、Ni、Cu、Zn、Ga、Ge、As、Se、Sr、Mo、Ag、Cd、In、Sn、Sb、Cs、W、Au、Tl、Pb、Bi、Th、U, 来自铁氧化物型铜金矿床中黄铜矿分析的元素有 Mg、Al、Si、S、K、Sc、Ti、V、Cr、Mn、Fe、Co、Ni、Cu、Zn、Ga、Ge、As、Se、Sr、Mo、Ag、Cd、In、Sn、Sb、Cs、W、Au、Tl、Pb、Bi、Th、U。

3.3.2.2 内外标的选择

合理地选择内外标可以降低分析过程中的相对误差, 提高分析精度(Horn 等, 1997;Jackson 等, 2004;Jacqueline 等, 1998;Kin 等, 1999;Müller 等, 2003a;Müller 等, 2003b;Mokgalaka 和 Gardea - Torresdey, 2006;Pearce 等, 1997a;Raju 等, 2010;Ulrich 等, 2009)。内标是用来校正标准样品和被测样品间剥蚀效率的差别, 而外标是用来标定仪器, 从而对样品中的被测元素定量。对于外标的选择, 要考虑的因素主要为:(1)样品中某些元素的含量;(2)标准样品中对应元素的含量;(3)应用该外标准样品时的精度和准确度。此次实验中, 对于铁氧化物主要用 NIST SRM 610 作为外标, 对于铁硫化物则选择 Mass - 1, 在石英测试中选择 NIST SRM 612 作为外标。对于内标的选择, 要考虑的因素为:(1)该元素同时存在于样品和标准样品中;(2)该元素在样品和标准样品中都具有一定的含量;(3)使用该内标时对于分析精度的影响。对于不同矿物, 内标的选择不一定相同。通常来说, 在硅酸盐的研究和 NIST 玻璃的研究中经常以 Ca 作为标准(Bernstein,

1985；Horn 等，1997；Huston 等，1995a；Norman 等，1998；Raju 等，2010；Smith 等，2009b；Ulrich 等，2009；柳小明等，2002）。本次实验对于铁氧化物和硫化物主要采用 Fe 作为内标，而在石英测试中则以 Si 作为内标。

3.3.2.3　激光束大小的选择

激光束的大小直接影响剥蚀量，从而影响测试精度。通常来说，随着激光束的增大，激光对待测样品的剥蚀量会增加，测试中的相对误差会减小（Jackson 等，2004；Jacqueline 等，1998；Kin 等，1999；Müller 等，2003a；Pearce 等，1997a；Raju 等，2010）。总体来说，激光束大小的选择取决于：(1)待测样品的物理性质和化学性质；(2)待测样品中要测定的元素含量；(3)避免样品中的杂质。比如在本次实验中，对于磁铁矿，正常情况下采用波长为 32 ~ 60 μm 的激光束，但对于个别样品中磁铁矿颗粒较小，故考虑使用 24 μm，甚至 16 μm 的波长。而对于黄铁矿和黄铜矿，有时由于交代，作用造成"你中有我"的结构，此时要根据样品情况实时选择。在石英的测定中，由于石英相对较纯，其微量元素含量较低，在实验中只能通过增加激光束的大小来获得更大的剥蚀量，从而减小相对误差，通常使用波长为 60 ~ 160 μm 的激光束。但在石英的微量元素分析时，要注意尽可能避免石英中的矿物包裹体(如金红石)和流体包裹体。

3.3.2.4　质谱干扰

质谱干扰主要是仪器接收到的信号受元素同位素的影响，因为相同质量数可能是不同元素的同位素，有些元素只有一种同位素，而有些元素具有多种同位素，质量数相同而元素种类不同，可能会造成质谱干扰。Raju(2010)提出 ^{108}Pd 的检测限明显低于 ^{105}Pd，^{95}Mo 则受 ^{55}Mn 和 ^{40}Ar(ICP – MS 混合气体)的影响，而 ^{94}Zr 受到 ^{40}Ar 和 ^{54}Fe 的影响，^{90}Zr 主要受 ^{50}Cr 和 ^{40}Ar 的影响。因此，在质量数的选择上要考虑：(1)尽可能选择丰度较高的同位素；(2)考虑是否可能被多原子离子干扰，尽可能选择无干扰的同位素进行测量。

3.4　结语

LA – ICP – MS 作为一种相对较新的微束分析技术，在过去的十年里得到了迅速的发展，无论在国内还是在国际上，都将其作为一种先进的分析技术，应用于多个领域。就地学而言，目前，该项技术仍不够完善，仍需要进一步讨论和成熟。本章对应用 LA – ICP – MS 在测定铁氧化物和硫化物以及石英的过程进行了简单介绍，进而讨论了分析元素的选择、内外标的选择、激光束大小的选择以及质谱干扰等问题。由于时间和其他原因的制约，仍有一些问题尚未能解决，如应用研究 NIST 系列标准对天然矿物测试精度的评估等。

第 4 章　澳大利亚昆士兰州 Ernest Henry IOCG 矿床的物理、化学特征：对 IOCG 矿床的成因启示

4.1 引　言

铁氧化物铜金(IOCG)矿床包括一系列外生的多金属热液矿床，这些热液矿床含有大量的铁氧化物(通常铁氧化物含量约 15％)且以铜、金作为主要的勘探对象(Corriveau，2007；Corriveau 等，2009；Hitzman，2000b；Hitzman 等，1992；Oliver 等，2008；Williams，1998；Williams 等，2005b；Williams 等，2001)。与铁氧化物铜金相关的矿床通常具有一些显著的特征，这些特征主要包括成矿年龄、母岩、地球化学指示、蚀变、矿物共生组合和地质背景(Hitzman，2000b；Hitzman 等，1992；Williams 等，2005b)。然而，对于 IOCG 矿床的地质特征和形成过程目前尚无定论，尤其是对于流体来源、矿物质来源、流体运移的通道和路径、流体运移的驱动力和成矿过程中的物理化学条件(Corriveau，2007；Corriveau 等，2009；Williams 等，2011；Williams，2009；Williams 等，2005b)。IOCG 矿床目前仍是一个主要的勘探目标，而对其成因的认识则充满了挑战。尽管在广义上 IOCG 矿床包括一系列的矿床，但究其地质特征和形成过程却仍然充满了迷惑。看起来似乎是不同的形成机制导致了不同 IOCG 矿床的形成(Barton 和 Johnson，1996；Groves 等，2010；Williams 等，2005b)。

Barton 和 Johnson(1996；2000；2004)提出示踪 IOCG 矿床时的关键问题在于其成因模式如岩浆来源、地表水或盆地水来源和变质流体来源。基于对成矿年代学、构造控制、金属氧化物和硫化物的分布、稳定同位素及放射性同位素的研究表明，在元古代的 Mount Isa Block 存在着两种完全不同类型的 IOCG 矿床，即 Osborne 式和 Ernest Henry 式(Fisher 和 Kendrick，2008；Kendrick 等，2007；Mark 和 Foster，2000；Mark 等，2004a；2005b；Oliver 等，2008；Oliver 等，2009a；Rusk 等，2010b；Willams 和 Pollard，2001)。最早期的 Osborne 式矿床(1680 ~ 1600 Ma)的形成以盆地水和变质流体为主，在剪切带中已变形的岩石、Na – Ca 蚀变、盆地内部的金属来源和硫源在化学成分上都有利于矿石的形成。流体循环的驱动

力主要是由外部剪切作用、对流和岩浆热液提供的热源所提供的。这种流体循环方式也可能与区域内最大的 Pb－Zn±Ag 矿床（Cannington，Mt Isa）有一定的成因联系（Oliver 等，2009a）。晚期 Ernest Henry 式（1530 Ma）的矿化具有明显的钾化，磨碎了的角砾岩中磁铁矿和方解石的加入使得矿化再次富集。地幔流体或者岩浆流体与来自沉积地层中的水（或其相当的变质流体）与富 CO_2 和含 Cl＋F^- 的流体混合，从 A 型花岗岩和拉斑玄武质的辉长岩中结晶出来的金属成分和 S 通过流化了的角砾岩筒在磨碎了的热液角砾岩中沉淀下来成矿（Mark 等，2004a；Mark 等，2006a；Mark 等，2006b；Mark 等，2005b；Oliver 等，2008；Oliver 等，2009a）。Ernest Henry 矿床中的矿化主要产在由大量磨圆的或溶蚀的角砾所组成的角砾岩筒中（Gauthier 等，2001；Mark 等，2006b；Oliver 等，2008；Rubenach 等，2008）。

　　Ernest Henry 是澳大利亚最大的以磁铁矿为主的 IOCG 矿床，也是世界第二大 IOCG 矿床（仅次于 Olympic Dam，但 Olympic Dam 是以赤铁矿为主的 IOCG 矿床）和澳大利亚第三大铜生产基地（Olympic Dam 为第一，砂页岩型的 Mount Isa 铜矿为第二）。Ernest Henry IOCG 矿床拥有 226Mt 品位为 1.10% 的 Cu 和 0.51 g/t 的 Au。似层状的 Ernest Henry 矿体约 300 m 宽，250 m 厚，沿倾向方向延伸超过 1400 m（Mark 等，2006b；Ryan，1998）。整个矿体产在两个倾向南东约 50°、走向北西的剪切带内。

　　整个 Mount Isa Inlier 都以含明显的高比例的角砾岩化的岩石为主，这些岩石与 Ernest Henry IOCG 矿床中的岩石具有相同的矿物成分和结构构造，这些岩石主要包括磨圆度较好的或溶蚀的角砾和以磁铁矿为基质的角砾岩，岩石中 Cu－Au 矿化较弱（Carew，2004a；Carew 等，2006；Mark 等，2006a；Marshall 和 Oliver，2006；Oliver 等，2006a；Rusk 等，2009a）。在 Cloncurry 地区存在四期的角砾岩，根据 Oliver 等（2000，2004）的研究表明，在能看到的和测量的角砾化程度和矿石品位之间有一个很好的相关性，这意味着角砾岩化有助于矿床的形成。在 Ernest Henry 矿床矿体的上部，随着矿石品位的增加，角砾大小、角砾粗糙度和角砾含量减少。然而，在矿体的底部，随矿石品位增高，角砾大小，角砾粗糙度和角砾含量却没有变化。比较区域角砾岩和 Ernest Henry IOCG 矿床中的角砾岩的物理化学特征有助于我们研究世界级的 IOCG 矿床的形成过程，同时也有助于从未矿化的热液角砾岩中区分 IOCG 矿床。

　　在 Ernest Henry IOCG 矿床中的矿化（1510～1500 Ma）叠加了多期次的蚀变，而所有的蚀变均切割了角闪岩相的变质峰期的矿物共生组合。成矿前的蚀变主要与高温（450～500℃）、高盐度的流体密切相关，而这种流体是由矿体周围早期的 Na－Ca 蚀变和轻微的 K－Ba－Mn－Fe 蚀变形成的。成矿母岩中的角砾主要为普遍蚀变成的微晶高钡钾长石。而钾长石化蚀变在整个区域 Cu－Au 矿床中都是很强烈的，而且在矿体的下部形成了一个直径超过 2 km 的晕（Mark 等，2006）。在

Ernest Henry IOCG 矿床中多期次的成矿流体叠加，在矿床中形成了一个非常复杂的热液系统，这个热液系统主要由 CSBX、MSBX、HWSZ、SGBX、MMB、FWSZ 和后期的一些脉状系统所组成。从 MSBX 到 CSBX，典型的角砾是细到中粒，分布广泛，且发生了重结晶，主要由磁铁矿、方解石、黑云母、黄铜矿、黄铁矿、钾长石、石英和重晶石组成。另外一些副矿物如磷灰石、萤石、角闪石、辉钼矿、辉钴矿和毒砂并不常见。

矿化期稳定同位素数据（$\delta^{18}O$、$\delta^{34}S$ 和 δD）表明成矿流体主要为岩浆来源（Mark，1999；Mark 和 Crookes，1999；Mark 和 Foster，2000；Mark 等，2004a；Mark 等，2006b；Oliver 等，2008；Oliver 等，2004；Oliver 等，2009a；Twyerould，1997）。然而，有人提出在成矿过程中可能存在一个流体混合模式，这种流体可能有其他来源，但是这种模式的相对重要性没有得到约束（Mark 和 Foster，2000）。

本章我们主要描述 Ernest Henry IOCG 矿床的物理化学特征，包括角砾岩化与矿化的关系、蚀变和矿物地球化学，流体来源等。通过 Ernest Henry IOCG 矿床与区域内其他的矿床（如 Osborne、Eloise、Mt. Elliot 和 SWAN 等），以及区域中几个弱矿化或无矿化的以磁铁矿为基质的角砾岩的对比发现它们物理化学特征相似，这些矿床很多类似于 IOCG 矿床，但是 Cu 和 Au 品位较低。因此，本书通过解释 Ernest Henry IOCG 矿床的物理化学特征，来阐明这个世界级的矿床的形成过程，同时为 Ernest Henry IOCG 矿床建立一个成矿模型，有利于指导矿床成因研究和今后的勘探。

4.2 Cloncurry 地区区域地质背景

4.2.1 大地构造和成矿背景

古元古代到中元古代的 Mount Isa 地体被不同的学者为分了若干块，如：Western Succession，中心核部（Central Core，主要为 Kalkadoon – Leichhardt 带）和 Eastern Succession（Blake，1987）（图 4 – 1、彩图 1）。尽管对于沉积岩 – 火山岩，岩浆侵入活动和变形/变质仍有争议，但整体来说该区域位于大陆边缘，地球化学特征表明该区的岩石主要形成于克拉通内部的大地构造环境。Betts 等（2006；2007）认为 Mount Isa Western Succession 中 1650 Ma 的 Pb – Zn 矿床形成于一个距离弧后较远（far – field back – arc）的大地构造环境。而 Oliver 等（2008）则认为 Kalkadoon – Leichhardt 带代表着 1850 Ma 左右的板块边界和远端岩浆弧（plate boundary – proximal magmatic arc）的残余，该区所经历的历史应该是在 1850 ~ 1600 Ma 板块向东迅速减薄和后退。Eastern Succession 中出现的许多含铁量很高的拉斑玄武岩和辉长岩则是 1750 ~ 1650 Ma 地壳过度减薄的产物（Rubenach 等，

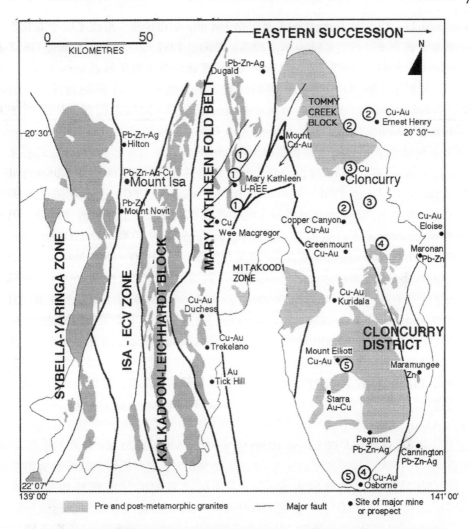

图 4 - 1　Mt Isa 块体大概细分，显示了主要的断层，矿床和花岗岩（据 Rubenach 和 Foster, 1996）

2008）。大规模的富铁玄武岩在 1780 ~ 1500 Ma 沿着先存的或先前活化的已经发生交代作用的地幔侵位，这可能导致了在 Eastern Succession 甚至整个 Mount Isa Inlier 中金属的富集。基性岩在结晶和随后的变质和热液淋滤过程中直接形成了部分的金属来源。

在 Eastern Succession，IOCG 矿床矿化的主要事件（彩图 3）（如 Blake, 1987；Blenkinsop 等, 2008；Rubenach 等, 2008；Oliver 等, 2008；Foster 和 Austin, 2008）包括：

1）1760 ~ 1720 Ma Corella Formation 和相当成分（少量火山岩和碎屑岩）的蒸发性碳酸盐在早期已经发生断裂的层序中广泛沉积，形成 CS_2（Cover

Sequence 2)。Corella Formation 主要包括 Jaspilite 附近地层,而该地层是由 BIF 和一些含锰的沉积岩组成(Brown,2008,Blake,1987)。这层的上部是 Mt Fort Constantine 火山岩,其为 Ernest Henry IOCG 矿床的真正成矿母岩。

2)1710 ~ 1650 Ma 碎屑沉积岩和玄武岩迅速沉入一个下降的盆地中,形成 CS_3(Cover Sequence 3)。而这个沉积边缘主要受 NS 向构造控制,从而形成了 Soldiers Cap Group 的地层,而 Soldiers Cap Group 的地层主要出露在 Ernest Henry IOCG 矿床南边和矿体的上盘地层(Hangingwall)。

3)大范围内花岗岩和辉长岩及少量辉绿岩的侵位(如 1740 Ma Wonga 岩基,1650 Ma Ernest Henry 辉绿岩)(Pollard 和 McNaughton,1997)于早期遭受区域变形变质的地层中,这导致盆地水和在地表或地下来源的岩浆热液流体运动,产生了 Mary Kathleen U 矿床含 U 矽卡岩和在 Cannington(约 1670 Ma)Pb – Zn – Ag 的矿化以及在 Osborne 或其他地方 IOCG 矿化的第一期(1650 ~ 1590 Ma)。

4)1600 ~ 1500 Ma Isan 造山作用,绿片岩相到高角闪岩相于 1600 ~ 1580 Ma 在先存的盆地范围内正向活化(Positive Reactivation),并遭受了退变质变形过程。

5)Williams – Naraku 岩基在 1550 ~ 1500 Ma 侵位,其主要受早期构造的控制。岩基包括 I – A 型花岗岩和广泛分布的拉斑玄武质的辉长岩,通常已混合在一起。岩浆的侵位与混合驱动大量岩浆其他流体释放和对流,从而导致区内普遍发育的钾交代作用,以及大部分的 Na – Ca 蚀变或局部的钾蚀变,尤其是 IOCG 矿床周边的钾化,这其中包括 Ernest Henry IOCG 矿床(Cleverley 和 Oliver,2005;Mark 等,2006a;2006b;Willams 和 Pollard,2001)。

不论是在区域还是在 Ernest Henry 矿床中,1530 ~ 1520 Ma 局部的变形伴随 D_3 花岗岩的侵入直接导致了:(a)宽约几米至 500 米,走向长约 50 km 的剪切带的形成;(b)局部强烈的脉的发育;(c)集中的或宽阔的热液角砾岩带的形成(Marshall 和 Oliver,2004a)。在 Ernest Henry 和 Mt Elliott,与矿有关的脉或角砾岩嵌入钠长石化的韧性剪切带内,脉和角砾岩的生成与剪切作用同时或晚于剪切作用。Ernest Henry 和其他 IOCG 矿床构造中局部的变形早于 CS_3 沉积过程,在 Isan 造山作用中重新活化和成矿(Blenkinsop 等,2008)。

4.2.2 Eastern Succession 的矿化情况

在 Eastern Successsion 中赋存有一系列不同类型的矿床(Williams,1998;Williams 等,2005b;Williams 和 Skirrow,2000)。简单起见,这些矿床可以分为:(a)早期矽卡岩矿床和 Au 矿床,U 矿化主要赋存于 Mary Kathleen Fold Belt(简称 MKFB),与 1740 Ma Wonga 岩基的侵入有关(Oliver 等,1999);(b)"盆地"到早期变质型的 Pb – Zn 和 IOCGs(1670 ~ 1590 Ma),主要包括 Cannington Pb – Zn – Ag 矿床(Bodon,1998)和 Osborne Cu – Au 矿床(Oliver 等,2008),由地表水蒸发、成

岩，与盆地水和 Isan 造山作用刚开始倒转时的变质流体产生；(c)同时与断层、剪切、角砾岩化作用相关的 IOCG、Cu ± Co、U – REE、和 Mo – Re 矿床(Florinio 和 Tamal，2009)，其与 Williams – Naraku 岩基同时形成，在该过程中，有岩浆热液流体的加入(Williams，1998；Williams 等，2005b)。

区域蚀变以早期 Na 和 Na – Ca 蚀变为主，其分布约几百平方公里(de Jong 和 Williams，1995)。这种类型的蚀变在整个 Eastern Succession 均可见，并不受限在 IOCG 矿床周边。地质年代学和构造相关性研究表明大部分的 Na – Ca 蚀变与 1550 ~1500 Ma Williams – Naraku 岩基的侵位有关(Oliver 等，2004；Perring 等，2000b；Pollard，2001)，尽管在一些地方有一些钠化早于岩基侵入，其可能与早期盆地倒置和变质作用前期的盆地卤水的循环有关(Rubenach，2005；Rubenach 等，2008)。

4.2.3　角砾岩

角砾岩普遍存在于整个 Eastern Succession，广义上将其分为两大类：类型 I [图 4 – 2(A)]和类型 II [图 4 – 2(B)]。其中类型 I 角砾岩产出量大而且比较重要，是"构造 – 热液"角砾岩，填图时大部分的 Corella Formation 就属于类型 I 角砾岩(Blake，1987)。类型 II 角砾岩为流化了的热液角砾岩，其产出量较少，但是矿床的容矿母岩，经常受高能量流体的作用，可以传输数公里。

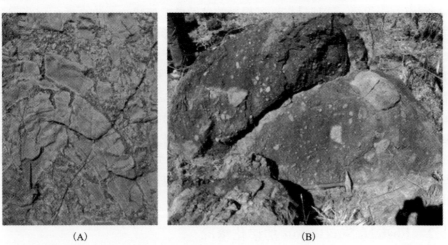

(A)　　　　　　　　　　　　(B)

图 4 – 2　Eastern Succession 矿区两类典型的角砾岩。(A)典型的类型 I Corella 角砾岩，样品来自 Roxmere 水井，距 Cloncurry 镇南约 20 km。角砾岩脉中外部的弧形张性断裂和轴平面旋转说明在褶皱和角砾岩化间有一定的关系。角砾具有不规则的边缘说明和破碎一样，溶解是一个重要的过程。(B)典型的类型 II 角砾岩，来自于西部的 Snake Creek 区域，角砾和赤铁矿染色的钠长石磨圆度较好，呈多边形，粒度变化较大，整个角砾位于主要由微角砾(也已钠化)和充填的基质(主要为阳起石)组成

在区域尺度上，许多的Ⅰ类型角砾岩（图4-2A）与 Na±Ca 蚀变有关。区内部分不同类型的岩石都被富钠长石的矿物共生组合和角砾岩基质（充填和微晶角砾）所取代，而角砾岩基质由方解石、阳起石、钠长石、斜方辉石、绿帘石、赤铁矿和磁铁矿组成（Oliver 等，2004）。大部分的这种角砾岩包括有棱角的角砾，角砾/基质比较高，分选性差。邻近的碎片发生了旋转和运移。在这些角砾岩中，原始的沉积层理被保存在角砾中或有被翻转，在充填物质移出的时候形成类似拼图板。这些构造或构造热液角砾岩的发育是基于断层运动和流体加压或沿着断层的裂隙、角砾和地质崩塌，或多期次褶皱叠加（Marshall，2003）和应力不相容时破裂形成，因此断层和多期次的褶皱过的岩石具有高度构造控制的渗透率。

类型Ⅱ角砾岩[图4-2（B）]不同于类型Ⅰ。这种角砾岩体主要形成角砾岩筒或角砾岩脉，通常切穿层理和片理。类型Ⅱ的角砾岩是多边形的，分选性差，是流体流化过程中搬运和磨圆的结果。类型Ⅱ中的角砾岩通常是磨圆（熔蚀）的，而且角砾岩通常以基质为主，基质中没有连续的原生层理。许多这种类型的角砾岩是由磁铁矿和少量碳酸盐、阳起石、黄铁矿，有时有一些黄铜矿充填形成的。相对于围岩，磨圆较好的角砾意味着其经过了数百米至数千米距离的搬运（Oliver等，2006a）。如图4-2（B）所示是一个从区域中无矿化的IOCG预测区中采来的以磁铁矿为主的角砾岩，它完全赋存于辉长岩体当中，但是角砾主要由钠长石化钙硅酸沉积岩组成，这种最靠近沉积岩的角砾可能被搬运了数百米。一些类型Ⅱ的角砾岩在1530～1500 Ma Williams 花岗岩顶部形成一个"盖子"，但是在水平和垂直方向上延伸到或延伸进不连续的角砾岩脉和岩筒中，而这不连续的角砾岩脉和岩筒切割了上覆岩层（Bertelli 和 Baker，2010）。Oliver 等（2006a）推断这些角砾岩可能形成于类似火山爆发的高压流化事件。类型Ⅱ的角砾岩包括区域角砾岩如 Gilded Rose、Gilded Rose 角砾岩及其相似的角砾岩在 Eastern Succession of Mount Isa 的南部和 Saxby 花岗岩之间延伸（Oliver 等，2004；2006；Bertelli，2008；Marshall，2003；Marshall & Oliver，2004），类型Ⅱ角砾岩发育在许多以磁铁矿为基质的 IOCG 预测区中，Ernest Henry IOCG 矿床也产于其中（Mark 等，2006a）。

4.3 物理特征

4.3.1 构造背景

Ernest Henry IOCG 矿床赋存于一个以强烈钾长石化蚀变为主的角砾岩体中，该角砾岩体主要由约740 Ma Mount Fort Constantine（MFC）的变火山岩（英安岩和安山岩）和少量的变玄武岩和钙硅酸盐的变沉积岩组成（Twyerould，1997；Mark等，2006a）。矿体的产出沿着北东走向的剪切带。在区域规模上，Ernest Henry

矿体是一个角砾岩筒，向 SSE 方向大约以 45°角侧伏，嵌入在韧性剪切带内（图 4 - 3）。主要的矿化角砾岩向上延伸，先进入一个狭窄的以角砾为主的矿化角砾岩（Clasts Supported Breccias，简称 CSBX），再到破碎的角砾化的火山岩（Crackle Brecciated Volcanic Rocks，简称 CRBX）中，然后进入了上盘剪切带（Hanging wall Shear Zone，简称 HWSZ）中。大约 100 m 厚的非均质的剪切带主要由 MFC 变火山岩和黑云母 - 磁铁矿 - 阳起石蚀变组成（图 4 - 4）。在 HWSZ 的下方，矿体赋存于破碎的角砾岩中，这种角砾岩从 CSBX 变到 MSBX（Matrix Supported Breccias，简称 MSBX）。主要的矿化角砾岩向上进入到一个变化的角砾化和强烈剪切夹变火山岩和由 FWSZ（FootWall Shear Zone，简称 FWSZ）组成的变沉积岩所组成的带中。大部分的 FWSZ 主要由以中粒到粗粒方解石为主的单元 MMB（Marble Matrix Breccia，简称 MMB）组成，其特征为阳起石±黑云母、磁铁矿和硫化物的颗粒沿着发育良好的剪切线理方向排布。过去 5 年中在 Ernest Henry IOCG 矿床的深部钻探揭露整个 Ernest Henry 矿体深部呈中等程度倾斜（45°），向 SSE 侧伏，向倾向方向延伸超过 1600 m。深部钻孔所提示的这种角砾岩化和矿化形式将有助于理解矿床的形成过程和形成机制（Rusk 等，2011）。

Coward（2001）认为 HWSZ 和 FWSZ 形成了一个至少与四个断层和剪切带重叠的结构。这种复合结构的走向沿 NNE 和 ENE 向延伸可能超过 10 km。Ernest Henry 矿床则产在近于剪切片理与这种构造的弯曲部位。Coward（2001）认为在矿体附近，动力学指示了剪切带上正断层的位移和 NNE—SSW 向收缩导致的膨胀，角砾岩化和矿化就产在剪切带的弯曲部位。

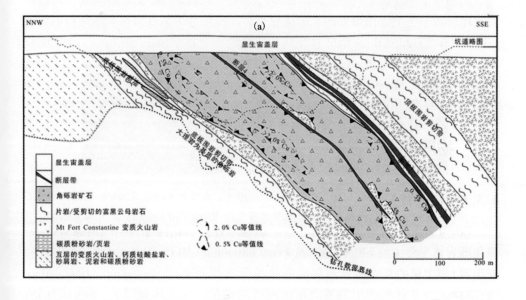

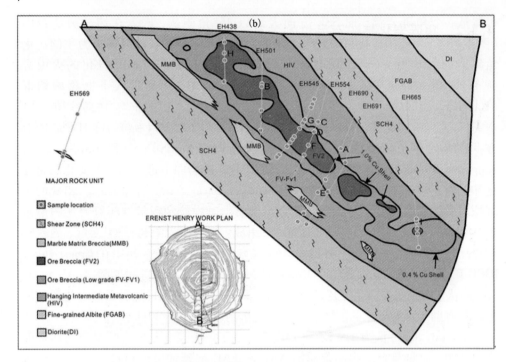

图 4-3 Ernest Henry 矿床断面图

图 4-4 Ernest Henry IOCG 矿床中的岩石图片，典型的 Ernest Henry 矿化角砾岩，取自矿体上部，角砾主要由强烈钾长石化的 Mount Fort Constantine 火山岩组成，基质主要为细粒的相似成分。这里白色的充填以方解石为主，黑色的主要为磁铁矿，黄色的为硫化物。值得说明的是角砾中也具磁铁矿－硫化物蚀变，而且这种趋势向矿体底部增强

4.3.2 角砾岩化与矿石品位的关系

Ernest Henry 矿床中的角砾岩是由比例不同的 CRBX、CSBX、MSBX 等组成。在钻孔深部出现了第二世代的以磁铁矿为基质的角砾岩。从矿体的上部到下部，从顶板到底板有很宽的矿化分带。横过矿体的厚度（约 200 m），例如在钻孔 EH 501 中，一个典型的层序包括韧性变形的上盘和下盘中的，矿体中有 1 到 2 透镜状的高品位 MSBX，其被 CSBX 所环绕，品位低于 MSBX（图 4 - 5）。

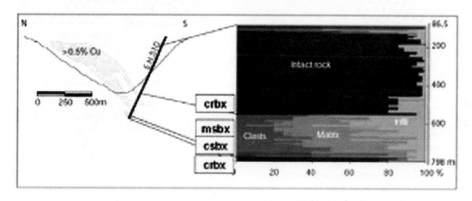

图 4 - 5   EH501 钻孔剖面图，由 Lucas Marshall 编录，显示了不同比例的角砾岩，微晶角砾基质（富钾长石）和充填物（主要为硫化物，方解石和磁铁矿）

为了定量研究沿着一个代表性的剖面角砾成分的变化，我们详细的编录了 8 个钻孔（图 4 - 5 和图 4 - 6）。矿化角砾岩主要为以基质为主的角砾岩和局部充填为主的角砾岩。磨圆的角砾一般来自于长英质火山岩，基质成分主要由同成分细粒物质组成。越靠近角砾岩体的底部，基质和角砾与充填的比值越大。从数据分析（图 4 - 6），我们认为沿着矿体从深处至浅处，在矿体最深的部位 Cu - Au 矿化与钾化角砾，微晶钾长石角砾的比例高于充填比例；在矿体深部，它变为充填为主，这可能与 SGBX 有一定的关系，但是钾长石角砾的比例仍然高于充填的比例；到了中部，Cu - Au 矿化以充填为主，微晶钾长石和角砾相对减少。到了矿体浅部甚至是顶部，Cu - Au 矿化以充填和角砾为主。所有以上的变化说明从矿体底部到顶部，充填的比例减少而角砾的比例增加。

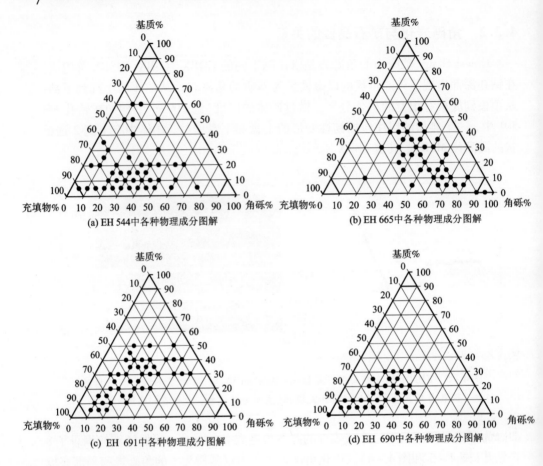

(a) EH 544中各种物理成分图解

(b) EH 665中各种物理成分图解

(c) EH 691中各种物理成分图解

(d) EH 690中各种物理成分图解

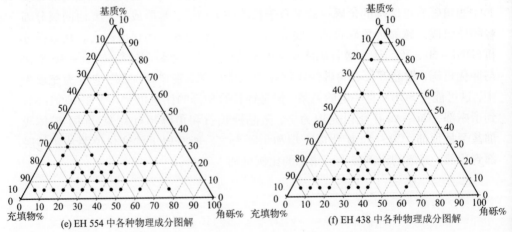

(e) EH 554 中各种物理成分图解

(f) EH 438 中各种物理成分图解

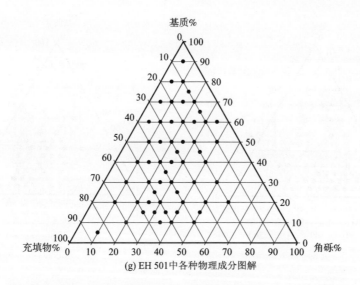

(g) EH 501中各种物理成分图解

图4-6 角砾岩中三种主要成分：角砾，基质和充填物的三相图解

矿体中矿石品位与角砾岩的特征表明（图4-6和图4-7），矿石品位受物理化学条件的控制（Collier 和 Bryant，2003；Laneyrie，2004）。在矿体顶部（EH 438附近）主要富含充填型的 MSBX，角砾百分比和铜品位呈反比例关系，这反映出黄铜矿主要赋存于热液角砾岩基质中，同时也说明钾长石为主的角砾化学性质比较简单（彩图4、图4-7、图4-8）。矿化角砾岩中的膨胀部位有利于基质中黄铜矿的沉淀（彩图5、图4-7、图4-8）。在矿体的中部，角砾百分比和铜品位间不存在关系，在 CSBX 和 MSBX 中都含有高品位的矿石（彩图4、图4-7、图4-8）。而且在这个部位，磁铁矿和硫化物不但存在于角砾中也存在于基质和充填物中（图4-4、图4-7、图4-8），这在一定程度上说明交代作用在成矿过程中具有重要的作用（C. F. Twyerould，1997），这种趋势一直持续到矿体的底部。在矿体的底部，有一处非常狭窄且陡的位置，铜金品位很高。在矿体中局部含有超过30% Fe 的团块。但整体来说，Fe 的含量在矿体中并不高。在矿体的底部还出现了产状不一致的 SGBX（彩图6，图4-7、图4-8），SGBX 富含磁铁矿和硫化物，通常与矿石品位的升高有一定的成因联系。甚至在局部，SGBX 中可见有硫化物沿着角砾边缘溶蚀或重新结晶（图4-4）。在编录中 SGBX 的数量（为了与 Cu 品位数据对比，以每2 m 钻孔岩芯中所含 SGBX 多少厘米来表示）和 Cu 品位之间存在着明显的相关性（彩图6，图4-7、图4-8）。这可能说明 SGBX 不仅仅是与之相邻的主要的矿化角砾岩再次破碎重新形成，而且意味着可能有新来源的流体加入，在一定程度上，也引入了 Cu。围绕矿体的 CRBX 和 CSBX 在底部以富钾长石和赤铁矿为典型特征。

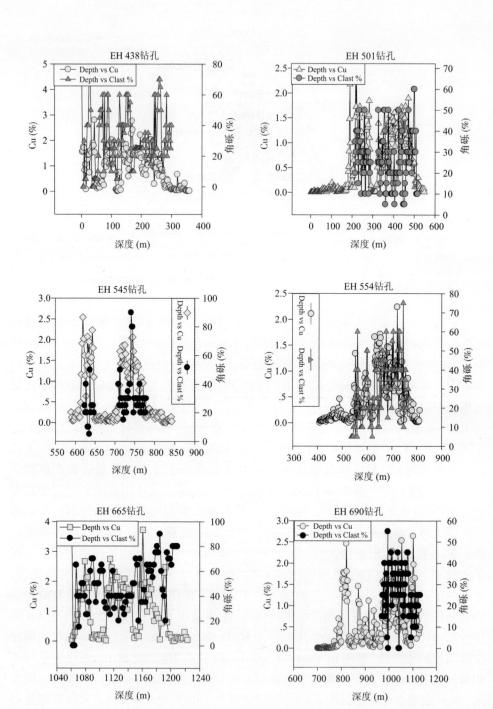

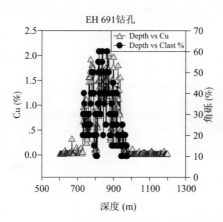

图 4 - 7　三变量图解，表示从顶部到底部随着深度增加角砾百分比与铜品位之间的相关关系

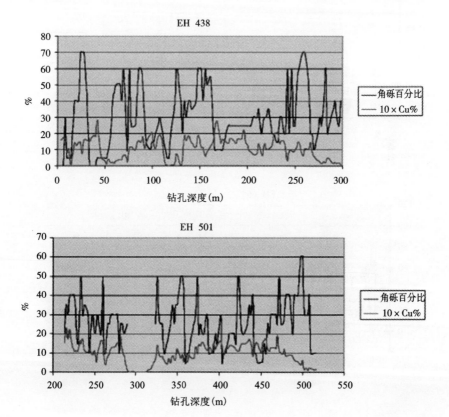

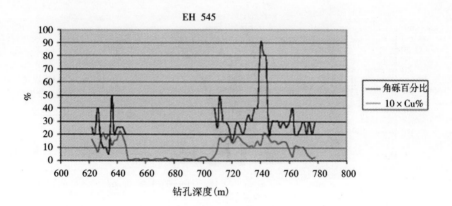

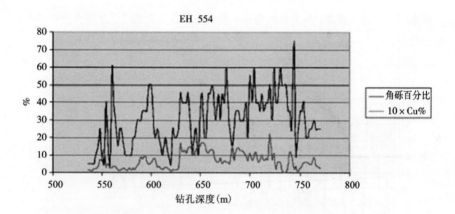

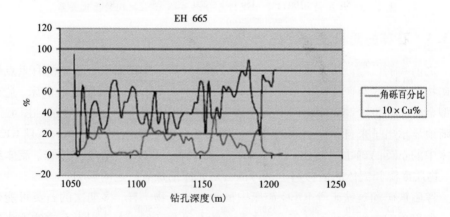

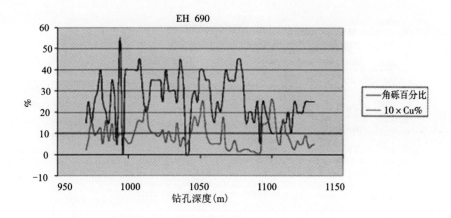

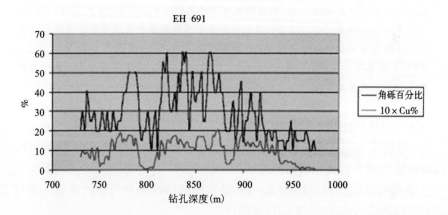

图 4 - 8 矿床顶部 EH438 中角砾百分比与 Cu 品位之间的反比关系

4.3.3 石英的阴极发光特征

之前我们已经分析了一些来自全球的 IOCG 矿床中的石英，然而没有重点研究矿物生成顺序与矿化的关系。我们试图通过与 MVT、浅成低温热液矿床、造山带型金矿床和斑岩铜矿床中的石英比较去寻找 IOCG 矿床中石英的特征。图 4 - 9 清晰地显示出了来自不同热液条件下的脉石英具有不同的化学组成。而且 IOCG 矿床中的石英的确也显示出不同寻常的化学特征。这反映出成矿过程、流体组成、物质来源和流体的运移通道也可能会对矿床勘探有一定的影响。

像磁铁矿和黄铁矿等 IOCG 矿床中最常见的矿物一样，多期次的石英可能是在一个单个的角砾岩或者脉中，当多期次的石英存在时，无法用岩石学的方法去区分，但是我们可以用另外一种方法去区分，这就是扫描电镜耦合阴极发光（Scanning Electron Microscope Cathodoluminescence，简称 SEM - CL）。SEM - CL

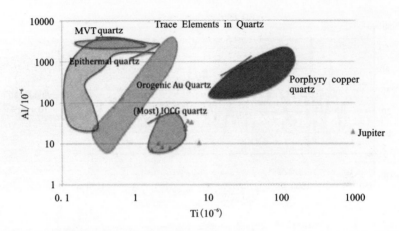

图 4 - 9　应用 LA - ICP - MS 测得的来自不同类型的矿石类型(除了 MVT)矿床石
英脉中石英的微量元素。这些样品包括来自全球不同地质背景多个地质时代的石
英。从图中可见相对于斑岩铜矿,浅成低温热液矿床,造山带金矿和 MVT 矿床,
IOCG 矿床具体独特的微量元素指示意义。来自 Jupiter 的石英与 IOCG 中的石英
有着相同的微量元素地球化学组成

是一种显示石英结构的有效方法,这种方法可以用于区分不同结构构造、不同形
貌特征、形成于不同地质条件下的石英。用 SEM - CL 观察到的不同的结构构造
和形貌特征是由于石英中微量元素不同所造成的,它也可能反映出石英沉淀过程
中 PTX 条件的不同。石英的 SEM - CL 结构构造特征经常与中的微量元素结合在
一起去解释热液过程中 P、T 和流体组成。

　　在用 SEM - CL 去调查 Ernest Henry 中的石英之前,我们已经对来自 Jupiter、
Lightning Creek 以及 Mount Isa Cu 矿床中的石英做了结构和微量元素地球化学方
面的研究。研究结果表明这三个矿床中含有典型的多期次石英。应用 SEM - CL
方法可以很好地区分多期次的石英(图 4 - 10 ~ 图 4 - 13)。

　　对于 Ernest Henry IOCG 矿床的研究表明,在 Ernest Henry IOCG 矿床中存在
着至少六期不同的石英:(1) Q_1,变质石英碎片,没有明显的 CL 结构,可能是受
区域变质或者后期的退变质作用而破坏了石英的结构构造,这种石英主要以细粒
集合体为典型特征出现(图 4 - 14 和图 4 - 15);(2) Q_2,在石英颗粒中包括有细
的,非常特征的黑线(CL 较弱或没有 CL),看起来类似破碎(图 4 - 16);(3) Q_3,
石英具有明显的生长环带,这种石英充填在硫化物和一些硅酸盐的裂隙中,在时
间上晚于变质期的石英(图 4 - 17 和图 4 - 18);(4) Q_4,自形的石英晶体(图 4 -
19),(5) Q_5,石英强烈变形,沿线状分布;(6) Q_6,这种石英是液态作用多期次的
石英,在样品 TA 12(EH 665, 1141. 2 m)(图 4 - 20)中十分明显。对于石英的

SEM – CL 特征，详见图 4 – 10 至图 4 – 20。

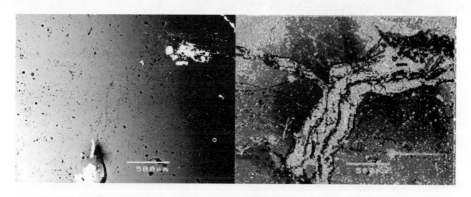

图 4 – 10　来自 Ernest Henry 矿床脉中的石英的背射电子（BSE）图像（左边）。右边的 SEM – CL 图像是同一位置，但是显示了一个更为复杂的结构，早期的石英（含流体包裹体）被黑色的断裂所破碎，破碎后被同心环状分带的石英所充填。很明显的两期或者三期不同的热液流体占据了该空间后留下了这个复杂的结构。应用 SEM – CL 去研究石英中三个时代的石英的先后次序，结合微量元素和包裹体就可以恢复其流体演化过程

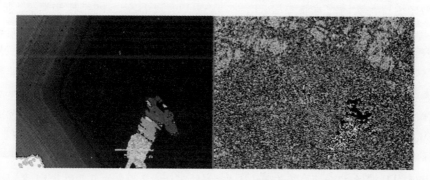

图 4 – 11　来自 Jupiter 的石英的 BSE（左）和 SEM – CL 图像（右）。BSE 图像中除了在右下角的一个大的黑云母和右下角一个磁铁矿颗粒，其余的视域都是石英。SEM – CL 图像显示原始的 CL 比较亮的石英已经被后期流体广泛破碎，从而改变了石英的化学组成。不寻常的渐渐变黑的石英期次是由于热液流体渐渐变冷所致。仔细分析这个石英中的微量元素将会有助于了解石英的温度和压力演化历史。

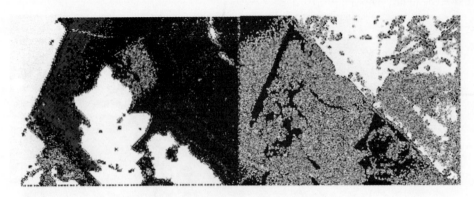

图 4 -12 来自 Lightning Cree 岩浆热液富磁铁矿含铁岩石中的的石英的 BSE(左)和 SEM
-CL 图像(右)。BSE 图像显示石英和磁铁矿在一起。SEM -CL 图像显示有几个期次的石
英。早期的石英 CL 比较亮,主要来源于岩浆或者是近似岩浆温度的热液流体。这个 CL
明亮的石英被 CL 比较暗的自形具有生长环带的石英所增生。这种结构是典型的石英来源
于比较冷的流体的特征。结合 CL 图像,包裹体成分分析和石英的微量元素分析有助于理
解该样品的 PTX 历史

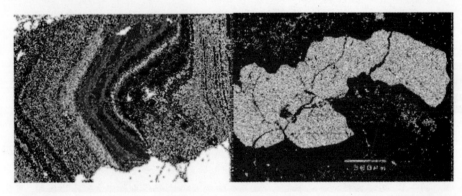

图 4 -13 来自 Lightning Cree 岩浆热液富磁铁矿含铁岩石中的石英的 BSE(左)和
SEM -CL 图像(右)。结构类似于图 4 -12,说明在磁铁矿的形成过程中,有多期次
的来自于冷却的流体的石英形成

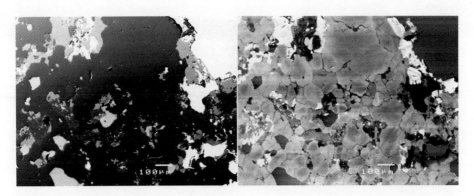

图 4 – 14　来自 Ernest Henry 矿床中 EH 554 457.2 m(样品 SB29814) 的石英的 BSE(左)
和 SEM – CL 图像(右)。主要由两期的石英组成，而且两期石英的 CL 结构均在变质变
形过程中被破坏。两期石英的形成似乎早于变质作用，但是粗粒的石英可能比细粒石
英要早，因为在一定程度上，细粒的石英集合体沿着粗粒石英发生增生

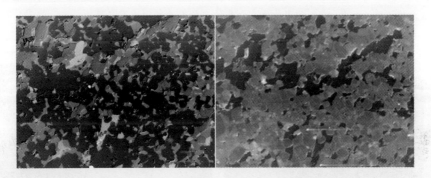

图 4 – 15　来自 Ernest Henry 矿床中 EH 438 470 m(样品 TD15) 的石英的 BSE(左) 和 SEM –
CL 图像(右)。主要为多种脉石矿物如石英、长石、方解石和零星的磷灰石(右边图像中非
常亮的点)。石英颗粒大小几乎相同，相互共生生长。这个样品来自于矿体的顶部，可能为
早于 Cu – Au 矿化的石英

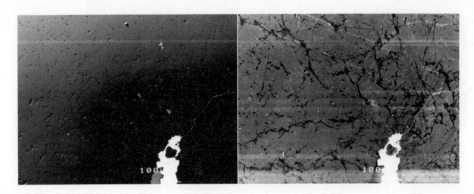

图 4 - 16 来自 Ernest Henry 矿床中 EH 554 632.2 m(样品 SB29830)的石英的 BSE(左)和 SEM – CL 图像(右)。从左边的 BSE 图像中我们看不到什么东西,然而从右边 SEM – CL 图像上有明显的类似破碎的黑线(可能是由于 CL 较弱或缺失 CL 所造成的)。这样的破碎稀疏的分布,而且不仅仅只有一组这样的线,而是多组以一个固定的角度相交。由于这些黑线在 BSE 图像中没有显示,那么意味着其非开放的裂隙。但是通过这些暗的 CL 线能够追踪到开放裂隙,否则,它们就不能代表由其他矿物因为相同原因充填的裂隙。这种紧密的破裂表明其可能经历了愈合或被无阴极发光的石英充填

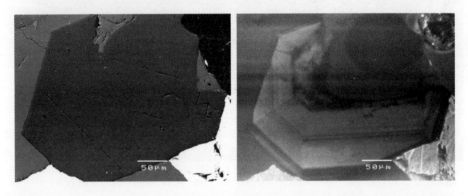

图 4 - 17 来自 Ernest Henry 矿床中 EH 554 632.2 m(样品 SB29830)的石英的 BSE(左)和 SEM – CL 图像(右)。这张图片中的石英具有明显的生长环带,这种生长环带在左边的背射电子图像中不可见,但是在右边的 SEM – CL 图像中显得十分明显。中心部分的石英颗粒是石英核,其被外部有生长环带的石英所增生。这个过程表明石英经历了一个很长时期的形成过程,然而,和本章中所讨论的其他石英相比,这种石英的形成相对于其他要长,这说明 Ernest Henry IOCG 矿床曾处于一个振荡的环境中,它可能牵涉到多期的热液流体成矿和经历了蚀变作用中冷却和加热的动态过程

图 4 - 18　来自 Ernest Henry 矿床中 EH 554 632. 2 m(样品 SB29830) 的石英的 BSE
(左) 和 SEM - CL 图像(右)。其中最右边的图像是中间图像放大的结果。石英颗粒
具有明显的生长环带, 而且充填在方解石、钾长石、磷灰石、黄铁矿、黄铜矿的裂隙
中。这种具有生长环带的石英的形成明显晚于 Cu - Au 矿化(主要以磁铁矿、黄铜
矿、黄铁矿的矿物共生组合为特征), 这种结构也表明有后期的流体加入到这个巨大
的热液系统中。石英中的生长环带(代表不同的 CL 强度) 在 BSE 或者岩石学显微镜
下是不可见的, 不像长石的生长环带是由岩浆冷却时主量元素的组成所导致的, 而
石英不是。石英生长环带中的带状平行结构表明在石英结晶过程中的前进性变化。
这种生长"环带"是微量元素组成变化的结果, 它有选择性地改变了激火剂和冷却离
子的分布, 当然, 这种带状分布也有可能是由于晶体位错或者是结晶错位造成的

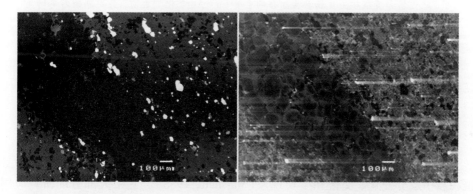

图 4 - 19　来自 Ernest Henry 矿床中 EH 569 505. 5 m(样品 TF05) 的石英的 BSE(左)
和 SEM - CL 图像(右)。样品来自变形的变火山岩。该样品主要由钾长石、石英、方
解石、黑云母、磷灰石(右侧图像中带尾巴很且很亮的点)、细粒的黄铁矿、磁铁矿和
少量的赤铁矿组成。左边图像中黑色的区域是石英, 细 - 中粒的石英集合体具有弱
的定向, 这表明石英集合体的形成先于变形或变质作用。和该图像中其他矿物相比,
石英集合体和其他浸染状的石英增生于方解石、细晶钾长石, 这说明石英相对于这
些矿物的形成更晚

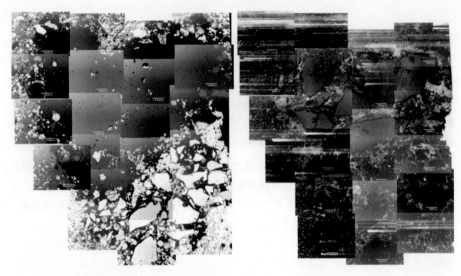

图4-20   来自 Ernest Henry 矿床中 EH 665 1141.2 m(样品 TF05) 的石英的 BSE(左)
和 SEM-CL 图像(右)。不管是左边的 BSE 图像还是右边的 SEM-CL 图像都是由23
幅单个的图像拼接而成。这个样品中的结构反应了多期次的热液活动。所占比例更
大的是变质前的石英,由于流体液压作用使其破碎后形成了若干片,之后,在以磁铁
矿、硫化物和黄铜矿为矿物共生组合的主要 Cu-Au 矿化期之前,另一期的石英增生
了先前破碎了的变质前的粗粒石英,然后这一期石英又被第三期自形的石英所增生。
在整个照片中,最早期变质作用之前的石英占据了图像中大部分的位置,晚期自形
的石英沿着早期石英和后面一期石英的裂隙充填。这幅图片显示了明显的爆炸过程,
这是由于岩浆上升过程中液压作用所致

4.3.4   长石的阴极发光特征

如上节中对石英的讨论一样,阴极发光已经在过去的四十年里被用于去检查
沉积岩中成分变化、交代和生长现象(Marshall, 1988)。其中大部分的研究应用
定性的 CL 颜色和岩石学特征去分析矿物组成分带和矿物共生组合。造岩矿物中
CL 活化剂对重结晶和水岩反应十分灵敏。因此 CL 可以被用于研究整个变质岩
中流体的运动。

经历了区域变质的 Cloncurry 地区中共存的斜长石和钾长石提供了一个迅速
的可视化的斜长石和钾长石的进化过程,以及退变质流体和成矿流体的演化
过程。

在矿床形成过程中钾长石是一种重要的矿物。众所周知,岩浆混合意味着熔
融体间的物理化学反应,这直接导致了明显的不平衡状态,它可能影响晶体的生
长核和生长速度。岩浆岩中长石的化学组成和生长形貌特征反映了其结晶环境的

变化。它能够提供可信的熔体的结晶动力学过程和热力学过程以及组成扰动过程（Slaby 和 Gotze，2004）。Larsen（2002）应用钾长石中的 REE 元素作为花岗伟晶体中岩石成因过程的指示剂，研究表明来自 Norway 南部的两块伟晶岩的起源和岩浆演化完全相同。钾长石中的 K、Rb、Sr 和 Ba 对长英质岩石的岩浆过程十分灵敏。然而，来自同源的伟晶体中的两块样品中超基性微量元素，尤其是 REE 是不相容的，这是由于钾长石中 REE 的分布受共存的 REE 相的缓冲所致（Cruz，2010；Parsons，2010；Slaby 等，2007）。

在 JCU 的 AAC 中心，我们用 Jeol JXA8200 的电子探针耦合 CL 和波谱系统（XCL）去调查来自不同地质背景、不同岩石学成因的钾长石中的元素如 Al、Ba、Ca、Cu、Fe、K、P、S、Si、Ti 和 Na 等。仪器参数设置如下：加速电压：20kV，停留时间：75 ms，步长：1~4 μm，图片边长：200~1200 μm。

钾长石 CL 特征的研究表明，在矿体的上部变火山岩样品中钾长石富钠（彩图 7、彩图 9）。在火山岩变形过程中，磁铁矿通过含石英的流体掺入了热液系统（彩图 8）。钾长石中钡的分布与晚期的碳酸盐"洪水"有着密切的关系（彩图 10）。在一些样品中，从左到右钠增加而钾减少（彩图 7）。对钾长石 CL 特征的讨论详细见彩图 7~彩图 9。

4.4 化学特征

4.4.1 金属分布

Ernest Henry IOCG 矿床与区域中其他 IOCG 矿床和无矿化或弱矿化角砾岩有着不同的地球化学特征。强烈的钾长石化晕在全球的 IOCG 矿床中均存在（Corriveau，2005；Williams 等，2005），但是在某些矿床中含量不高（C. F. Osborne）。Ba 和 Mn 在钾化蚀变带中也是异常的高。除此之外，相对于中性的火山岩成矿母岩来说，Ernest Henry IOCG 矿床中富集 Cu、Au、Fe、Mo、U、Sb、W、Sn、Bi、Ag、F、REE、K、S、As、Co 和 Ca。

Mark 等（2006a）和 Foster 等（2007）讨论了这些元素与时间、空间和控制这些化学组成的矿物之间的关系。

Ernest Henry IOCG 矿床在整个 Cloncurry 地区都是独特的。在 Ernest Henry IOCG 矿床中，Au 与 Cu 存在着明显的正相关性。图 4 – 21 显示了矿石中一些重要的元素（如 Cu、Au、Ni、As、Co）的相关性。数据来自 Ernest Henry IOCG 矿床中矿山多元素数据库（Mine Multi – element Database，$N = 23655$），图解中使用等密图来突出重要的相关趋势。Au 和 Cu[图 4 – 21（A）]强烈相关（对数相关 $r = 0.91$），As 和 Co 也一样[图 4 – 21（B）]。然而相比之下，As 和 Cu[图 4 – 21

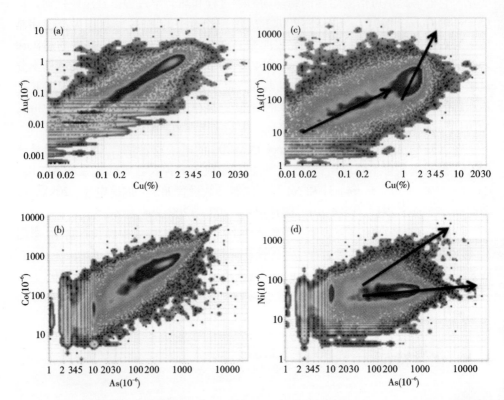

图 4 – 21 Ernest Henry IOCG 矿床中矿山数据库(*n* = 23655)中 Cu、Au、As、Co 和 Ni 地球
化学相关性图解。(a)Cu 和 Au 表明二者之间存在着一个明显的正相关关系;(b)在 As 和
Co 之间也存在着一个明显的相关关系,二者主要赋存于黄铁矿中;(c)Cu 和 As 表明随着
品位增加二者关系具有两个不同的趋势;(d)As 和 Ni 数据中存在两个离散的趋势。注意
在低含量时的分析精度问题

(C)],As 和 Ni[图 4 – 21(D)]的含量具有两个完全不同的趋势,在这里当铜品
位大于 1% 时,As 和 Cu 的比值快速增加。由于 As、Ni 和 Co 的含量都强烈受控
于黄铁矿,而在高品位黄铁矿和低品位黄铁矿中却没有发现这种明显的变化,因
此我们推测 Cu 相对于 Ni、Co 和 As 的这种相关性是在高品位矿石中黄铁矿含量
较高而在低品位矿石中黄铁矿含量较低造成的。

4.4.2 黄铁矿的化学组成

黄铁矿是 Ernest Henry IOCG 矿床中含量最多的硫化物,它和磁铁矿、黄铜矿
一起出现在大部分的样品当中(图 4 – 22)。Ernest Henry IOCG 矿床中的黄铁矿中
富 As、Co 和 Ni,其含量可达 2 % As, 2% Co 和 1% Ni。对黄铁矿单个颗粒的微量

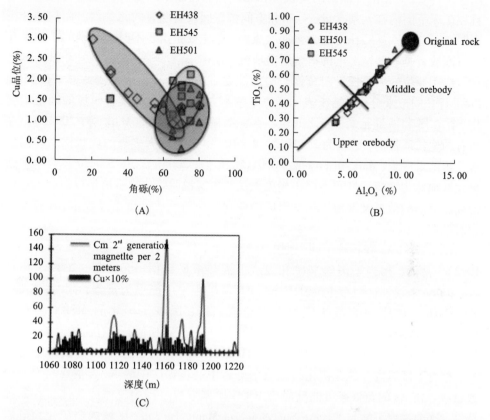

图 4 - 22 Ernest Henry IOCG 矿床。(A)角砾含量与 Cu 品位图解表明在矿体的浅部，Cu 品位随着角砾含量的减少而增加，表明矿石主要以充填为主。在矿体的深部则以交代作用为主；(B)TiO_2 与 Al_2O_3 品间的关系表明矿体在某个部位膨胀的重要性；(C)图解表明在 SGBX 和 Cu 品位之间的相关关系

元素面扫描分析表明 Ernest Henry 矿床中不论是矿体还是围岩中的黄铁矿几乎都具有强烈的环带构造，而且对于矿体和围岩中的黄铁矿，其微量元素亦无明显的相关关系(彩图 11)，在微量元素与 Au 之间也不存在任何相关性(Foster 等，2007)。可能在这些微量元素之间部分存在正相关或者负相关关系，但是这种相关关系不是很连续。其次，对于这些元素从核部到边部微量元素变化也不连续。在单个黄铁矿颗粒中可能存在着比较明显的含量变化，如从 10^{-6} 级变化至 10^{-3} 级(彩图 11)。这种明显的变化边界说明当时流体的物理化学性质发生了突然的波动。但是对于是什么样的特定的物理化学过程导致了这种环带构造目前尚不清楚，然而，大部分 Au 出现在黄铁矿颗粒边缘，或在破碎的黄铁矿中，或在黄铁矿颗粒当中。很明显这些黄铁矿的物理化学条件的波动并没有影响 Au 的分布和析

出。来自 Cu 矿化的样品中的黄铁矿和无矿化的样品中的黄铁矿都具有环带性而且在矿床范围内在元素含量、分布和空间位置间没有明显的相关性。面扫描分析表明有一些黄铁矿颗粒可能为多期次成因,这主要是由于不时地被别的矿物生长所打断或者是一些情况下的溶解所造成的。

应用原位的离子探针对黄铁矿中的波动带中含量较高或者较低的 As, Ni 和 Co 进行 S 同位素分析,结果表明黄铁矿颗粒从核部到边部没有明显的同位素变化,在 $\delta^{34}S$ 和微量元素含量之间也不存在明显的相关关系(Mark 等,2004b)。在所有的生长环带内,$\delta^{34}S$ 为 $2 \times 10^{-6} \sim 4 \times 10^{-6}$,这与绝大多数的块状样品 S 同位素分析结果一致(Mark 和 Foster,2000;Mark 等,2005b)。在 S 同位素含量和微量元素地球化学特征之间不存在相关关系的事实说明硫化物析出足以引起大规模的或者突然的微量元素地球化学组成的变化。在黄铁矿的析出过程中,S 源保持相对稳定。

Co、Ni 和 As 在各种不同类型的热液矿床黄铁矿中都很常见(Deer 和 Howie,1992)。然而,相当于斑岩铜矿和浅成低温热液矿床(Deditius 等,2009a;Rusk 等,2006)来说,它们在 Ernest Henry IOCG 矿床中可能更为富集,同时,Ernest Henry IOCG 矿床中的黄铁矿和岩浆热液矿床,区域无矿化的 MSBX 和整个 Eastern Succession of Mount Isa Inler 其他的 IOCG 矿床相似,具有比较高的 Co 和 Ni 含量。另一方面,许多来自 Ernest Henry 和 Osborne 矿床中的黄铁矿中也富 As,相对于区域内其他无矿化的热液角砾岩中的黄铁矿中的 As 含量要高出一个数量级。富 As 的黄铁矿可能反应出 IOCG 矿床形成过程中流体或流体过程的独特性,这个过程可能与 Eastern Succession of Mount Isa Inler 区域内弱矿化角砾岩中的黄铁矿的形成不同(图 4 - 23)。

4.4.3 磁铁矿化学组成

磁铁矿在世界上很多的 IOCG 矿床中(但不是全部 IOCG)普遍存在。对磁铁矿沉淀过程的研究有助于定位新的成矿预测区,或者是解释矿床形成过程中的热液条件(Beaudoin 和 Dupuis,2009)。然而,由于磁铁矿中含有 Fe^{3+} 和 Fe^{2+} 大量的化学替代,因此磁铁矿的微量元素地球化学特征显得十分复杂(Deer 等,1992)。目前,对于磁铁矿中微量元素组成和磁铁矿形成过程中的物理化学条件之间的关系的研究并不成熟。微量元素变化可能反映了温度、流体成分、pH、氧化状态或水盐反应的不同。

磁铁矿的电子探针面扫描分析表明磁铁矿和黄铁矿不一样,磁铁矿中的微量元素不具有环带构造(彩图 12)。LA - ICP - MS 分析磁铁矿中大量的元素表明,磁铁矿中最常见和最富集的元素是:Mg、Al、Ti、V、Cr、Mn、Co、Ni、Zn 和 Ga。Ernest Henry IOCG 矿床中横穿矿体的磁铁矿微量元素化学组成变化很大,大

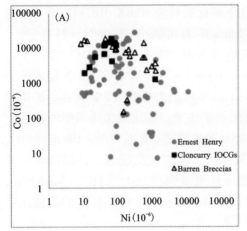
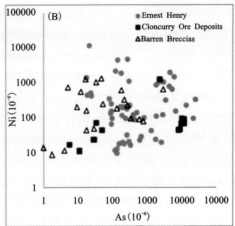
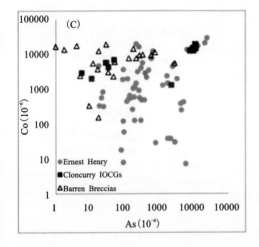

图 4 - 23　双变量图解，显示应用 LA - ICP - MS 测得的黄铁矿中的微量元素。数据来源于 Ernest Henry 和区域内其他 IOCG 矿床，以及区域中无矿化的磁铁矿基质热液角砾岩。（A）Ni 与 As 含量的关系；（B）Co 与 As 含量的关系；（C）Ni 与 Co 含量的关系。这些元素中任意两个元素间都不存在相关性，而且也不存在明显的黄铁矿组成。说明那些黄铁矿是来自 Ernest Henry 矿床，或区域中其他 IOCG 矿床或区域中无矿化的热液角砾岩

部分变化达 2 至 3 个数量级，甚至在一个单个的磁铁矿颗粒中也可以达到这样大的变化。矿床中磁铁矿的微量元素不受取样位置、矿物共生关系、岩石类型和矿石品位的控制（Zhang 等，2009b）。对于这个问题，详见第 6 章相关讨论。

　　Carew（2004a）认为相对于 Eastern Succession of Mount Isa Inlier 中其他无矿化的岩石中的磁铁矿，Ernest Henry IOCG 矿床中磁铁矿的 V 异常低，而且 Rusk 等（2009a）也指出 Ernest Henry IOCG 矿床中的磁铁矿贫 V，不仅是相对于区域中许

多的岩浆型磁铁矿，而且相对于区域来自非矿化的热液 MSBX 中的磁铁矿，还相对于整个 Eastern Succession of Mount Isa Inlier 中的 IOCG 矿床(图 4 - 24)。另一方面，相对于来自其他矿体和无矿化的热液角砾岩，Ernest Henry IOCG 矿床中的磁铁矿更富 Mn。所以，我们可以用 Ernest Henry IOCG 矿床中的 Mn 含量来区分于区域内其他的 IOCG 矿床。$w(Ti)/w(Mn)$ 比可以很清楚地区分矿床和弱矿化的MSBX。大部分来自无矿化的角砾岩中的磁铁矿比来自矿化的角砾岩中的磁铁矿相对 Mn 更富 Ti。目前还不清楚到底什么因素控制磁铁矿中 Ti 和 Mn 之间的关系。但是它可能涉及流体成分、温度、氧化状态和水岩反应等多个因素。来自Carajas 地区的 IOCG 矿床中的磁铁矿也具有明显的微量元素特征(Xavier 等，2008)，它可能说明局部因素如流体成分或母岩组成控制了磁铁矿中的微量元素含量，而不是其他外因，如压力和温度(图 4 - 24)。

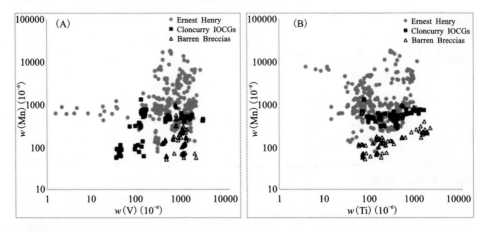

图 4 - 24 双变量图解，显示应用 LA - ICP - MS 测得的黄铁矿中的微量元素。数据来源于 Ernest Henry 和区域内其他 IOCG 矿床，以及区域中无矿化的磁铁矿基质热液角砾岩。(A)Mn 与 V 含量的关系；(B)Mn 与 Ti 含量的关系，这些元素间不存在强烈的相关性。Ernest Henry 磁铁矿的 Mn 含量范围比起那些来自区域 IOCG 和区域内其他无矿化的磁铁矿基质的角砾岩要高 3 个数量级。相对于区域角砾岩来说，来自矿床中的磁铁矿具有高的 $w(Mn)/w(V)$ 和 $w(Ti)/w(Mn)$ 值

然而，在此次研究中，我们用 LA - ICP - MS 和 EMPA 研究来自 Ernest Henry IOCG 矿床磁铁矿中的微量元素，其变化从 10^{-6} 级别变化到 10^{-2} 级别，而且其含量与在矿床中的取样位置、矿物生成顺序、矿物共生组合、岩石类型和矿石品位都不存在关系，但是，受许多因素的局部控制，如结晶程度、硫化物的含量、磁铁矿的来源、与围岩充填的还是交代的关系。总而言之，我们知道很多因素控制磁铁矿中微量元素的分布，但是目前不清楚到底控制因素是什么，它可能是受流体成分、温度、氧化条件和水岩反应多个因素结合在一起控制。

4.5　Ernest Henry IOCG 矿床的形成机制

4.5.1　流体来源

在 Cloncurry 地区与 IOCG 矿化有关的流体有四类：基性侵入岩作为金属和流体来源，变质流体和从基性岩中淋滤出的金属来源，Williams – Naraku 侵入岩作为流体和金属来源，以及还原性质的地幔来源的流体来源（彩图 13）。在先存的断裂中影响流体运动的应力对流体的运移起着重要的作用。花岗岩的侵入对于产生更不均匀的流体和利于成矿的流体有着重要的影响。早期对于 IOCG 矿床的研究提出了盆地流体对流和金属淋滤（Barton 和 Johnson，1996；Hitzman 等，1992），以及岩浆 – 热液流体的释放（Dold 和 Fontboté，2002；Gow 等，1994；Marschik 和 Fontbote，2001b；Perring 等，2000b），二者是 IOCG 矿床成矿模式的两个端元。更多最新的研究表明即使在一个矿区内，也有可能存在多期次与成矿作用有关的流体，如岩浆/地幔流体、盆地流体和/或大气降水流体（Kendrick 等，2007；Monteiro 等，2008a；Williams 等，2010；Williams 等，2005b；Xavier 等，2008）。在 Eastern Succession 的 Osborne 式 IOCG 矿床在以早于或者同于变质峰期形成、受构造控制、典型特征是以盆地流体为主（Fisher 和 Kendrick，2008）。而 Ernest Henry 式矿床则以角砾岩作为成矿母岩且成矿要比 Osborne 式早。Mark 等（2006a）认为在 Ernest Henry IOCG 矿床，不同的地球化学特征需要不同成分的多期次的流体进入。这也表现在矿区内出现的多期次的角砾岩化和上述提及的脉的形成，以及 Na – Ca 蚀变被后期 K – Fe – Mn – Ba 蚀变叠加的现象。

在 Ernest Henry IOCG 矿床中矿化和区域基体的侵位时间一致，说明成矿过程中有岩浆流体的作用。1527 Ma（Mark 等，2006a；Oliver 等，2004）的钛铁矿（在结构上与矿石中的黄铁矿平衡）确定 U – Pb 年龄，和 Mt Margaret 花岗岩的年龄一样，Ernest Henry 在 Williams – Naraku 岩基北东 12km 处，是离 Williams – Naraku 岩基最近的暴露出来的深成岩体（Page 和 Sun，1998）。Ernest Henry IOCG 矿床赋存于类型 II 角砾岩中，在时间上和区域的 Williams – Naraku 岩基侵位时间一致，而且这些角砾岩来源于花岗岩体的外壳，经历了岩浆混合作用（Bertelli 和 Baker，2010；Oliver 等，2006a）。然而，要记得虽然所有这些证据都有岩浆流体的参与，却没有一条认为岩浆流体是成矿必须的，也没有证据说明其中含有 Cu、Au 和 S 的成分。

其他证据，诸如 C、O 和 S 同位素，流体包裹体的卤素比和流体的 Ar 同位素都支持与矿化有关的是岩浆流体和盆地流体。稳定同位素（Marshall 等，2006）表明了两种流体 $\delta^{13}C$ 值约为 0‰、$\delta^{18}O$ 值约为 21‰，$\delta^{13}C$ 值为 – 7‰和 $\delta^{18}O$ 值为

11‰，这被解释为海水变质碳酸盐和岩浆流体在约 450° C 时的混合形成的。黄铜矿中 S 同位素 δ^{34}S 为 0 ~ 4‰，甚至达到约 8‰（Mark 和 Foster，2000；Mark 等，2005b；Twyerould，1997），这也说明 S 源来自于岩浆。

δ^{34}S 为正值不能排除 S 源的一部分来自海水中的变质碳酸盐。流体包裹体中 Ar 同位素和 $w(Cl)/w(Br)$ 也显示了幔源流体和来自蒸发岩溶解的流体的混合（Kendrick 等，2007）。这与 Baker 等（2008）的流体包裹体的卤素数据一致，说明高盐度流体来自混合了岩浆和盆地卤水的成分。

4.5.2　形成的温度和压力

流体包裹体热力学计很少被应用于 Ernest Henry IOCG 矿床。盐饱和卤水的均一化行为和富 CO_2 流体表明成矿温度在 200 ~ 520℃，成矿压力为 130 ~ 370 MPa（Mark 等，2005b）。我们不清楚这些温度和压力是否能够代表真正的变化还是包裹体在被捕获前已发生了改变。不管捕获条件，流体包裹体的出现表明在 Ernest Henry IOCG 矿床中大部分普遍存在的流体是超盐度的卤水和富 CO_2 的流体。

Twyerould（1997）在 Ernest Henry IOCG 矿床中应用了一系列的地质温度计，包括几个矿物对中的 O 同位素、共存的碳酸盐组成、共存的黑云母和石榴子石的组成和硫化物同位素对。研究表明由于地质温度计的特性和地质过程的复杂性，这些方法得出的结果差异很大。Twyerould（1997）总结出温度在 400℃和 500℃之间是最可靠的。先前一些未公布的 O 同位素数据也证明了 Twyerould（1997）和 Mark 等（2005b）的解释，因为其类似于其他 IOCG 矿床中的特征，包括 Olympic Dam（Bastrakov 等，2007；Haynes 等，1995；Oreskes 和 Einaudi，1992）。

因此，Ernest Henry IOCG 矿床中角砾岩形成和矿石沉淀的准确温度和压力很难测得，也许是瞬时条件的变化所致，也许是多期次角砾岩化事件的结果所致。在 400 ~ 500℃的相对高温，Williams - Naraku 岩基深成岩体确定的形成的深度小于 8 km，矿体的形成在其下部还产生了一部分的挥发分。基于接触变质矿物共生组合推断岩浆侵位时的压力可达 300 MPa（Betts 等，2006；Mark 和 Foster，2000；Oliver 等，2006a；Pollard 等，1998；Rubenach 等，2008）。基于角砾岩的结构、流体压力不同，形成压力可能比地压力更高。

4.5.3　形成时的物理化学条件

多个证据表明 Ernest Henry 成矿流体具有多个来源，包括岩浆源和盆地源，对于这些流体中金属和 S 的传输过程目前尚不清楚。在 Ernest Henry 和其他 IOCG 矿床中存在着大量的多固相流体包裹体，但是在区域岩石中没有发现，说明这种富溶质的流体对于在 IOCG 矿床形成过程中对传输必要的成分起了关键作用。在大部分矿石中，Cu 和 Au 之间存在着强烈的相关性，说明它们是在同一流体中被传输的。众所周知 Cl 是 Au 和 Cu 传递的配位体，有一种可能性就是这些金属被氯传递到卤水后又被多固相的流体包裹体所捕获。然而，在所有测得的 Ernest Henry 卤水中 Cu 的含量比那些典型的岩浆来源为主的热液系统（如斑岩铜矿）中要多得多。在这些矿床中，高盐度流体可能包含有很重要的 Cu 和 Cu 的子矿物，这些 Cu 的子矿物在石盐饱和的流体包裹体中很常见（Audetat 等，2008；Rusk，2004；Roedder，1984；Bodnar 和 Beane，1995）。Ernest Henry IOCG 矿床中测得的多固相的流体包裹体中 Cu 含量较低说明如果是这些流体传输了矿石，它们中的 Cu 将是高度不饱和的，和低温热液系统一样（Simmons 和 Browne，2000），这种参与机制应该是有效的。另一种可能，在分析过程中我们对含矿流体包裹体没有分析和取样，或者是我们分析的流体包裹体是成矿前或是与成矿同时产生的。在 Cloncurry 地区，我们发现了许多富铜流体（含铜量达 1%），而这种流体也在 Lightning Creek 杂岩中高温岩浆热液来源高盐度的外因水中出现过（Perring 等，2000）。这种流体可能类似于 Ernest Henry IOCG 矿床中的成矿流体，但是在 Ernest Henry IOCG 矿床中，目前仍未发现。

除了 Cu 和 Au，在 Ernest Henry IOCG 矿床中存在一个空间上与 Cu－Au 矿化有关的 As 异常。As，Cu 和 Au 是成矿重要的元素，它们主要靠气相来传递，也可能是硫的络合物（Heinrich 等，1995；Simmons 和 Browne，2000）。有一种可能是，即不存在富金属的高盐度外因水时，岩浆气相也可能把金属传输到 Ernest Henry IOCG 矿床中。当流体相分离时，导致热液体积膨胀，这可能是促使角砾岩化的一种机制，在 Ernest Henry IOCG 矿床中没有明显的流体混合的证据。

Oliver 等（2006a）提出了区域流化角砾岩化可能是超压岩浆气相释放所致。这些角砾岩形成于复杂的 H－C－O－S 流体和盐度流体从侵入岩体顶部在超岩石静压力下释放时。同样在 Ernest Henry 成矿过程中存在着类似的过程。在矿体的顶部高能量的岩石破碎、传输和机械剥蚀，以及磁铁矿、方解石和硫化物的快速参与导致 CSBX 的形成。在中部和底部，机械溶蚀和交代的角砾说明流体的停留时间要比水岩反应时间更长，而且更剧烈。这种机制能够很清晰地解释在水动力情况下角砾岩的形成。盆地流体的进入（由 Corella Formation 驱使）是很困难的，因为母岩层序已经经历了从绿片岩相－角闪岩相的区域变质作用和围绕 Williams－Naraku 岩基的接触交代作用。这些盆地流体可能来自于活动盆地，或者埋藏于 Corellas 地层之下，在一定程度上还保留着盆地流体的性质甚至是绿片岩－角闪岩相的变质作用的特征。不论是哪种情况，盆地流体的循环都是通过岩浆岩体的加热，密度增加而导致了角砾岩化（彩图 14）。

有时候在 SGBX 中粗粒的硫化物和磁铁矿在一定深度重新沉积，其角砾的含量表明在主矿体下方有一个相对高品位的磁铁矿－黄铜矿矿体。向上运动的流化了的物质以溶蚀了的黄铜矿角砾为主，在深部提高了矿石品位，可能代表矿床的

"补给"带。这个"补给"带可能代表与 Ernest Henry IOCG 矿床形成有关的早期矿化,错开的晚期上升的流体重叠在了先前的矿石之上。这些富硫化物 – 磁铁矿的岩石很有可能来自一个先前存在的块状磁铁矿 – 黄铜矿 – 黄铁矿体(例如:Osborne 式矿化),而该矿体存在于 Ernest Henry 矿体的下方,对于矿床的定位起着至关重要的作用。对比区域无矿化的角砾岩和 Ernest Henry 矿床,相同物理和化学过程导致了类型 II 角砾岩的生成,许多的类型 II 角砾岩与磁铁矿基质角砾岩和不同数量的硫化物对 Cu 和 Au 的沉淀起着重要的作用,在一些必须的流体或过程作用下,区域角砾岩中的 Cu 和 Au 品位变贫或变无。相对于区域角砾岩而言,在与 Ernest Henry 和无矿化的角砾岩具有同样黄铁矿化学组成的地方,Ernest Henry 中的磁铁矿和磷灰石具有不同的化学组成。相对于 Cloncurry 地区的无矿化的角砾岩,Ernest Henry 和区内其他 IOCG 矿床磁铁矿含有高的 $w(Mn)/w(V)$ 和 $w(Mn)/w(Ti)$ 值。

4.5.4 矿床成因模式

在 Ernest Henry IOCG 矿床,存在着明显的地质上的快速沉淀过程,分布广阔的 K – Fe 蚀变晕(Mark 等,2006)以及其叠加在区域范围内的广泛分布的钠化,这一切都说明了在矿床周围存在着长期的流体演化。通过结合以上所有的线索和推测,我们提出了下面的 Ernest Henry IOCG 矿床的成矿过程如下:

(1)基性和长英质岩浆在地下深约 10 km 处混合,然后通过 CO_2 的传递进入富挥发分的 A 型花岗岩中,导致了迅速的去气作用(可能是含氯外卤水和富 CO_2 的流体)。

(2)在岩浆房发生的流体过量增压过程导致了挥发分的出溶和气相成分的膨胀(也许还存在有岩浆固化的封套)、Na – Ca 蚀变和在岩浆杂岩顶盖中的接触变质作用。

(3)流体压力的突然释放和流体驱使下的类型 II 角砾岩的形成,伴随着或者是紧接着盆地卤水的进入。

(4)流体混合、快速的降压和冷却的共同作用导致矿体顶部矿石呈破碎的充填产出。

(5)在深部,能量较低的地方角砾岩封闭过程和水岩反应时间更长,在富钾长石的母岩和成矿流体中大量的化学反应导致了矿化中的交代反应,这种情况在矿体的浅部亦可见。

(6)在最底的位置,流体循环重复卷入了早期形成的富磁铁矿 – 黄铜矿的岩石中,并与它们结合,沿着狭窄的通道上升成矿,不断提高矿石品位。

第 5 章　澳大利亚昆士兰州 Ernest Henry IOCG 矿床中磁铁矿的微量元素地球化学特征

5.1　引言

磁铁矿是一种常见的副矿物，广泛存在于岩浆岩、沉积岩和变质岩中。很多热液矿床中也包含有一定数量的磁铁矿。许多经典的研究表明岩浆岩中的磁铁矿的地球化学性质复杂多变，但受制于以下几个因素，即:(1)全岩、岩浆和流体成分;(2)温度;(3)压力;(4)冷却速率;(5)氧逸度 f_{O_2};(6)硫逸度 f_{S_2};(7)硅活度 a_{SiO_2} (Collins, 1969; Gahlan 等, 2006; Ghiorso 和 Sack, 1991; Nadoll, 2009; Nadoll, 2010; Sillitoe, 2003; Sillitoe 和 Burrows, 2002; Sillitoe 和 Burrows, 2003; Slonczewski, 1958; So, 1978; Suk 等, 1993; Williams 和 Gibson, 1972)。热液矿床中共存的磁铁矿和赤铁矿经常被用来约束流体的氧化势(Redox potential of fluids) (Otake 等, 2010)。磁铁矿也赋存于铁氧化物型铜金矿床和 Kiruna 型磷灰石 - 磁铁矿床和其他一些斑岩矿床和矽卡岩矿床中。有人用基于铁氧化物的不同的化学组成的多步手段去判别不同的矿床类型(Beaudoin 和 Dupuis, 2009b; Dupuis 和 Beaudoin, 2011)。

在过去的半个多世纪中，地质学家和矿物学家已成功应用磁铁矿作为指示矿物来示踪矿床(Beaudoin 和 Dupuis, 2009b; Carew, 2004a; Carew, 2004b; Carew 等, 2006; Dupuis 和 Beaudoin, 2011; Rusk 等, 2011; Rusk 等, 2010a; Rusk 等, 2009d; Singoyi 等, 2006)。Mcqueen 和 Cross(1998)提出在接触变质的矽卡岩矿床中热液型磁铁矿的微量元素变化能够提供相关信息去示踪含磁铁矿的矿床。碎屑岩中的磁铁矿的地球化学性质可以指示矿体的方向。

世界上铁氧化物型铜金矿床包括一系列不同形式的矿化类型(以磁铁矿为主或是以赤铁矿为主)和地球化学关联(如 Fe、Cu、Au、Mo、U)，在 IOCG 矿床中存在着两个主要端元的矿化形式，富磁铁矿的 IOCG，即 Kiruna 类型和以赤铁矿为主的 IOCG，即 Olympic Dam 类型(Hitzman, 2000a; Hitzman 等, 1992; Hitzman 和 Valenta, 2005; Nadoll, 2009; Nadoll, 2010; Niiranen, 2005; Niiranen 等, 2005;

Niiranen 等, 2007; Williams 等, 2011; Williams, 1998; Williams, 2009; Williams 等, 2005b; Williams 和 Skirrow, 2000)。这两种类型的矿化中 Cu、Au 和其他金属的矿化情况都是不同的, 而且其与铁氧化物的形成在时间上也是不同的。在澳大利亚 Cloncurry 地区 Cu – Au 的矿化与铁氧化物的时间、空间和成因上的关系可以分为四类(Oliver, 1995; Oliver 等, 2008; Oliver, 2004; Oliver 等, 2009a; Oliver 等, 2009b; Perring 等, 2000a; Perring 等, 2001; Pollard, 2006; Rotherham, 1997; Rotherham, 1998; Rubenach 和 Barker, 1998; Rusk 等, 2011; Williams 等, 2011; Williams 和 Pollard, 2003; Williams 等, 2005b):(1)含铁岩石较少的矿床(矿物为磁铁矿或赤铁矿、磷矿石、角闪石、绿帘石);(2)以铁氧化物为主的 Cu – Au 矿化, 在这种矿床中铁氧化物形成在前, Cu – Au 矿化在后, 铁氧化物与铜金矿化之间没有必然的联系(如 Starra Au – Cu 矿床);(3)以铁氧化物为主的 Cu – Au 矿化, 在这种矿床中 Cu – Au 的矿化与主要的铁氧化物的形成是同时的(如 Ernest Henry, Osborne 和 Mt Elliott Cu – Au 矿术);(4)以 Cu – Au 矿化为主, 含少量铁氧化物, 但这种铁氧化物与成矿流体存在一定的成因联系(如 Lady Clayre, Mt Dore 和 Greenmount Cu – Au 矿床)。因此, 在调查成矿环境时, 发现铁氧化物和 Cu – Au 矿化存在三种不同的联系, 即(1)早期的铁氧化物对晚期的 Cu – Au 矿化起抵制作用;(2)主要的铁氧化物和 Cu – Au 矿化同时形成;(3)尽管铁硅酸盐可能很普遍, 但是在 Cu – Au 矿化时只有少量或没有铁氧化物的形成。

　　Ernest Henry 矿床是澳大利亚最大的以磁铁矿为主的铁氧化物型铜金矿床, 也是澳大利亚第二大铁氧化物型铜金矿床(仅次于 Olympic Dam 矿床, 但是 Olympic Dam 矿床是以赤铁矿为主的铁氧化物型铜金矿床)和澳大利亚第三大铜矿生产基地(第一是 Olympic Dam 矿床, 第二是赋存于黑色页岩中的 Mount Isa 铜矿床)。Ernest Henry 矿床中含 226 Mt 1.10% Cu 和 0.51 g/t Au。矿体像一个筒状, 沿倾向方向延伸超过 1400m(Mark 等, 2006b; Ryan, 1998), 矿体产在两个北西走向的剪切带内, 倾向为南东 50°, 矿床中的矿化主要赋存于热液角砾岩中(Mark 等, 2006b; Oliver 等, 2008; Oliver 等, 2009a)。从以充填为主的热液角砾岩到边缘爆裂为主的脉的转变十分明显, 而这一转变也意味着矿体已经到了边缘。

　　Ernest Henry 矿床中的热液蚀变依次为先于矿化的 Na – Ca 蚀变、K(– Mn – Ba)蚀变(以强烈的黑云母 – 磁铁矿为主)和少量的钾长石 – 石榴子石(富 Mn)化(Amundson 等, 2007; Cleverley, 2006; Corriveau, 2005; Corriveau, 2007; Corriveau 等, 2009; Mark 和 Crookes, 1999; Mark 等, 1999; Mark 等, 2006a; Mark 等, 2006b; Mark 等, 2000; Oliver 等, 2008; Oliver 等, 2009a)。赋矿的热液角砾岩角砾中的钾长石普遍蚀变成了微晶的钡长石, 钾化蚀变在整个 Cloncurry 地区都比较发育, 在 Ernest Henry 矿床中形成了一个围着矿体延伸约 2km 的晕(Mark

等，2006）。在成矿期，有多种流体进入成矿系统，形成 Ernest Henry 这一复杂的热液矿床，矿床中有多种多样的矿化系统，包括以角砾为主的角砾岩系统（clasts supported breccias，简称 CSBX）和以基质为主的角砾岩系统（matrix supported breccias，简称 MSBX），第二期次的以磁铁矿为主的角砾岩系统（second generation breccias，简称 SGBX），包括大量基质为主的角砾岩系统（marble matrix breccias，简称 MMB），矿体上盘剪切带（hanging wall shear zone，简称 HWSZ）和矿体下盘剪切带（foot wall shear zone，简称 FWSZ）及其他一些与脉相关的热液系统（vein - related systems）（Oliver 等，2008；Rusk 等，2009d）。

　　磁铁矿，化学式为 Fe_3O_4（或 $FeO \cdot Fe_2O_3$），是一种尖晶石结构的立方体氧化物，在全球铁氧化物型铜金矿床中普遍存在（Deer 等，1992；Rusk 等，2011）。因为其相对简单的地球化学性质和广泛分布的特性，它有可能被用来作为一个地球化学示踪矿物去示踪 IOCG 矿床的形成过程，尤其是可用来理解铁氧化物的形成过程与经济矿物（黄铜矿）和无经济价值的矿物（黄铁矿和磁黄铁矿）之间的关系（Rusk 等，2011）。这对于研究 Cloncurry 地区、Carajas 和 Fennoscandia 北部的 IOCG 矿床尤其重要，因为在这些 IOCG 矿床中，有一些矿床中不含铜金（即"CG"）。因此，对于 Ernest Henry IOCG 矿床中磁铁矿地球化学性质与其结构和硫化物之间关系的理解，将有助于完善 Ernest Henry 的成矿模型，从而有利于深部矿体的勘探；有助于理解 Ernest Henry 矿床的形成过程，甚至是整个以磁铁矿为主的 IOCG 矿床的形成过程。

　　本次工作主要研究来自 Ernest Henry IOCG 矿床中不同地质背景的磁铁矿微量元素地球化学性质，将磁铁矿的地球化学性质作为一个主要的找矿标志在 Cloncurry 地区去寻找新的矿体。我们主要应用激光剥蚀等离子质谱去定量分析磁铁矿中的微量元素含量，并用电子探针（electron microprobe analysis，简称 EMPA）元素面扫描去调查磁铁矿中微量元素的分布状态。

5.2　不同来源的磁铁矿

5.2.1　区域中的磁铁矿

5.2.1.1　岩石结构和矿物学

　　本次研究中涉及的区域中的磁铁矿主要来自 Jupiter、Edgarda、Wilgar West、Archer、Little Eva 和 Erebus 预测区。所有的样品都采自岩芯。其次，样品中还包括一些在 Eastern Succussion of Mount Isa Inlier 中的无明显矿化的角砾岩，对于这些样品，在 2009 年 SGA 会后野外考察指南（Oliver 等，2008）中已有详细的描述（在此不作赘述），它们（Unmineralized/Barren Mineralized Breccias）来自 Suicide

Ridge、The Bundi、Spotted Dick 和 Gilded Rose 地区。在露头上，这些含磁铁矿的角砾岩产状与区域页理不一致，有些甚至切穿层理。Oliver 等（2006b）认为这种与区域页理和层理不一致的角砾岩形成于一种压力波动的状态，这种状态驱使高能量的流体迅速地沿着角砾岩筒传输角砾到数百米，甚至数千米以外。这种压力的突然降低，可能导致像火山爆发一样的事件，从而导致地表下面困在岩浆房上部穹隆中的气相成分迅速释放。

将来自已知 IOCG 矿床（Osborne、Starra、Eloise、Ernest Henry、Mt. Elliot 等）无明显矿化的角砾岩与矿床中矿化的角砾岩样品进行了对比，并与上述其他角砾岩进行了对比。矿体样品包括有两块来自 Ernest Henry 矿床的样品，还有一些样品来自 Carew（2004）博士。

无矿化的角砾岩和矿化的热液角砾岩在结构构造和矿物成分上十分相似（如图 5 - 1）。不论是 IOCG 矿床中的角砾岩还是无明显矿化的角砾岩中都存在着明显的多期次的磁铁矿。在大部分的 IOCG 矿床中，从成矿早期到成矿晚期，从近矿端到远矿端的矿物共生组合都存在着磁铁矿。同样的，在无矿化或弱矿化的角砾岩和不同蚀变矿物共生组合中，存在着不同结构构造的多期次的磁铁矿。磁铁矿普遍存在于含阳起石和方解石的角砾岩和细脉中。有时无矿化的角砾岩中还包含有大量的硫化物，如黄铁矿和磁黄铁矿，但是从整体来说，在无矿化的角砾岩中，黄铜矿较少。硫化物与磁铁矿共存时，一般来说，这种 IOCG 矿床的典型特征是磁铁矿相对出现较晚（Rusk 等，2011）。在整个 Mount Isa Inlier，除了黄铜矿和金的含量不同外，几乎每个矿区与其靶区的地质特征十分相似。

在对区域磁铁矿的研究中，我们用激光剥蚀等离子质谱仪（LA - ICP - MS）分析了 20 个不同的样品中磁铁矿的微量元素成分，这些样品主要是含磁铁矿基质（magnetite - matrix）的热液角砾岩，主要来自 Jupiter、Edgarda 和 Wilgar West。通过比较这些样品和那些已知的矿床以及 Ernest Henry IOCG 矿床中的磁铁矿的地球化学性质来了解在单一矿床中磁铁矿和硫化物的变化情况。

磁铁矿的微量元素地球化学性质可以用于研究热液过程，甚至作为一个找矿标志。其实对于应用矿物的微量元素去研究成矿过程的方法，目前仍不是很成熟（Beaudoin 和 Dupuis 2009，Rusk 等，2008，Large 等，2009）。这是一个新兴的领域，主要是由于近些年高分辨率的微观分析技术，比如 LA - ICP - MS 的出现才兴起的。引起磁铁矿微量元素地球化学性质变化的因素很多，如水岩反应、水岩反应路径、流体来源、流体的温度和压力、流体的化学成分、pH 和氧化条件等。合理解释在成矿过程中磁铁矿中微量元素变化的原因，有助于推断成矿模型和找矿勘探。此外，微量元素的变化可以用于示踪地质过程和矿化情况，甚至有助于发现新的靶区。

图 5 - 1　采自 Cloncurry 地区的无矿化(a)和矿化的(b)磁铁矿基质角砾岩。结构构造和矿化成分基本一致,这两种角砾岩的不同之处主要在于(b)中的角砾岩(来自 Ernest Henry IOCG 矿床)包含有大量的 Cu - Au 矿化,而(a)中的角砾岩则没有 (Oliver 等,2008)

5.2.1.2　样品描述

基于手标本和薄片鉴定,我们将磁铁矿分为岩浆型、充填型、交代型和沉积型。还可考虑磁铁矿是来自矿体还是预测区(图 5 - 2 ~ 图 5 - 4)。

岩浆型磁铁矿主要存在于 Cloncurry 地区的基性辉绿岩中,基性辉绿岩非常接近于很多区域的磁铁矿角砾岩。富磁铁矿的辉绿岩以超过 25% 的岩浆型磁铁矿为主要特征,而该特征已在 Eastern Succession of Mount Isa Inlier 许多的预测区和矿体中发现,如 Jupiter, Archer, Wilgar West 和 Mt Elliot。岩浆型磁铁矿部分蚀变为钛铁矿。沉积型磁铁矿主要赋存于含磁铁矿的层状沉积岩中,这种层状沉积岩在区域矿床中和预测区内很普遍。要确定沉积的磁铁矿是最初化学沉积的产物还是交代的产物很困难,而通常微细粒的磁铁矿被认为是交代的产物。充填和交代磁铁矿从结构上来说是很难区分的,因为这两种磁铁矿都是很明显的热液型的。在热液角砾岩中磁铁矿作为一种基质矿物,它通常被认为是充填形成的。在母岩中,它如果明显不是原生的,那么通常将其定为蚀变的磁铁矿。

图5-2 典型的富磁铁矿角砾岩，样品采自 Jupiter 预测区。这种磁铁矿角砾岩的原岩可能为变质的辉长岩（或者是辉绿岩），这种角砾岩以基质为主，且包含辉绿岩和钠化的沉积岩碎屑。在钻孔中常切穿细粒含磁铁矿的层状沉积岩地层

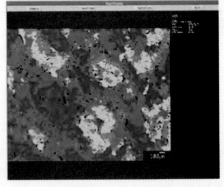

图5-3 富磁铁矿的辉绿岩，是 Jupiter 预测区内大部分角砾岩和矿化的母岩。这种辉绿岩包含大约25%（因此富铁）的原生岩浆型磁铁矿，这种富铁的岩浆可能是由长英质和基性岩浆的混合造成，这个样品是此次分析中的"岩浆型磁铁矿"的一个代表。右边的背射电子图像显示了这块样品的结构，其中明亮的矿物是磁铁矿，围绕磁铁矿的是钛铁矿。照片中其余部分主要由阳起石和斜长石组成。背射电子图像中这种不连续的、粗粒且部分被蚀变成为钛铁矿的特征更加证明了这种磁铁矿是岩浆成因

图5-4　一块来自 Jupiter 的黄铁矿-磁铁矿脉(左)样品。尽管样品中含有一些围岩，但仍以充填为主，与其说是角砾岩还不如说具有脉的形貌特征。右边的背射电子图像显示出自形的生长环带和磁铁矿先于黄铁矿沉淀。磁铁矿的这种元素的环带构造在所有的背射电子图像中很少见

图5-5~图5-7 来自扫描的光薄片(约150 μm 厚)，这些光薄片主要用于 LA-ICP-MS 分析，由于磁铁矿晶形较好，可用较大的光束(约80 μm，通常用44~60 μm)去剥蚀，简单描述见下节。

图5-5　这些样品采自 Edgarda，主要用于 LA-ICP-MS 分析，样品强烈蚀变为磁铁矿化的角砾岩，母岩为蚀变强烈的钙-硅酸盐。蚀变矿物主要包括钠长石、阳起石、碳酸盐、辉石和绿帘石，大部分的磁铁矿为充填型，交代型的磁铁矿可能存在但很难确定，和在样品 ED7-278.7 母岩中的磁铁矿一样是交代型的。脉中充填的主要是黄铁矿和磁铁矿。磁铁矿通常与围岩接触(部分交代)。样品 ED7-342.3 是以磁黄铁矿为主，但包括黄铁矿和磁铁矿

图 5 - 6　样品来自 Jupiter。样品 JUP12 - 403 是阳起石蚀变的细粒辉绿岩。粗粒的磁铁矿、阳起石和石英在 JUP - 14 - 185.8 形成充填型的磁铁矿。样品 JUP - 14 - 201.5 包括岩浆型磁铁矿和石英脉中充填型的磁铁矿。这两种类型的磁铁矿具有完全不同的化学组成

图 5 - 7　样品来自 Wilgar West，是一块层状的含磁铁矿的沉积岩，它被后期的碳酸盐岩脉所切穿。沉积母岩通常被碳酸盐岩脉角砾化。在碳酸岩和沉积岩的接触带处，有明显的反应边，反应边基质中含有磁铁矿和碳酸盐。这种热液型的磁铁矿在底部左边可见，其化学组成和来自沉积岩的磁铁矿的化学组成完全不同。在该样品中有几条平行于层理方向的黄铁矿层理，在该图中可见红色的层理，这种黄铁矿富含金属，包含有 1×10^{-6} 的金，金很明显赋存于黄铁矿的结构之中。

5.2.2　Ernest Henry 矿床中的磁铁矿

5.2.2.1　钻孔中的磁铁矿类型

位于 Cloncurry 地区的 Mount Fort Constantine 火山岩是 Ernest Henry 角砾岩和

矿体的主要母岩，其上部是约 1740 Ma 的 Corella 组中性岩。根据是否有杏仁体、斜长石斑晶以及斑晶大小、基质中基性物质的比重和其他一些与角砾岩化和钻孔中的矿石有关的因素，在 Ernest Henry 矿床内出现的岩石单元主要有以下几种：

- 矿体下盘剪切带(footwall shear zone，简称 SCH_3/SCH_4)。
- 大理岩基质角砾岩(marble matrix breccias，简称 MMB)。
- 矿体下盘角砾岩(footwall breccias，简称 $FV - FV_1$)。
- 矿体角砾岩(ore breccias，简称 FV_2，包括 MSBX 和 CSBX)。
- 破裂角砾岩(crackle breccias，简称 CRBX)。
- 矿体上盘中性变火山岩(hanging wall intermediate meta - volcanic，简称 HIV)。
- 变辉绿岩(meta - diorite，简称 DI)。
- 复矿碎屑角砾岩(polymict breccias，简称 PBX)。
- 变质粉砂岩(meta - siltstone，简称 SSL)。
- 砂屑岩(psammite，简称 SAN)。
- 硅酸盐岩(calc - silicate)。
- 细粒钠长石岩(fine grained albite，FGAB)。
- 矿体上盘剪切带(hanging wall shear zone，简称 SCH_3/SCH_4)。
- 黑云母 - 磁铁矿片岩/基性变火山岩(biotite - magnetite schist/mafic meta - volcanic，简称 SCH_3/MMV)。

在原来钻孔的编录过程中，发现不同了的矿物共生组合、磁铁矿 - 硫化物与对应着不同类型的 Cu - Au 矿化(图 5 - 8 ~ 图 5 - 15)，具体描述如下。

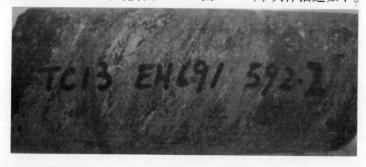

图 5 - 8　矿体上盘的片岩，主要为深灰色含少量淡红色钾长石的 CSBX，其中的角砾呈不规则状，基质由石英、碳酸盐和少量黑云母组成。岩石主要由石英、方解石、阳起石、角闪石、钾长石和少量磁铁矿组成，样品采自矿体附近，具中 - 强的磁铁矿 - 黑云母"黑色蚀变"(样品采自 EH691 - 592.2 m 处)，样品实际长度约为 15 cm

图 5 – 9 在微粒钾长石角砾岩中的磁铁矿（CSBX 或假象角砾岩）。岩石具中等程度的赤铁矿化和磁铁矿化，可见后期的碳酸盐岩脉，在碳酸盐岩脉中含有大量的硫化物（样品来自 EH665 – 1141.2 m）。样品实际长度约为 15 cm

图 5 – 10 在"羽翅"结构矿石中的磁铁矿。样品主要由磨蚀了的钾长石角砾、微晶钾长石角砾、方解石和磁铁矿组成，并被过渡期和后期粗晶方解石叠加充填（样品来自 EH438 – 86 m）。样品实际长度约为 15 cm

图 5 – 11 "碳酸盐洪水"中的磁铁矿。在磁铁矿 – 方解石基质中含丰富的硫化物，切割了以钾长石化基质为主的角砾岩（MSBX），样品来自 EH690 – 978.6m。样品实际长度约为 15 cm

图 5 – 12 典型的第二世代的磁铁矿矿化（second generation breccias，简称 SGBX），主要含黄铜矿和磁铁矿。样品来自 EH665 – 1173 m。样品实际长度约为 15 cm

图 5 – 13 矿体下盘剪切带片岩的磁铁矿。岩石为灰黑色，中度片理化、斑岩化的中性变火山。岩石中含大量的磁铁矿，黑云母平行于片理面。样品来自 EH569 – 669.8 m。样品实际长度约为 15 cm

图 5 – 14 在 SGBX 中的磁铁矿，注意在该样品中细小的"磨圆较好"的或次圆状的微晶钾长石角砾。样品来自 EH665 – 1160.2m。样品实际长度约为 15 cm

图 5 - 15 在以大理岩基质为主的角砾岩中的磁铁矿。以大理岩基质为主的角砾岩主要由大理岩和热液方解石的混合物与在剪切过程中局部蚀变的变火山岩组成。尽管此种类型的物质主要赋存于近底盘，但是含同样矿物成分的岩石在矿体中很常见，有时候称之为"碳酸盐洪水"。主要含黄铁矿、黄铜矿和磁铁矿，但是磁铁矿含量相对较低。样品来自 EH554 - 790 m。样品实际长度约为 12 cm

5.2.2.2 显微镜下磁铁矿的结构构造

基于手标本和镜下鉴定的不同结构构造，根据磁铁矿和硫化物之间的关系以及不同的矿物共生组合，Ernest Henry IOCG 矿床中的磁铁矿可以分为以下几类：

- 在以基质为主（有时见细小的角砾）的角砾岩中磁铁矿 - 方解石 - 黄铁矿 - 黄铜矿。
- 钾长石交代"边缘"的细粒磁铁矿。
- 较大的钾长石角砾中的磁铁矿。
- 粗粒的基质（>1 mm）中硫化物 + 方解石 + 磁铁矿。
- 含磨圆度较好的硫化物和方解石角砾的角砾岩中的基质型的第二世代的磁铁矿。
- 在不规则的角砾岩中为基质的第二世代的磁铁矿（可能是第三世代）。
- 后期脉中的石英 - 黄铁矿 - 黄铜矿 - 磁铁矿。

来自钻孔 EH554 中的 13 块薄片在光学显微镜下的鉴定表明在 Ernest Henry IOCG 矿床中，从顶部到底部，黄铁矿和磁铁矿的含量降低（图 5 - 16 ~ 图 5 - 22）；从中部到底部，一些黄铁矿被磁铁矿所交代（图 5 - 17 ~ 图 5 - 22），磁铁矿的粒度随着深度增加而增加,而且变得更加自形(图5-16~图5-22)。在底部,磁铁矿被赤铁矿所交代(图5-19~图5-21)。

图5-16　矿体上盘剪切带中磁铁矿(灰黑色)部分交代黄铁矿(黄白色)。磁铁矿沿着黄铁矿边缘交代黄铁矿。在左上部,细粒的黄铜矿与黄铁矿同时形成。在磁铁矿中见微细粒的黄铜矿。图片宽度约为2 mm(采自钻孔 EH554-样品 SB29811, 427 m)

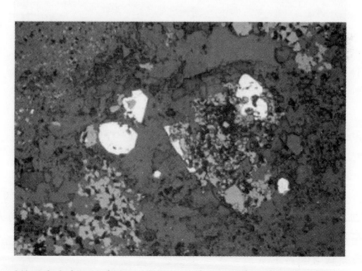

图5-17　磁铁矿交代自形的黄铁矿,见明显的黄铁矿假象。在右边的颗粒中可见自形的黄铁矿残余,但是在左边的颗粒中见黄铁矿在早期的磁铁矿周围增生。宽度约为2 mm(采自钻孔 EH554-样品 SB29811, 427 m)

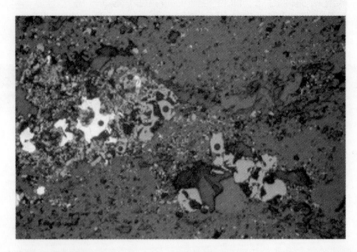

图 5 – 18　他形的黄铁矿被磁铁矿交代。有一些黄铁矿的残余包含了砂糖状的磁铁矿。大部分的黄铁矿被磁铁矿所交代。图片宽度约为 2 mm(采自钻孔 EH554 – 样品 SB29811,427m)

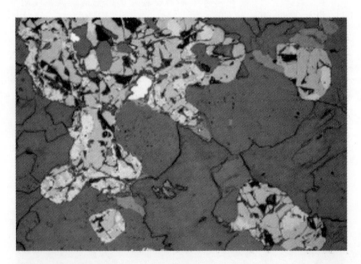

图 5 – 19　第二世代的磁铁矿被赤铁矿沿着裂隙和边缘交代。图片宽度约为 2 mm (采自钻孔 EH554 – 样品 SB29827,605.9m)

图 5 - 20　磁铁矿被包含在黄铁矿中(右下角),看起来其与黄铜矿亦处在平衡相中。图片
宽度约为 2 mm(采自钻孔 EH554 - 样品 SB29835,700.1m)

在 Ernest Henry IOCG 矿床中,磁铁矿和硫化物常常交代钾长石角砾
(图 5 - 21 ~ 图 5 - 23),甚至在一些位置,磁铁矿在钾长石角砾边缘或是在钾长
石角砾内,而这种磁铁矿与新生成的、细粒的钾长石晶体有关,有些时候形成"假
象角砾岩"。

磁铁矿碎片和条带是以第二世代的磁铁矿为基质的角砾岩(SGBX)的典型特
征,在手标本和镜下都很清楚。这种角砾岩通常是富含磁铁矿、黑色的岩石,具
有特征的矿物共生组合如磁铁矿、黄铁矿、黄铜矿 ± 黑云母、细小的钾长石、方
解石、阳起石等(图 5 - 24)。通常来说,赤铁矿沿着黄铁矿的边缘和裂隙交代磁
铁矿是第二世代的磁铁矿在镜下的主要特征(图 5 - 25)。

图5-21 该样品来自矿体底部剪切带中，破裂的磁铁矿与黄铁矿共生，尽管矿物生成顺序不是很明显。黄铜矿(左边紫红色)与磁铁矿处于平衡相。图片宽度约为 2 mm(采自钻孔 EH554 - 样品 SB29842, 800.1m)

图5-22 非常细小的磁铁矿、黄铜矿和黄铁矿分散在大的钾长石角砾中，而该钾长石角砾被破裂了的黄铁矿、块状的磁铁矿和细小的他形的黄铜矿所环绕。图片宽度约为 2 mm(采自钻孔 EH554 - 样品 SB29842, 800.1m)

图 5 - 23　在钾长石角砾为主的矿化中(CSBX)的磁铁矿。图片宽度约为 2 mm(采自钻孔 EH554 - 样品 SB29835, 700.1m)

图 5 - 24　第二世代的磁铁矿具有特定的矿物共生组合, 即磁铁矿 + 黄铁矿 + 方解石 ± 黑云母 + 阳起石 + 钾长石。图片宽度约为 12 mm(采自钻孔 EH501 - 样品 TE29, 486.8m)

图5-25　第二世代的磁铁矿被赤铁矿所交代。磁铁矿、黄铁矿和黄铜矿共生。图片宽度约为 2 mm(采自钻孔 EH554-样品 SB29833, 680.1 m)

5.3　分析方法

5.3.1　激光剥蚀等离子质谱(LA-ICP-MS)

5.3.1.1　LA-ICP-MS 参数设置

在詹姆斯库克大学(James Cook University, 简称 JCU)的先进测试中心(Advanced Analysis Center, 简称 AAC), 我们用一台 GeoLas 193 nm Excimer 的激光剥蚀系统与两台 Varian-Bruker 820-MS 系列的四极 ICP-MS 相耦合。值得说明的是, 在 JCU 的 AAC 实验室, 我们用一台激光系统配置了两台 ICP-MS, 其中旧的一台主要用于重元素和比较脏的样品(如磁铁矿、黄铁矿等)的测试, 而另一台则只用于轻元素和干净矿物(如石英、独居石、磷灰石、锆石等)的测定, 如此可保证仪器的高灵敏度和分析的准确性。典型的激光频率为 10 Hz, 在样品上激光的能量维持在 6 J/cm^{2}左右。每个点上的分析时间为 65 s, 其中包括 30 s 的背景测量(激光关闭)和 35 s 的分析信号收集时间。数据处理使用 GLITER(Jackson等, 1992a), 使用标准方法(Longerich 等, 1996)。我们用 NIST SRM610 和 SRM 612 的硅酸盐玻璃作为外标, 铁作为内标, 假定磁铁矿中微量元素的分布是均匀的。具体的 LA-ICP-MS 的参数设置如表 5-1 所示。

表 5 – 1 LA – ICP – MS 分析磁铁矿中的微量元素时的仪器设定参数

激光参数	设定值	ICP – MS 参数	设定值
激光源	Coherent GeoLas 200 Excimer Laser Ablation System	ICP – MS 系统	Varian – Bruker 820 – MS
波长	193 nm	功率	1250 W
脉冲宽度	3 ns	气流	—
激光束	均值化平顶光束	冷却(等离子体)Ar	15 L/min
脉冲能量	0.01 ~ 0.1 mJ/次	辅助 Ar 气流	0.8 L/min
能量密度	6 J/cm^2	样品传输 He 气流	0.235 L/min
焦点	表面	样品传输 Ar 气流	0.95 L/min
光栅扫描速度	10 Hz	分析设定	—
激光束直径	5 ~ 160 μm	扫描模式	峰跳跃模式, 1 点/峰
—	—	获取模式	时间分辨率分析
—	—	分析持续时间	65 s(25 ~ 30 s 背景值, 40 ~ 35 s 信号)

5.3.1.2 LA – ICP – MS 分析方法

(1)实验方法

在分析之前,要对仪器进行彻底的清理和校准。合理设置 LA – ICP – MS 对于获取高质量的数据至关重要。合理选择分析元素,避免质谱干扰,使用正确的激光束大小和内外标等已经在第 4 章和其他地质学家(Frietsch 和 Perdahl, 1995a; Fryer 等, 1993; Gunther 等, 1998; Heinrich 等, 2003; Kin 等, 1999; Liu 等, 2008; Raju 等, 2010)的文献中进行了详细的讨论。

在实验过程中,应该先进行一个空白气体的步骤。实验过程中应遵循以下步骤:

Gas blank

标准样品 1 – 1(激光束大小 X_1)

标准样品 1 – 2(激光束大小 Y_1)

标准样品 2 – 1(激光束大小 X_2)

标准样品 2 – 2(激光束大小 Y_2)

实验样品 1 – 点 1

实验样品 1 – 点 2

……

实验样品 2 – 点 1

实验样品 2 – 点 2

……

实验样品 n 点 m

标准样品 1 – 3(激光束大小 X_1)

标准样品 1 – 4(激光束大小 Y_1)

标准样品 2 – 3(激光束大小 X_2)

标准样品 2 – 4(激光束大小 Y_2)

实验样品 n + 1 点 1

实验样品 n + 1 点 2

……

标准样品 1 – P(激光束大小 X_1)

标准样品 1 – P + 1(激光束大小 Y_1)

标准样品 2 – P(激光束大小 X_2)

标准样品 2 – P + 1(激光束大小 Y_2)

实验进行中，每 2 ~ 3 h，应该使用外标对样品进行校准以调整仪器的漂移（Horn 等，1997；Jackson 等，1992c；Kin 等，1999；Monecke 等，2000；Norman 等，1996；Pearce 等，1997a；Pearce 等，1997b）。最好使用两种外标进行校准以便获得高质量的数据。

（2）数据处理

用 GEMOC 根据标准方法（Jackson 等，1992c；Kin 等，1999；Longerich 等，1996；Norman 等，1996；Raju 等，2010）所开发的数据处理软件 GLITTER（GEMOC Laser ICPMS Total Trace Element Reduction software package）。GLITTER 提供了集图像与数据于一体的实时处理方法。在数据处理过程中，要在屏幕上手动去选择合适的信号以避免如微小的包裹体和杂质的干扰，若发现包裹体或者杂质，则需要把这段信号排除在外。

（3）数据质量控制

首先，分析时磁铁矿表面干净与否意味着剥蚀点是否干净，这需要经验去判断，而且也是一个重要的过程，这对于后期能否获得高质量的数据有着重要的影响。图 5 – 26 显示了两种在分析磁铁矿时可能会遇到的情况，这两种情况直接导致微量元素变化的误差。

EMPA 和 LA – ICP – MS 对于同一点上所测数据的详细对比（Nadoll，2010）显示两种方法所测得的数据具有良好的一致性，在这个实验中数据包括使用不同激光束和不同外标校准的数据。这从另一个方面说明，应用 LA – ICP – MS 测得磁铁矿中微量元素方法具有可行性和准确性。

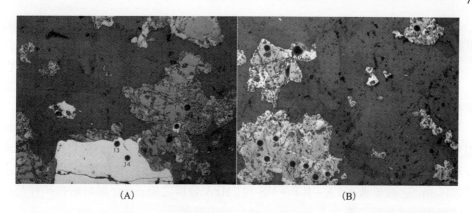

图 5 – 26　图(A)和图(B)来自样品 TA02(EH665，1063.5 m)，显示了在磁铁矿和硫化物分析时的情况：图(A)的激光束落在干净的磁铁矿和硫化物上(No. 10 ~ 14)和图(B)激光束落在"脏"的磁铁矿和硫化物上，在一定程度上，在图(B)中，磁铁矿(暗色)已经蚀变为赤铁矿(淡色)。图片宽度约为 2 mm

　　在应用 LA – ICP – MS 测定矿物中的微量元素时，矿物中所含的微小的甚至纳米级的矿物包裹体经常被忽视和误解(图 5 – 27)。例如，据先前报道(Newberry 等，1982)磁铁矿含有一定数量的硅，但是这种硅常被认为是微细粒甚至纳米级的硅酸盐相而不是真正的以固态的硅存在于磁铁矿中。不同地质背景的磁铁矿中经常含硅酸盐(如钾长石、斜长石)、硫化物(黄铁矿、黄铜矿)和磷灰石的包裹体。元素诸如 Na、Ca、Si、Ba、Cu、S、P 和 REEs 通常在磁铁矿中的含量并不高，但出现上述矿物时，某些值会异常高，这时可用这些高值去过滤 LA – ICP – MS 数据。

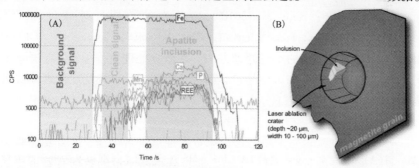

图 5 – 27　图(A)显示一个时间分辨率的分析信号，其中 30 s 为背景信号，紧接着的 60 s 为主要的信号获取时段，最后 30 s 为系统清洗阶段。在这个图像中仅绿色阴影部分的数据可以被采用。因为剩余的信号(橙色阴影区域)主要是受磷灰石包裹体的影响，从图中可以看出，其特征为 Ca、P 和 REE 含量明显增加。注意在这里仅选择了一些明显清楚的元素。图(B)为磁铁矿中微细粒的包裹体颗粒，但激光束剥蚀到这个包裹体时，并不降低 Fe 的信号强度(cps)(据 Nadoll 等 2009)

应用 GLITTER 软件处理数据时，每一个分析都可以在可视化的屏幕上展示，根据微量元素的信号特征，可以很容易鉴别出杂质相如矿物包裹体，因为其常使得磁铁矿中的微量元素特征与常规组成有所差异。一些元素如 Na、Ca、Ba、P、S、Si 和 REE 含量的增加可以用于鉴别杂质，因此在数据处理时，这一段信号应该被排除在外。

矿物包裹体和一些含氧矿物如金红石、钛铁矿、磁赤铁矿和赤铁矿的出溶作用常常在磁铁矿中出现。其中金红石包裹体以在 LA – ICP – MS 谱线中同时出现 Ti 和 Nb 为典型特征(图 5 – 28)，但对于钛铁矿、磁赤铁矿和赤铁矿的出现顺序很难区分，这就要求在 LA – ICP – MS 和 EMPA 分析之前，要仔细对磁铁矿样品进行详细的岩矿鉴定，努力去避免那些氧化或出溶现象。

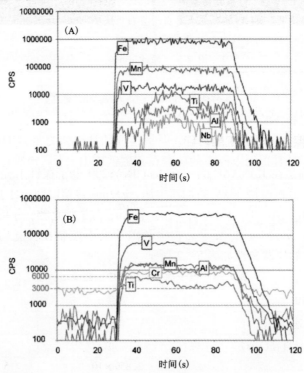

图 5 – 28 图(A)为选定的一些元素的 LA – ICP – MS 谱线，用来说明磁铁矿中金红石对分析信号的影响。分析信号中 Ti 和 Nd 含量同时增加很好地说明该分析信号受到金红石包裹体的干扰。在数据中可见 Ti 和 Nb 具有良好的相关性和分带性。图(B)是一个典型的时间分辨率分析信号，用来说明某些情况下在磁铁矿中微量元素分布的不均匀性。在此次分析中 Ti 含量变化可能受 1~2 个因素的控制，LA – ICP – MS 数据与 EMPA 数据的对比说明尽管两套数据有弱的偏离，但是两者仍具有良好的线性相关(据 Nadoll 等 2009)

在应用 GLITTER 对 LA – ICP – MS 数据处理时，典型的信号特征如图 5 – 29

所示,在选取谱线时,要遵循:(1)稳定和连续的 Fe 的谱线,从左向右慢慢降低,这主要是由于随着激光剥蚀不断进行,剥蚀量渐渐减少造成的,但是这不影响最终数据质量,因为这种现象同样发生在对外标标样的剥蚀过程;(2)被测元素的谱线应该和 Fe 的谱线趋势一致,没有明显的峰和阶步的出现。

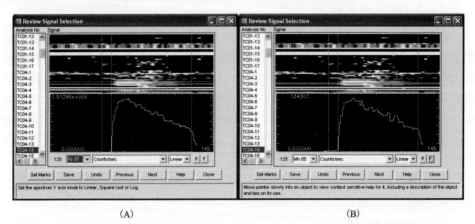

图 5 - 29 图(A)和图(B)显示应用 GLITTER 处理数据时元素 Fe 和 Mn 之间的关系

5.3.2 电子探针分析(EMPA)

元素面扫描是在 JCU AAC 的一台 Jeol JXA8200 电子探针上完成的。阶步从 1 μm 到 5 μm,分析时用 20kV 的加速电压,100 ms 停留时间;对于磁铁矿,分析的元素主要有 Mg、Al、Ti、V、Mn、S、Fe 和 Cu;对于硫化物,分析的元素有 As、Co、Ni、Pb、Au、Zn、Cu 和 Ag。面扫描的图片大小控制在长宽均为 100 μm 至 1000 μm。具体的仪器参数如表 5 - 2 所示。

表 5 - 2 电子探针面扫描中仪器设定

EMP 参数	磁铁矿	黄铁矿
EOS 加速电压(kV)	15.0	20.0
EOS 探针直径(μm)	0	1
探针平均电流(A)	2.859×10^{-7} 2.887×10^{-7} 2.831×10^{-7}	5.095×10^{-7} 5.102×10^{-7} 5.088×10^{-7}
EDS 能量总额(kV)	10	20
EDS 谱线数据总数	1024	2048
EDS 测量模式	L	L
EDS 测量时间	100	100

5.4 结果

5.4.1 区域磁铁矿分析结果

在实验过程中，用 LA - ICP - MS 分析了磁铁矿中可能含有的所有元素。分析的元素包括：Li、Be、B、Na、Mg、Al、Si、P、Cl、K、Ca、Sc、Ti、V、Cr、Mn、Fe、Co、Ni、Cu、Zn、Ga、Ge、As、Se、Br、Rb、Sr、Y、Zr、Nb、Mo、Ru、Rh、Pd、Ag、In、Sn、Sb、Te、Cs、Ba、Hf、Ta、W、Re、Os、Ir、Pt、Au、Hg、Tl、Pb、Bi、Th 和所有的 REE。尽管对于不同的样品，所出现的微量元素种类略有变化，但是磁铁矿中含量最高的元素为 Mg，Al，Ti，V，Cr 和 Mn，这些元素的含量在 10^{-6} 和 10^{-3} 级别之间变化。Co、Ni、Zn、Ga 和 Sn 通常为 10^{-5} 级别。

岩浆型、热液充填型、交代型和沉积型的磁铁矿中微量元素的分布各不相同，但是不同类型的磁铁矿中很多微量元素在很大程度上重合，如图 5 - 30 所示。

岩浆型磁铁矿的特征是具有高的 V 和 Cr 含量，通常 Mn 含量较低。交代型磁铁矿和蚀变的磁铁矿微量元素含量在很大程度上有所重合。然而，在一定程度上，也出现了典型的 V 和 Cr 含量（图 5 - 30）。

沉积的磁铁矿以高 Al 低 V 为典型特征，并因此区别于岩浆型磁铁矿和热液型磁铁矿。然而，矿床中的磁铁矿与来自预测区的磁铁矿却不易区分。在矿床中，没有一个明显的元素总是富集或者总是较贫，在预测区中情况也一样。对于样品中大部分磁铁矿的微量元素含量在不同样品和不同取样位置可能相差三个数量级（即 1000 倍）。在大部分单个样品中，推断的同成因的磁铁矿中微量元素变化较小（一般在 2 至 5 倍）。在单个颗粒内，磁铁矿微量元素变化更小（在 1 至 2 倍）。大部分微量元素，包括 V、Ti、Mn 和 Cr，来自矿床中的磁铁矿变化要超过三个数量级（即 1000 倍）。这种很大范围的变化说明在成矿过程中涉及了一系列不同性质的流体来源、不同类型的水岩反应、不同的水岩反应路径和沉淀机制。如果能够推断这种导致成分变化的因素，那么这些数据将有助于理解整个成矿过程并作为一个有用的成因指示，例如指示流体来源于盆地水、变质水还是岩浆水，是氧化的还是还原的，是热的还是冷的等。假如在这个区域中存在不同类型的 IOCG 矿床，但不同的形成过程导致了磁铁矿中微量元素的变化，则磁铁矿中微量元素的变化因素，将直接影响勘探。

Carew（2004）认为 IOCG 矿床磁铁矿中 V 含量较低，可以与无矿化或者弱矿化的含铁岩石区分开来。如果在预测区中亦能出现这种情况，那么矿床的勘探就简单了很多。基于本研究结果应用磁铁矿中 V 的含量去区分矿化的 IOCG 矿床和无矿化甚至弱矿化的含铁岩石并不是十分可靠，因为 Osborne 和 Starra 矿床中的

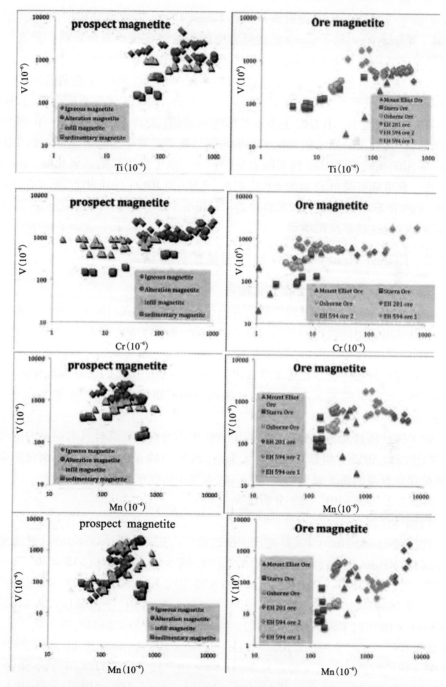

图 5-30　来自 Cloncurry 地区的预测区(左)和含磁铁矿的矿床(右)中磁铁矿的微量元素的比较

磁铁矿的 V 含量均低于其他磁铁矿。而 Ernest Henry 矿床磁铁矿中的 V 含量与 Jupiter、Wilgar West 和 Edgarda 的角砾岩中的热液型磁铁矿有所重叠。最直接和最可能有关的因素是 Mn 和 Ti(图 5-30),除了少数例外(如 Ernest Henry 样品和一些来自 Mt Elloit 的样品),大部分数据都落在 Mn-Ti、Mn-V 趋势范围内。与 IOCG 有关的磁铁矿 $w(Mn)/w(Ti)$ 的值在 10 左右,而无矿化或弱矿化的 $w(Mn)/w(Ti)$ 值则接近于 1。不考虑这些元素的绝对数值,这个趋势应该是一个区分无矿化或弱矿化的角砾岩中的磁铁矿和矿化的热液型磁铁矿的确凿证据。有人认为 IOCG 矿床的确代表了一系列不同类型的矿床,由于其特征的铁氧化物、铜和金的出现。有可能有类似斑岩型 IOCG 矿床、VMS 型 IOCG 矿床和 SEDEX 型 IOCG 矿床,当然还有其他可能。如果真是这样,用单个磁铁矿颗粒的微量元素就可以去推断和区分这些矿床的类型。

5.4.2 Ernest Henry IOCG 矿床磁铁矿分析结果

5.4.2.1 电子探针元素面扫描结果

热液矿床矿物中的分带现象研究有助于理解矿物生成的化学过程。元素面扫描可以显示出细小的微观的矿物包裹体的影像,有助于理解成矿过程中元素的运移和分布。我们用电子探针(能谱和波谱结合、EDS 和 WDS)去调查磁铁矿和硫化物中元素的分布情况,尤其是磁铁矿中 Ti-V-Mn-Fe 的关系和硫化物中 As-Co-Ni-S-Fe 的关系,以及在成矿期出现的矿物包裹体(如 Au 和 Mo)的分布状态。

电子探针微量元素面扫描图像表明磁铁矿不像黄铁矿那样具有明显的生成环带(彩图 12),即没有明显的微量元素分带(图 5-31),这从另一个方面说明单个磁铁矿颗粒有限的激光束分析基本可以代表整个磁铁矿颗粒的化学组成。

5.4.2.2 LA-ICP-MS 分析结果

1)整体情况

此次对 Ernest Henry IOCG 矿床中的磁铁矿,主要分析了以下元素(激光束为 45 μm 或 60 μm 时典型的检测限):Li(1.62×10^{-6})、Na(518×10^{-6})、Mg(0.58×10^{-6})、Al(0.93×10^{-6})、Si(80×10^{-6})、K(1.41×10^{-6})、Ca(18.39×10^{-6})、Ti(0.17×10^{-6})、V(0.03×10^{-6})、Cr(1.13×10^{-6})、Mn(0.29×10^{-6})、Fe(5.73×10^{-6})、Co(0.03×10^{-6})、Ni(0.89×10^{-6})、Cu(0.28×10^{-6})、Zn(0.96×10^{-6})、Ga(0.55×10^{-6})、Ge(0.82×10^{-6})、As(0.17×10^{-6})、Mo(0.03×10^{-6})、Ag(0.01×10^{-6})、In(0.08×10^{-6})、Sn(0.11×10^{-6})、Sb(0.03×10^{-6})、Ba(0.29×10^{-6})、W(0.005×10^{-6})、Au(0.004×10^{-6})、Pb(0.01×10^{-6})、Bi(0.003×10^{-6})、Th(0.001×10^{-6})。

来自 Ernest Henry IOCG 矿床的磁铁矿中包括有以下主要的微量元素:Mg

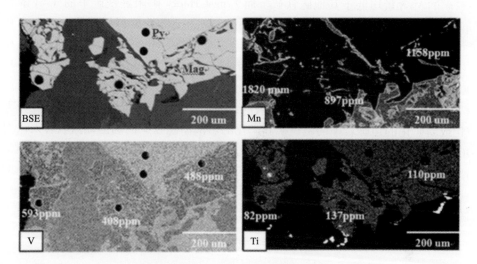

图 5 – 31　应用电子探针进行磁铁矿中的元素面扫描。图中的数字为 LA – ICP – MS 分析的结果。缩写，Mag：磁铁矿；Py：黄铁矿；BSE：背射电子图像；ppm：10^{-6}。样品来自 EH554 551.3 m

$(6 \times 10^{-6} \sim 2048 \times 10^{-6}$，平均 $58 \times 10^{-6})$、Al$(26 \times 10^{-6} \sim 4502 \times 10^{-6}$，平均 $521 \times 10^{-6})$、Ti$(5 \times 10^{-6} \sim 1115 \times 10^{-6}$，平均 $264 \times 10^{-6})$、V$(2 \times 10^{-6} \sim 3250 \times 10^{-6}$，平均 $844 \times 10^{-6})$、Cr$(2 \times 10^{-6} \sim 344 \times 10^{-6}$，平均 $43 \times 10^{-6})$、Mn$(90 \times 10^{-6} \sim 20088 \times 10^{-6}$，平均 $2033 \times 10^{-6})$、Co$(2 \times 10^{-6} \sim 291 \times 10^{-6}$，平均 $24 \times 10^{-6})$、Ni$(5 \times 10^{-6} \sim 4325 \times 10^{-6}$，平均 $300 \times 10^{-6})$、Zn$(2 \times 10^{-6} \sim 117 \times 10^{-6}$，平均 $19 \times 10^{-6})$、Ga$(10 \times 10^{-6} \sim 180 \times 10^{-6}$，平均 $37 \times 10^{-6})$。无论从整个矿床规模还是从单个样品来说，磁铁矿中的微量元素变化较大（图 5 – 32），约为 2 到 3 个数量级（即 100 倍或 1000 倍）。在分析的 48 个薄片中，不同的磁铁矿颗粒间存在很大的差别，岩石学研究表明其属于不同的成矿期次或者是多个颗粒发生于同一期次，而这些不同的成矿期次可能会产生不同的成矿过程，从而影响磁铁矿中微量元素的变化。

2）磁铁矿被氧化成赤铁矿对磁铁矿微量元素组成的影响

在一些样品中，沿着解理面、晶面、裂隙和边缘，磁铁矿经常被氧化成了赤铁矿（图 5 – 31）。为了评价磁铁矿氧化成赤铁矿对分析结果的影响，我们也分析了一部分赤铁矿和与其相关的磁铁矿（图 5 – 33）。

图 5 – 33 和图 5 – 34 表明在磁铁矿氧化成赤铁矿的过程中，Mn、Cu 和 Zn 的含量有所降低而 As、Sr、Sn、Sb、W、U 的含量有所增加。在磁铁矿与氧化的赤铁矿中，其微量元素变化相对较小，在某种程度上，说明二者存在同源关系。

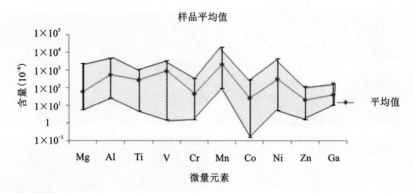

图 5-32 应用 LA-ICP-MS 分析的 Ernest Henry IOCG 矿床中的磁铁矿的微量元素变化范围和平均值

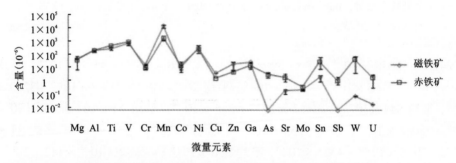

图 5-33 磁铁矿与其氧化形成的赤铁矿的微量元素组成的对比,结果表明在这一过程中微量元素有略微的变化(样品来自 EH665 1072 m)

3)岩石类型与磁铁矿中微量元素间的关系

Ernest Henry IOCG 矿床中 Cu-Au 矿化与不同的岩石类型(或称岩石单元)有着密切的关系。Mark 等(1999)将 Ernest Henry IOCG 矿床的岩石分为若干单元,例如在矿体下盘的剪切带(footwall shear zone,简称 FWSZ)的黑云母片岩主要由中等至强烈发育的片理化的基质-中性的变质火山岩组成,在岩石中见明显的黑云母-方解石-磁铁矿-阳起石 ± 石榴子石为矿物共生组合的蚀变和后期的碳酸盐岩脉,在 FWSZ 中未见明显的 Cu-Au 矿化。大理岩为基质的角砾岩(marble matrix breccias,简称 MMB)。主要是由位于矿体下盘带和矿体底部的不规则状发育的角砾岩体组成。这种角砾岩主要由强烈钾长石化的角砾和由方解石-黑云母-磁铁矿-角闪石-黄铁矿组成的基质组成,其中角砾边缘常见有黑云母蚀变的

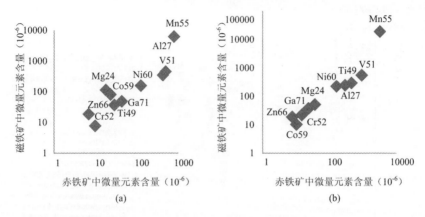

图 5 – 34　图(a)和图(b)为磁铁矿和邻近的赤铁矿(由磁铁矿氧化转变成的赤铁矿)的微量元素对比图,表明两者具有良好的线性关系(样品 A 来自 **EH665 1180.2 m**,样品 B 来自 **EH665 1072 m**),在某种程度上,证明了磁铁矿和赤铁矿是同源的

"反应边结构"。矿化角砾岩(FV_2)以基质为主至角砾为主的热液型角砾岩为典型特征,通常含 5% ~ 50% 、5 ~ 50 mm 次圆状的角砾,在以磁铁矿 – 黑云母 – 方解石 – 重晶石 – 黄铁矿 – 黄铜矿为主要矿物共生组合的基质中发育有强烈的钾长石化。该种角砾岩为主要的矿化赋存单元。破裂角砾岩($FV – FV_1$)主要为不同比例的钾长石 – 磁铁矿 – 黑云母为矿物共生组合蚀变了的变火山岩,岩石具有由弱至强不同类型的碎裂结构,角砾岩基质中掺杂有不规则的羽翅状方解石脉。在这里我们只用 V/Mn 图解来讨论在矿床不同深度磁铁矿中微量元素与不同岩石类型的关系,其他元素亦然。从图 5 – 35 可见,在不同的岩石单元和磁铁矿微量元素之间没有明显的成因联系。

　　4)矿物共生组合与磁铁矿中微量元素含量间的关系

　　Mark 等(1999)通过研究不同的矿物共生组合和岩石结构构造,将 Ernest Henry IOCG 矿床中的矿化分为了 17 个阶段。Ernest Henry IOCG 矿床中矿体中的磁铁矿多以蚀变型如交代和充填型(沿着一定的通道)为主。图 5 – 36 用 V/Mn 图解来讨论 Ernest Henry IOCG 矿床中不同的矿物共生组合与磁铁矿中微量元素含量间的关系,其余元素情况类似。从图 5 – 36 可以看出在不同矿物生成阶段中不同矿物共生组合与磁铁矿微量元素含量间没有明显的成因联系。

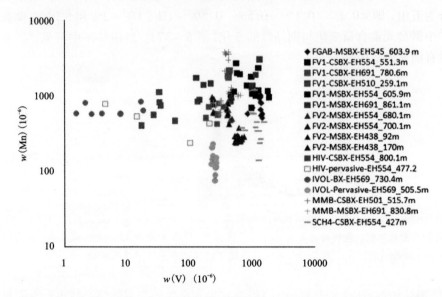

图 5 –35 V/Mn 图解。表示随着矿床深度的增加不同岩石类型和磁铁矿微量元素间的关系

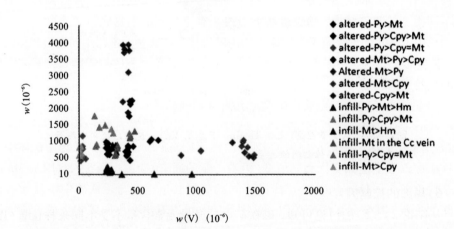

图 5 –36 V/Mn 图解。表示蚀变的磁铁矿、充填的磁铁矿的微量元素与不同矿物共生组合间的关系

5）矿石品位

Ernest Henry IOCG 矿床中铜的品位为 0 ~ 2% 。在此次研究中，我们将铜品位划分为五组，即 <0.1% 、0.1% ~ 0.5% 、0.5% ~ 1% 、1% ~ 2% 和 >2% 去调查磁铁矿中微量元素含量变化与铜品位的变化（图 5 - 37），然而从图中可见，二者之间没有明显的成因联系。

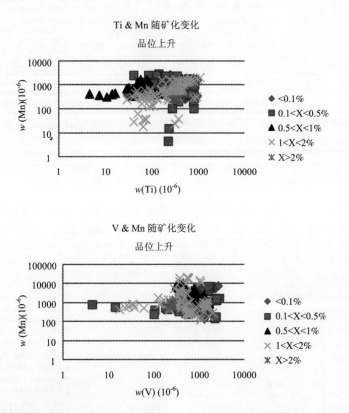

图 5 - 37　双变量图解（上边 Ti/Mn，下边 V/Mn）。说明磁铁矿中微量元素变化与铜品位之间的关系。

6）局部的控制因素

从结论 2）~ 5）的讨论可知，磁铁矿中的微量元素含量不受不同采样位置（图 5 - 36）、不同类型岩石单元（图 5 - 35）、不同矿物共生组合（图 5 - 36）以及不同矿石品位的控制（图 5 - 37）。然而对于一些样品中的磁铁矿个体的研究发现，磁铁矿中微量元素的含量可能受一些局部因素的控制，这些因素包括：晶形的完好程度（图 5 - 38A ~ 图 5 - 38D、图 5 - 39A ~ 图 5 - 39B）、变形程度（图 5 - 38E ~ 图

5－38F、图5－39C～图5－39D）、形成后的氧化状态与磁铁矿相关的硫化物的含量以及磁铁矿来源如充填或交代有关，这些因素说明 Ernest Henry IOCG 中磁铁矿的微量元素可能受局部条件的变化影响较大。

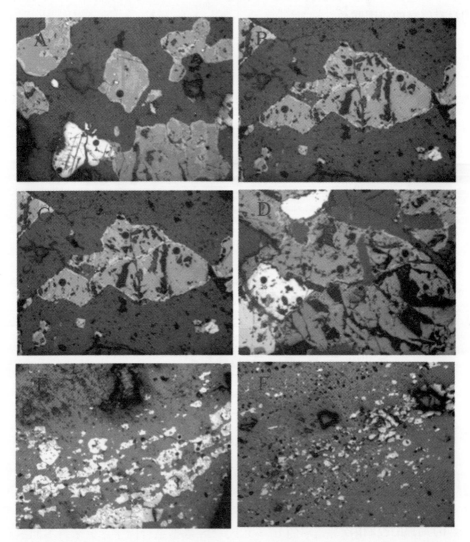

图5－38 显微镜下不同类型的磁铁矿的照片（单个图片宽度约为2 mm，反光显微镜下）。图A～图D反映了磁铁矿的不同结晶程度，其中图A的晶形最好，图B和图C次之，图D中的磁铁矿晶形最差，而且与钾长石、少量斜长石、方解石和黑云母共生。图E～图F反映了磁铁矿的不同变形程度，磁铁矿在图E中为弱变形而到图F中则为强变形

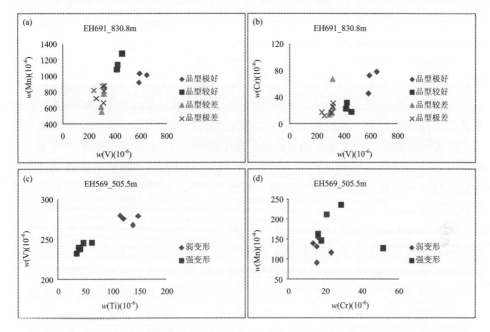

图5-39 微量元素双变量图解：(a)磁铁矿微量元素 V/Mn 图解(样品来自 EH691 830.8 m);(b)磁铁矿微量元素 V/Cr 图解;(c)磁铁矿微量元素 Ti/V(样品来自 EH569 505.5 m);(d) 磁铁矿微量元素 Cr/Mn(样品来自 EH691830.8 m)。其中(a)和(b)表明随着结晶程度的增加，磁铁矿中的 V 减少而 Cr 增加，然而这种关系对于 Mn 却不存在，而(c)和(d)则表明随着岩石中磁铁矿的变形程度的增加 Ti、V、Cr、Mn 都降低。值得说明的是这种现象只存在于矿体局部的磁铁矿中，对于整个矿体中的磁铁矿并不连续

5.5 对勘探的指导意义

LA-ICP-MS 因为其检测限较低，而且能够同时测量一系列的主量元素和微量元素，对于研究磁铁矿的地球化学性质并用之去指示特定的地质背景有着重要的作用。一套合理的实验程序对于获得高质量的数据有着重要作用。Nadoll 等(2009b)认为可以用高分辨率的 LA-ICP-MS 数据结合因子区分来自不同主岩的岩浆型磁铁矿、不同类型的热液矿床中的磁铁矿、经受了变质作用的磁铁矿等。彻底的理解热液矿床中磁铁矿的地球化学性质有助于获得热液矿床的形成过程和热液流体的蚀变作用影响。存在于碎屑岩中的磁铁矿的地球化学性质与矿床中的岩石类型密切相关，而且还可以提供矿床的找矿方向(Shcheka 等，1988;Razjigaeva 和 Naumova，1992)。

Nadoll 等(2009b) 认为磁铁矿的地球化学性质对地质背景和形成过程十分敏感，例如，低温的磁铁矿更容易使得外来的离子进入到磁铁矿的结构中。除此之外，变质再平衡可能会破坏变质前形成的磁铁矿中的微量元素。

通过前面的研究得知，$w(\mathrm{Mn})/w(\mathrm{Ti})$ 的值可用于区分 Cloncurry 地区区域角砾岩和富磁铁矿的矿化角砾岩。然而就 Ernest Henry IOCG 矿床中的磁铁矿，我们的研究表明整体来说，其微量元素变化不受采样位置、岩石类型、矿物共生组合和矿石的品位的控制，而只是受一些局部因素如晶形的完好程度、变形程度的强弱、形成后的氧化状态、与之相关的硫化物的含量，以及来源是充填的还是交代的控制。这与 Xavier 等(2008)的研究一致，Xavier 等也认为磁铁矿的微量元素地球化学特征不受外在的因素诸如温度和压力的控制，而是受内部的因素如流体成分和围岩组成的控制。

总之，由于磁铁矿对地质环境十分敏感，地质环境的微弱变化可能会引起磁铁矿中微量元素的巨大变化，磁铁矿中微量元素的控制因素是受多方面的影响，这其中不但牵涉到一些内部因素而且还涉及一些外部因素的影响，目前对于影响 Ernest Hney IOCG 矿床中磁铁矿微量元素地球化学的因素尚不是很明确，但整体来说，它反映出 Ernest Hney IOCG 矿床中磁铁矿的微量元素地球化学性质受流体成分、温度、压力、氧化与还原状态和水岩反应等的影响，从另一个方面也说明了 Ernest Hney IOCG 矿床所涉及的热液系统是一个非常复杂的热液系统。

第 6 章　结论

　　自从 Hitzman 等人（Hitzman，2000b；Hitzman 等，1992）提出铁氧化物型铜金矿床的概念以来，世界上许多地质学家（Beaudoin 和 Dupuis，2009a；Belperio 等，2007；Betts 等，2009；Deditius 等，2009b；Gillen，2010；Groves 等，2010；Hunt 等，2005；Mark 和 David，2000；Marshall 和 Oliver，2004b；Monteiro 等，2008c；Pollard 和 Naughton，1997；Rusk 等，2009c；Twyerould，1997；Williams 和 Betts，2009；Williams 等，2010；Williams 和 Skirrow，2000；Zhang 等，2009b）就开始关注它，研究其时空分布、成矿元素关联性和矿物关系、赋矿岩石（成矿母岩）性质、大地构造背景、主要控矿构造、与岩浆岩的关系、矿区内特征的赋矿岩石角砾岩的特征、围岩蚀变、成矿流体来源以及矿床的成矿模式等，目前已经取得了可喜的进展，在书第 2 章中已就研究现状进行了详细的回顾。

　　本书主题是研究一个典型的铁氧化物型铜金矿床——澳大利亚昆士兰北部的 Ernest Henry IOCG 矿床，通过研究矿床的物理特征（大地构造背景、矿体形态和大小、角砾岩的特征以及一些矿物的物理特征）和化学特征（矿床中金属的分布规律以及一些主要矿物的地球化学特征，如黄铁矿、磁铁矿等）及矿床形成条件（如成矿流体来源、温度和压力，形成时的物理化学条件）来建立成矿模式，并探讨矿床的形成过程。

　　除此之外，本书的另一个重点是讨论 Ernest Henry IOCG 矿床中磁铁矿的微量元素地球化学特征。一方面，许多研究表明，磁铁矿可以作为一种重要的指示矿物去示踪新的矿床。最近的研究已经将磁铁矿的微量元素作为区分矿化和无矿化的重要标志；另一方面，世界上许多 IOCG 矿区都可以看到大量的含铁岩石，这种含铁岩石与矿化有着密切的关系，而且这种含铁岩石在很多情况下都含大量的磁铁矿，因此，研究 Ernest Henry IOCG 矿床中的磁铁矿的地球化学性质有助于理解 Ernest Henry IOCG 矿床这一大型的热液系统的形成，而且通过与区域无矿化岩石中磁铁矿的微量元素的对比研究，发现了有用的指示标志，可以用磁铁矿中微量元素地球化学性质去区分含矿的含铁岩石和不含矿的含铁岩石。除此之外，对区域磁铁矿的研究表明区域中的岩浆型磁铁矿的特征是具有高的 V 和 Cr 的含量，通常 Mn 含量较低。交代型磁铁矿和蚀变的磁铁矿微量元素含量在很大程度上有所重合。然而，在一定程度上，还是出现了典型的 V 和 Cr 含量，沉积的磁铁矿以高 Al 低 V 为典型特征，并因此区别于岩浆型磁铁矿和热液型磁铁矿。IOCG

矿床中磁铁矿中 V 含量较低, 可以与无矿化或者弱矿化的含铁岩石相区分开来。与 IOCG 有关的磁铁矿 $w(Mn)/w(Ti)$ 的值在 10 左右, 而无矿化或弱矿化的 $w(Mn)/w(Ti)$ 值则接近于 1。而就 Ernest Henry IOCG 矿床内的磁铁矿而言, 微量元素含量不受不同采样位置、不同类型岩石单元、不同矿物共生组合以及不同矿石品位的控制。然而对于一些样品中的磁铁矿个体的研究发现, 磁铁矿中微量元素的含量可能受一些局部因素的控制, 这些因素包括: 晶形的完好程度、变形程度、形成后的氧化状态、与磁铁矿相关的硫化物的含量以及磁铁矿来源如充填或交代有关, 这些因素说明 Ernest Henry IOCG 中磁铁矿的微量元素可能受局部条件变化的影响较大。

除了以上两点, 在本项目中, 项目组成员经过多次实验, 完善了应用 LA-ICP-MS 对矿物中微量元素和 REE 分析的方法。

因此本书的创新点简单来说有以下几个方面:

(1)通过矿床的物理化学特征的研究, 去建立 Ernest Henry IOCG 的成矿模式, 探求成矿过程。

(2)通过对磁铁矿微量元素的研究, 去寻求指示标志, 用于指导类似 IOCG 矿床的找矿工作, 如区分不同类型(岩浆型、沉积型、热液型)磁铁矿以及矿化和无矿化磁铁矿。

(3)完善了应用 LA-ICP-MS 分析矿物中的微量元素和 REE 的方法。

(4)应用 SEM-CL 去研究石英的显微特征从而提示成矿过程。

(5)应用 EMPA 对磁铁矿和硫化物进行面扫描分析去提示矿物生成过程。

(6)应用 EMPA-XCL 对 Ernest Henry IOCG 矿床中的钾长石进行分析, 从微观的角度进行成矿过程的研究。

参考文献

[1] Agnol R D, de Oliveira D C. Oxidized, magnetite – series, rapakivi – type granites of Carajas, Brazil: Implications for classification and petrogenesis of A – type granites[J]. Lithos, 2007, 93(3 – 4): 215 – 233.

[2] Ahrens L. The significance of the chemical bond for controlling the geochemical distribution of the elements[J]. Physics and Chemistry of The Earth, 1963, 5: 1 – 54.

[3] Allègre C J, Minster J F. Quantitative models of trace element behavior in magmatic processes [J]. Earth and Planetary Science Letters, 1978, 38(1): 1 – 25.

[4] Allen G C, Hallam, K. R. Characterisation of the spinels $MxCo_{1-x}Fe_2O_4$ (M = Mn, Fe or Ni) using X – ray photoelectron spectroscopy[J]. Applied Surface Science, 1996, 93(1): 25 – 30.

[5] Alper A M, Mcnally R N, Doman R C. Phase Equilibria in the System $MgO:MgCr_2O_4$[J]. Journal of the American Ceramic Society, 1964, 47(1): 30 – 33.

[6] Amundson R, Richter D D, Humphreys G S. Coupling between Biota and Earth Materials in the Critical Zone[J]. ELEMENTS, 2007, 3(5): 327 – 332.

[7] Anderson H U. Influence of Oxygen Activity on the Sintering of $MgCr_2O_4$[J]. Journal of the American Ceramic Society, 1974, 57(1): 34 – 37.

[8] Andreozzi G B, Lucchesi S. Intersite distribution of Fe^{2+} and Mg in the spinel (sensu – stricto) – hercynite series by single – crystal X – ray diffraction[J]. American Mineralogist, 2002, 87(1113 – 1120).

[9] Annels A E, Simmonds J R. Cobalt in the Zambian Copperbelt[J]. Precambrian Research, 1984, 25(1 – 3): 75 – 98.

[10] Annersten H, Ekström T. Distribution of major and minor elements in coexisting minerals from a metamorphosed iron formation[J]. Lithos, 1971, 4(2): 185 – 204.

[11] Aragón R, Harrison H R, McCallister R H. Skull melter single crystal growth of magnetite (Fe_3O_4) – ulvospinel (Fe_2TiO_4) solid solution members[J]. Journal of Crystal Growth, 1983, 61(2): 221 – 228.

[12] Ata – Allah S, Sayedahmed F, Kaiser M. Crystallographic and low frequency conductivity studies of the spinel systems $CuFe_2O_4$ and $Cu_{1-x}Zn_xGa_{0.1}Fe_{1.9}O_4$[J]. Journal of Materials Science, 2005, 40: 2923 – 2930.

[13] Audetat A, Gunther D, Heinrich C A. Causes for Large – Scale Metal Zonation around

Mineralized Plutons: Fluid Inclusion LA – ICP – MS Evidence from the Mole Granite, Australia[J]. Economic Geology, 2000, 95(8): 1563 – 1581.

[14] Audetat A, Pettke T, Heinrich C A. Special Paper: The Composition of Magmatic – Hydrothermal Fluids in Barren and Mineralized Intrusions[J]. Economic Geology, 2008, 103 (5): 877 – 908.

[15] Bahadur H. Hydroxyl defects in germanium – doped quartz: Defect dynamics and radiation effects. Physical Review B, 1995, 52(10): 7065.

[16] Baker T, Mustard R, Fu B. Mixed messages in iron oxide – copper – gold systems of the Cloncurry district, Australia: insights from PIXE analysis of halogens and copper in fluid inclusions[J]. Mineralium Deposita, 2008, 43(6): 599 – 608.

[17] Bakker R J. Reequilibration of fluid inclusions: Bulk – diffusion[J]. Lithos, 2009, 112(3 – 4): 277 – 288.

[18] Ban Z, Sikirica M. The crystal structure of ternary silicides ThM_2Si_2 (M = Cr, Mn, Fe, Co, Ni and Cu) [J]. Acta Crystallographica, 1965, 18(4): 594 – 599.

[19] Bartholomé P, Katekesha F, Ruiz J L. Cobalt zoning in microscopic pyrite from Kamoto, Republic of the Congo (Kinshasa) [J]. Mineralium Deposita, 1971, 6(3): 167 – 176.

[20] Barton M D, Johnson D A. Evaporitic – source model for igneous – related Fe oxide – (REE – Cu – Au – U) mineralization [J]. Geology, 1996, 24(3): 259 – 262.

[21] Barton M D, Johnson D A. Alternative Brine Sources for Fe – Oxide (– Cu – Au) Systems: Implications for Hydrothermal Alteration and Metals. In: Porter, T. M. (Ed.), Hydrothermal Iron Oxide Copper – Gold and Related Deposits: A Global Perspective. PGC Publishing, Adelaide[M], 43 – 60, 2000

[22] Barton M D, Johnson D A. Footprints of Fe – oxides (– Cu – Au) systems. SEG 2004: predictive Mineral Discovery under cover. Cetre for Global Metallogeny, Spec. Pub. 33[M], The University of Western Australia: 112 – 116, 2004.

[23] Basta E Z. Some mineralogical relationships in the system $Fe_2O_3 – Fe_3O_4$ and the composition of titanomaghemite[J]. Economic Geology, 1959, 54(4): 698 – 719.

[24] Bastrakov E N, Skirrow R G, Davidson G J. Fluid Evolution and Origins of Iron Oxide Cu – Au Prospects in the Olympic Dam District, Gawler Craton, South Australia[J]. Economic Geology, 2007, 102(8): 1415 – 1440.

[25] Beaudoin G, Dupuis C. Iron oxides trace element fingerprinting of mineral deposit types. In: Corriveau L and Mumin AH (eds) Exploring for iron oxide copper – gold deposits: Canada and global analogues [M]. Geol Assoc Can, Short Course Notes No 20: 111 – 126, 2009a.

[26] Bell T H. Thrusting and Duplex Formation at Mount – Isa, Queensland, Australia[J]. Nature, 1983, 304(5926): 493 – 497.

[27] Bell T H, Perkins W G, Swager C P. Structural Controls on Development and Localization of Syntectonic Copper Mineralization at Mount – Isa, Queensland[J]. Economic Geology,

1988, 83(1): 69 - 85.

[29] Belperio A, Flint R, Freeman H. Prominent Hill: A Hematite - Dominated, Iron Oxide Copper - Gold System[J]. Economic Geology, 2007, 102(8): 1499 - 1510.

[30] Benavides J, Kyser T K, Clark A H. Exploration guidelines for copper - rich iron oxide - copper - gold deposits in the Mantoverde area, northern Chile: the integration of host - rock molar element ratios and oxygen isotope compositions [J]. Geochemistry - Exploration Environment Analysis, 2008, 8: 343 - 367.

[31] Bendall C, Lahaye Y, Fiebig J. In situ sulfur isotope analysis by laser ablation MC - ICPMS [J]. Applied Geochemistry, 2006, 21(5): 782 - 787.

[32] Berger J, Femenias O, Ohnenstetter D. Origin and tectonic significance of corundum - kyanite - sapphirine amphibolites from the Variscan French Massif Central[J]. Journal of Metamorphic Geology, 2010, 28(3): 341 - 360.

[33] Berman R G. Internally - Consistent Thermodynamic Data for Minerals in the System Na_2O - K_2O - CaO - MgO - FeO - Fe_2O_3 - Al_2O_3 - SiO_2 - TiO_2 - H_2O - CO_2 [J]. J. Petrology, 1988, 29(2): 445 - 522.

[34] Bernet M, Bassett K. Provenance Analysis by Single - Quartz - Grain SEM - CL/Optical Microscopy[J]. Journal of Sedimentary Research, 2005, 75(3): 492 - 500.

[35] Bernstein L R. Germanium geochemistry and mineralogy[J]. Geochimica et Cosmochimica Acta, 1985, 49(11): 2409 - 2422.

[36] Bersani D, Salvioli - Mariani E, Mattioli M. Raman and micro - thermometric investigation of the fluid inclusions in quartz in a gold - rich formation from Lepaguare mining district (Honduras, Central America) [J]. Spectrochimica Acta Part A: Molecular and Biomolecular Spectroscopy, 2009, 73(3): 443 - 449.

[37] Bertani L E, Weko J, Phillips K V. Physical and genetic characterization of the genome of Magnetospirillum magnetotacticum, strain MS - 1[J]. Gene, 2001, 264(2): 257 - 263.

[38] Bertelli M, Baker T. A fluid inclusion study of the Suicide Ridge Breccia Pipe, Cloncurry district, Australia: Implication for Breccia Genesis and IOCG mineralization[J]. Precambrian Research, 2010, 179(1 - 4): 69 - 87.

[39] Bessekhouad Y, Robert D, Weber J V. Photocatalytic activity of Cu_2O/TiO_2, Bi_2O_3/TiO_2 and $ZnMn_2O_4/TiO_2$ heterojunctions[J]. Catalysis Today, 2005, 101(3 - 4): 315 - 321.

[40] Betts P G, Giles D. The 1800 - 1100 Ma tectonic evolution of Australia[J]. Precambrian Research, 2006, 144(1 - 2): 92 - 125.

[41] Betts P G, Giles D, Foden J. Mesoproterozoic plume - modified orogenesis in eastern Precambrian Australia[J]. Tectonics, 2009, 28: 88 - 99.

[42] Betts P G, Giles D, Lister G S. Evolution of the Australian lithosphere [J]. Australian Journal of Earth Sciences, 2002, 49(4): 661 - 695.

[43] Betts P G, Giles D, Mark G. Synthesis of the proterozoic evolution of the Mt Isa Inlier[J].

Australian Journal of Earth Sciences, 2006, 53(1): 187 – 211.

[44] Betts P G, Giles D, Schaefer B F. 1600 – 1500 Ma hotspot track in eastern Australia: implications for Mesoproterozoic continental reconstructions[J]. Terra Nova, 2007, 19(6): 496 – 501.

[45] Bierlein F P, Betts P G. The proterozoic Mount Isa fault zone, northeastern Australia: is it really a ca. 1. 9 Ga terrane – bounding suture? (vol 225, pg 279, 2004) [J]. Earth and Planetary Science Letters, 2004, 228(1 – 2): 213 – 213.

[46] Binks D J, Grimes R W, Rohl A L. Morphology and structure of $ZnCr_2O_4$ spinel crystallites [J]. Journal of Materials Science, 1996, 31(5): 1151 – 1156.

[47] Blake D H. Geology of the Mount Isa Inlier and environs. Queensland and Northern Territory [J]. BMR Geol Geophys Bull. 1987, (225): 83.

[48] Blenkinsop T G, Huddlestone – Holmes C R, Foster D R W. The crustal scale architecture of the Eastern Succession, Mount Isa: The influence of inversion[J]. Precambrian Research, 2008, 163(1 – 2): 31 – 49.

[49] Bliss N W, MacLean W H. The paragenesis of zoned chromite from central Manitoba[J]. Geochimica et Cosmochimica Acta, 1975, 39(6 – 7): 973 – 974, IN7 – IN8, 975 – 990.

[50] Bodon S B. Paragenetic relationships and their implications for ore genesis at the Cannington Ag – Pb – Zn deposit, Mount Isa Inlier, Queensland, Australia[J]. Economic Geology and the Bulletin of the Society of Economic Geologists, 1998, 93(8): 1463 – 1488.

[51] Boggs S, Jr, Kwon Y – I, Goles, G. G. Is Quartz Cathodoluminescence Color a Reliable Provenance Tool? A Quantitative Examination[J]. Journal of Sedimentary Research, 2002, 72(3): 408 – 415.

[52] Boggs S, Krinsley D H, Goles G G. Identification of shocked quartz by scanning cathodoluminescence imaging[J]. Meteoritics & Planetary Science, 2001, 36(6): 783 – 791.

[53] Bohor B F, Foord E E. Ganapathy R. Magnesioferrite from the Cretaceous – Tertiary boundary, Caravaca, Spain[J]. Earth and Planetary Science Letters, 1986, 81(1): 57 – 66.

[54] Bookstrom A A. Magmatic Features of Iron – Ores of the Kiruna Type in Chile and Sweden – Ore Textures and Magnetite Geochemistry – a Discussion [J]. Economic Geology and the Bulletin of the Society of Economic Geologists, 1995, 90(2): 469 – 473.

[55] Borrok D M, Kesler S E, Boer R H. The Vergenoeg magnetite – fluorite deposit, South Africa: Support for a hydrothermal model for massive iron oxide deposits [J]. Economic Geology and the Bulletin of the Society of Economic Geologists, 1998, 93(5): 564 – 586.

[56] Bosi F, Halenius U, Skogby H. Crystal chemistry of the magnetite – ulvospinel series[J]. American Mineralogist, 2009, 94(1): 181 – 189.

[57] Bosi F, Halenius U, Skogby H. Crystal chemistry of the $MgAl_2O_4$ – $MgMn_2O_4$ – $MnMn_2O_4$ system: Analysis of structural distortion in spinel – and hausmannite – type structures[J]. American Mineralogist, 2010, 95(4): 602 – 607.

[58] Botinelly T, Siems D F, Sanzolone R F. Trace elements in disseminated sulfides, magnetite, and massive sulfides, West Shasta District, California[J]. Economic Geology, 1985, 80 (8): 2196 - 2205.

[59] Botis S M, Pan Y. Theoretical calculations of [AlO$_4$/M$^+$] 0 defects in quartz and crystal - chemical controls on the uptake of Al[J]. Mineral Mag, 2009, 73(4): 537 - 550.

[60] Bratton R J. Sintering and Grain - Growth Kinetics of MgAl$_2$O$_4$[J]. Journal of the American Ceramic Society, 1971, 54(3): 141 - 143.

[61] Burke E A J, Kieft C. Franklinite from Långban, Sweden: a new occurrence[J]. Lithos, 1972, 5(1): 69 - 72.

[62] Burns R G. The partitioning of trace transition elements in crystal structures: a provocative review with applications to mantle geochemistry[J]. Geochimica et Cosmochimica Acta, 1973, 37(11): 2395 - 2403.

[63] Burns R G, Fyfe W S. Site of Preference Energy and Selective Uptake of Transition - Metal Ions from a Magma[J]. Science, 1964, 144(3621): 1001 - 1003.

[64] Burns R G, Fyfe W S. Distribution of elements in geological processes[J]. Chemical Geology, 1966, 1: 49 - 56.

[65] Burns R G, Fyfe W S. Trace element distribution rules and their significance[J]. Chemical Geology, 1967, 2: 89 - 104.

[66] Cannell J, Cooke D R, Walshe J L. Geology, mineralization, alteration, and structural evolution of the El Teniente porphyry Cu - Mo deposit[J]. Economic Geology, 2005, 100 (5): 979 - 1003.

[67] Carew M J. Controls on Cu - Au mineralisation and Fe oxide metasomatism in the Eastern Fold Belt, N. W. Queensland, Australia[D]. James Cook University, Townsville, 2004.

[68] Carew M J, Mark G, Oliver N H S. Trace element geochemistry of magnetite and pyrite in Fe oxide (+/ - Cu - Au) mineralised systems: Insights into the geochemistry of ore - forming fluids[J]. Geochimica Et Cosmochimica Acta, 2006, 70(18): A83 - A83.

[69] Cartwright I, Power W L, Oliver N H S, 1994. Fluid Migration and Vein Formation during Deformation and Greenschist Facies Metamorphism at Ormiston Gorge, Central Australia[J]. Journal of Metamorphic Geology, 12(4): 373 - 386.

[70] Châteauneuf J, Gruas - Cavagnetto C. Bulletin du BRGM(deuxième série) [J], Section II, 1978: 225 - 230

[71] Chen H. The Marcona - Mina Justa district, south - central Perú: Implications for the genesis and definition of the iron oide - copper (- gold) ore deposit clan[D]. Queen's University, Kingston, Ontario, Canada, 2008.

[72] Chen H. Mesozoic IOCG Mineralisation in the Central Andes - an Updated Review In: Porter, T. M. (Ed.), Hydrothermal Iron Oxide Copper - Gold and Related Deposits: A Global Perspective [M]. PGC Publishing, Adelaide, 2011.

[73] Chen M, Shu J, Mao H – k. Xieite, a new mineral of high – pressure FeCr$_2$O$_4$ polymorph [J]. Chinese Science Bulletin, 2008, 53(21): 3341 – 3345.

[74] Chervonnyi A, Chervonnaya N. Synthetic calcium aluminosilicate as a matrix for radioactive waste immobilization[J]. Radiochemistry, 2010, 52(1): 103 – 105.

[75] Chhor K, Bocquet J F, Pommier C. Heat capacity and thermodynamic behaviour of Mn$_3$O$_4$ and ZnMn$_2$O$_4$ at low temperatures[J]. The Journal of Chemical Thermodynamics, 1986, 18 (1): 89 – 99.

[76] Chiaradia M, Tripodi D, Fontbote L. Geologic setting, mineralogy, and geochemistry of the Early Tertiary Au – rich volcanic – hosted massive sulfide deposit of La Plata, Western Cordillera, Ecuador[J]. Economic Geology, 2008, 103(1): 161 – 183.

[77] Chouinard A, Paquette J, Williams – Jones A E. Crystallographic Controls On Trace – Element Incorporation In Auriferous Pyrite From The Pascua Epithermal High – Sulfidation Deposit, Chile – Argentina[J]. Can Mineral, 2005, 43(3): 951 – 963.

[78] Clark T, Gobeil A, David J. Iron oxide – copper – gold – type and related deposits in the Manitou Lake area, eastern Grenville Province, Quebec: variations in setting, composition, and style[J]. Canadian Journal of Earth Sciences, 2005, 42(10): 1829 – 1847.

[79] Cleverley J S. Using the chemistry of apatite to track fluids in Fe – oxide Cu – Au systems [J]. Geochimica Et Cosmochimica Acta, 2006, 70(18): A105 – A105.

[80] Cleverley J S, Oliver N H S. Comparing closed system, flow – through and fluid infiltration geochemical modelling: examples from K – alteration in the Ernest Henry Fe – oxide – Cu – Au system[J]. Geofluids, 2005, 5(4): 289 – 307.

[81] Cliff R A, Rickard D. Isotope Systematics of the Kiruna Magnetite Ores, Sweden. 2. Evidence for a Secondary Event 400 My after Ore Formation[J]. Economic Geology and the Bulletin of the Society of Economic Geologists, 1992, 87(4): 1121 – 1129.

[82] Collier P, Bryant J. Successful mineral resource definition at the Ernest Henry copper – gold mine, NW Queensland, Proceedings Fifth International Mining Geology Conference[M]. The Australian Institute of Mining and Metallurgy, Bendigo, pp. 73 – 88, 2003.

[83] Collins L G. Host Rock Origin of Magnetite in Pyroxene Skarn and Gneiss and Its Relation to Alaskite and Hornblende Granite[J]. Economic Geology, 1969, 64(2): 191 –

[84] Colombo U, Fagherazzi G, Gazzarrini F. Mechanism of Low Temperature Oxidation of Magnetites[J]. Nature, 1968, 219(5158): 1036 – 1037.

[85] Cook N J, Ciobanu C L, Pring A. Trace and minor elements in sphalerite: A LA – ICPMS study[J]. Geochimica et Cosmochimica Acta, 2009, 73(16): 4761 – 4791.

[86] COOLEY R F, REED J S. Equilibrium Cation Distribution in NiAl$_2$O$_4$, CuAl$_2$O$_4$, and ZnAl$_2$O$_4$ Spinels[J]. Journal of the Americ, an Ceramic Society, 1972, 55(8): 395 – 398.

[87] Correa J R, Canetti D, Castillo R. Influence of the precipitation pH of magnetite in the oxidation process to maghemite[J]. Materials Research Bulletin, 20064, 1(4): 703 – 713.

[88] Corriveau L. Iron oxide copper – gold (± Ag ± Nb ± P ± REE ± U) deposits: A Canadian perspective[R]. Geological Survey of Canada, 2005.

[89] Corriveau L. Iron Oxide Copper – Gold (+/ – Ag, +/ – Nb, +/ – REE, +/ – U) Deposits: A Canadian Perspective. In: Goodfellow, W. (Ed.), Mineral deposits of Canadian: a synthesis of major deposit – types, district metallogeny, the evolution of geological provinces, and exploration methods[J]. Gelogical Association of Canada – Mineral Deposits Division, pp. 1171 – 1177, 2007.

[90] Corriveau L, J WIlliams P, Mumin A H. Alteration vectors to IOCG minerlization from uncharted terranes to deposit. In: Mumin, L. C. a. H. (Ed.), Exploraing for Iron Oxide Copper – Gold Deposits: Canada and Global Analogues [M]. Geological Association of Canada Short Course Notes 20, pp. 89 – 110, 2009.

[91] Costa R C C, Lelis M F F, Oliveira L C A. Novel active heterogeneous Fenton system based on $Fe_{3-x}M_xO_4$ (Fe, Co, Mn, Ni): The role of M^{2+} species on the reactivity towards H_2O_2 reactions[J]. Journal of Hazardous Materials, 2006, 129(1 – 3): 171 – 178.

[92] Coward M. Structural controls on ore formation and distribution at the Ernest Henry Cu – Au deposit, NW Queensland [D]. BSc (Honours) Thesis. James Cook University, Townsville, 2001.

[93] Craig J R, Vokes F M, Solberg T N. Pyrite: physical and chemical textures[J]. Mineralium Deposita, 1998, 34(1): 82 – 101.

[94] Cruz M D R. Zoned Ca – amphibole as a new marker of the Alpine metamorphic evolution of phyllites from the Jubrique unit, Alpujarride Complex, Betic Cordillera, Spain[J]. Mineral Mag, 2010, 74(4): 773 – 796.

[95] Curtis C D. Applications of the crystal – field theory to the inclusion of trace transition elements in minerals during magmatic differentiation[J]. Geochimica et Cosmochimica Acta, 1964, 28(3): 389 – 403.

[96] Czamanske G K, Roedder E, Burns F C. Neutron Activation Analysis of Fluid Inclusions for Copper, Manganese, and Zinc[J]. Science, 1963, 140(3565): 401 – 403.

[97] Dall'Agnol R, Teixeira N P, Ramo O T. Petrogenesis of the Paleoproterozoic rapakivi A – type granites of the Archean Carajas metallogenic province, Brazil[J]. Lithos, 2005, 80(1 – 4): 101 – 129.

[98] Dasgupta S, Bhattacharya P K, Chattopadhyay G. Genetic reinterpretation of crystallographicintergrowths of jacobsite andhausmannite from natural assemblages [J]. Mineralogy and Petrology, 1987, 37(2): 109 – 116.

[99] Davidson G J. Hydrothermal Geochemistry and Ore Genesis of Sea – Floor Volcanogenic Copper – Bearing Oxide Ores [J]. Economic Geology and the Bulletin of the Society of Economic Geologists, 1992, 87(3): 889 – 912.

[100] Davidson G J. Hostrocks to the Stratabound Iron – Formation – Hosted Starra Gold – Copper

Deposit, Australia[J]. Mineralium Deposita, 1994, 29(3): 237 – 249.

[101] Davidson G J. Variation in copper – gold styles through time in the Proterozoic Cloncurry Goldfield, Mt Isa Inlier: a reconnaissance view[J]. Australian Journal of Earth Sciences, 1998, 45(3): 445 – 462.

[102] Davidson G J, Dixon G H. Sulfur Isotope Provinces Deduced from Ores in the Mount Isa Eastern Succession, Australia[J]. Mineralium Deposita, 1992, 27(1): 30 – 41.

[103] Davis B K, Pollard P J, Lally J H. Deformation history of the Naraku Batholith, Mt Isa Inlier, Australia: implications for pluton ages and geometries from structural study of the Dipvale Granodiorite and Levian Granite[J]. Australian Journal of Earth Sciences, 2001, 48 (1): 113 – 129.

[104] De Argollo R, Schilling J G. Ge – Si and Ga – Al fractionation in Hawaiian volcanic rocks [J]. Geochimica et Cosmochimica Acta, 1978, 42(6, Part 1): 623 – 630.

[105] De Jong G, Williams P J. Giant metasomatic systems formed during exumation of mid – crustal Proterozoic rocks in the vicinity of teh Cloncurry fault, northwest Queensland[J]. Australian Journal of Earth Sciences, 1995, 42: 281 – 290.

[106] Deditius A P, Utsunomiya S, Ewing R C. Nanoscale "liquid" inclusions of As – Fe – S in arsenian pyrite[J]. American Mineralogist, 2009a, 94(2 – 3): 391 – 394.

[107] Deditius A P, Utsunomiya S, Wall M A. Crystal chemistry and radiation – induced amorphization of P – coffinite from the natural fission reactor at Bangombe, Gabon [J]. American Mineralogist, 2009b, 94(5 – 6): 827 – 837.

[108] Deer W A, Howie R A. An introduction to the rock – forming minerals[J]. Pearson Education Limited, Essex. 1992, 696.

[109] Dennen W H. Impurities in quartz[J]. Geological Society of America Bulletin, 1964, 75 (3): 241 – 246.

[110] Dennen W H. Stoichiometric substitution in natural quartz[J]. Geochimica et Cosmochimica Acta, 1966, 30(12): 1235 – 1241.

[111] Dennen W H. Trace elements in quartz as indicators of provenance[J]. Geological Society of America Bulletin, 1967, 78(1): 125 – 130.

[112] Devine J D, Rutherford M J, Norton G E. Magma storage region processes inferred from geochemistry of Fe – Ti oxides in andesitic magma, Soufriere Hills Volcano, Montserrat, WI [J]. Journal of Petrology, 2003, 44(8): 1375 – 1400.

[113] Dickinson W W, Milliken K L. The Diagenetic Role of Brittle Deformation in Compaction and Pressure Solution, Etjo Sandstone, Namibia[J]. The Journal of Geology, 1995, 103(3): 339 – 347

[114] Direen N G, Lyons P. Regional Crustal Setting of Iron Oxide Cu – Au Mineral Systems of the Olympic Dam Region, South Australia: Insights from Potential – Field Modeling [J]. Economic Geology, 2007, 102(8): 1397 – 1414.

[115] Dold B, Fontboté L. A mineralogical and geochemical study of element mobility in sulfide mine tailings of Fe oxide Cu – Au deposits from the Punta del Cobre belt, northern Chile[J]. Chemical Geology, 2002, 189(3 –4): 135 – 163.

[116] Dreher A M, Xavier R P, Taylor B E. New geologic, fluid inclusion and stable isotope studies on the controversial Igarape Bahia Cu – Au deposit, Carajas Province, Brazil[J]. Mineralium Deposita, 2008, 43(2): 161 – 184.

[117] Duncan A R, Hitzman M W, Nelson E. Re – Os Molybdenite Ages for the Southern Cloncurry IOCG District, Queensland, Australia: Protracted Mineralization Over 210 myr[C]. In: Williams, P. J. (Editor), 11th binnial meeting of SGA. James Cook Univeristy, Townsivlle, pp. 626 – 628, 2009.

[118] Duncan A R, Taylor S R. Trace element analyses of magnetites from andesitic and dacitic lavas from Bay of Plenty, New Zealand[J]. Contributions to Mineralogy and Petrology, 1968, 20(1): 30 – 33.

[119] Duncan R J, Allen C A, Wilde A R. U – Pb zircon geochronology of quartz – sealed faults at Mount Isa, northern Australia[J]. Geochimica Et Cosmochimica Acta, 2006a, 70(18): A151 – A151.

[120] Duncan R J, Wilde A R, Bassano K. Geochronological constraints on tourmaline formation in the Western Fold Belt of the Mount Isa Inlier, Australia: Evidence for large – scale metamorphism at 1. 57 Ga? [J]. Precambrian Research, 2006b, 146(3 –4): 120 – 137.

[121] Dunn P J, Peacor D R, Criddle A J. Filipstadite, a new Mn – Fe^{3+} – Sb derivative of spinel, from Långban, Sweden[J]. American Mineralogist, 1988, 73: 413 – 419.

[122] Dupuis C, Beaudoin G. Discriminant diagrams for iron oxide trace element fingerprinting of mineral deposit types[J]. Mineralium Deposita: 2011, 1 – 17.

[123] Espinoza J I. Fe Oxide – Cu – Au Deposits in Peru, an Integrated View In: Porter, T. M. (Ed.), Hydrothermal Iron Oxide Copper – Gold and Related Deposits: A Global Perspective [M]. PGC Publishing, Adelaide, pp. 97 – 113, 2002.

[124] Essene E J, Peacor D R. Crystal chemistry and petrology of coexisting galaxite and jacobsite and other spinel solutions and solvie[J]. American Mineralogist, 1983, 68: 449 – 455.

[125] Evans B J, Hafner S, Kalvius G M. The hyperfine fields of ^{57}Fe at the A and B sites in copper ferrite ($CuFe_2O_4$) [J]. Physics Letters, 1966, 23(1): 24 – 25.

[126] Evans J, Hogg A J C, Hopkins M S. Quantification of quartz cements using combined SEM, CL, and image analysis[J]. Journal of Sedimentary Research, 1994, 64(2a): 334 – 338.

[127] Feltz A, Lindner F. Herstellung keramischer Pulver. IX. Zur Bildung von $NiMn_2O_4$ und $ZnMn_2O_4$ durch Zersetzung von $[Ni(H_2O)_6](MnO_4)_2$ und $[Zn(H_2O)_6](MnO_4)_2$[J]. Zeitschrift für anorganische und allgemeine Chemie, 1991, 605(1): 117 – 123.

[128] Ferguson J, Wood D L, Van Uitert L G. Crystal – Field Spectra of d[sup 3, 7] Ions. V.

Tetrahedral Co^{2+} in $ZnAl_2O_4$ Spinel[J]. The Journal of Chemical Physics, 1969, 51(7): 2904 - 2910.

[129] Finch G I, Sinha A P B, Sinha K P. Crystal Distortion in Ferrite – Manganites. Proceedings of the Royal Society of London[J]. Series A, Mathematical and Physical Sciences, 1957, 242(1228): 28 - 35.

[130] Fisher L A, Kendrick M A. Metamorphic fluid origins in the Osborne Fe oxide – Cu – Au deposit, Australia: evidence from noble gases and halogens[J]. Mineralium Deposita, 2008, 43(5): 483 - 497.

[131] Flem B, Larsen R B, Grimstvedt A. In situ analysis of trace elements in quartz by using laser ablation inductively coupled plasma mass spectrometry[J]. Chemical Geology, 2002, 182 (2 - 4): 237 - 247.

[132] Florinio L, Tamal P. The Merlin Mo – Re zone, , a new discovery in the Cloncurry district, Australia. Smart sciences for exploration and mining – Proceedings of the 10th Biennial SGA meeting[C]. Townsville, 2009.

[133] Foster A R, Williams P J, Ryan C G. Distribution of Gold in Hypogene Ore at the Ernest Henry Iron Oxide Copper – Gold Deposit, Cloncurry District, NW Queensland [J]. Exploration and Mining Geology, 2007, 16(3 - 4): 125 - 143.

[134] Frietsch R. Magmatic Origin of Iron – Ores of Kiruna Type[J]. Economic Geology, 1978, 73 (4): 478 - 485.

[135] Frietsch R. On the chemical composition of the ore breccia at Luossavaara, northern Sweden [J]. Mineralium Deposita, 1982, 17(2): 239 - 243.

[136] Frietsch R. On the Magmatic Origin of Iron – Ores of the Kiruna Type – a Reply [J]. Economic Geology, 1984, 79(8): 1949 - 1951.

[137] Frietsch R, Perdahl J – A. Rare earth elements in apatite and magnetite in Kiruna – type iron ores and some other iron ore types[J]. Ore Geology Reviews, 1995a, 9(6): 489 - 510.

[138] Frietsch R, Perdahl J A. Rare – Earth Elements in Apatite and Magnetite in Kiruna – Type Iron – Ores and Some Other Iron – Ore Types [J]. Ore Geology Reviews, 1995b, 9 (6): 489 - 510.

[139] Frondel, Clifford, Heinrich E W. New data on hetaerolite, hydrohetaerolite coronadite, and hollandite[J]. American Mineralogist: 1942, 48 - 56.

[140] Fryer B J, Jackson S E, Longerich H P. The Application of Laser – Ablation Microprobe – Inductively Coupled Plasma – Mass Spectrometry (Lam – Icp – Ms) to in – Situ (U) – Pb Geochronology[J]. Chemical Geology, 1993, 109(1 - 4): 1 - 8.

[141] Götze J. Chemistry, textures and physical properties of quartz – geological interpretation and technical application[J]. Mineral Mag, 2009, 73(4): 645 - 671.

[142] Götze J, Kempe U. A comparison of optical microscope – and scanning electron microscope – based cathodoluminescence (CL) imaging and spectroscopy applied to geosciences [J].

Mineral Mag, 2008, 72(4): 909 -924.

[143] Götze J, Lewis R. Distribution of REE and trace elements in size and mineral fractions of high – purity quartz sands[J]. Chemical Geology, 1994, 114(1 –2): 43 –57.

[144] Götze J, Plötze M. Investigation of trace – element distribution in detrital quartz by electron paramagnetic resonance (EPR) [J]. European Journal of Mineralogy, 1997, 9 (3): 529 –537.

[145] Götze J, Plötze M, Graupner T. Trace element incorporation into quartz: A combined study by ICP – MS, electron spin resonance, cathodoluminescence, capillary ion analysis, and gas chromatography[J]. Geochimica et Cosmochimica Acta, 2004, 68(18): 3741 –3759.

[146] Götze J, Plötze M, Habermann D. Origin, spectral characteristics and practical applications of the cathodoluminescence (CL) of quartz – A review [J]. Mineralogy and Petrology, 2001a, 71(3 –4): 225 –250.

[147] Götze J, Plotze M, Tichomirowa M. Aluminium in quartz as an indicator of the temperature of formation of agate[J]. Mineral Mag, 2001b, 65(3): 407 –413.

[148] Gahlan H A, Arai S, Ahmed A H. Origin of magnetite veins in serpentinite from the Late Proterozoic Bou – Azzer ophiolite, Anti – Atlas, Morocco: An implication for mobility of iron during serpentinization[J]. Journal of African Earth Sciences, 2006, 46(4): 318 –330.

[149] Galarza M A, Macambira M J B, Villas R N. Dating and isotopic characteristics (Pb and S) of the Fe oxide – Cu – Au – U – REE Igarape Bahia ore deposit, Carajas mineral province, Para state, Brazil[J]. Journal of South American Earth Sciences, 2008, 25(3): 377 –397.

[150] Gauthier L, Hall G, Stein H. The Osborne deposit, Cloncurry district: a 1595 Ma Cu – Au skarn deposit. James Cook University EGRU Contributions Series[M]. 2001, no. 59. 58 –59.

[151] Geier B H, Ottemann J. New primary vanadium –, germanium –, gallium –, and tin – minerals from the Pb – Zn – Cu – deposit Tsumeb, South West Africa [J]. Mineralium Deposita, 1970, 5(1): 29 –40.

[152] Gelcich S, Davis D W, Spooner E T C. Testing the apatite – magnetite geochronometer: U – Pb and Ar –40/Ar –39 geochronology of plutonic rocks, massive magnetite – apatite tabular bodies, and IOCG mineralization in Northern Chile[J]. Geochimica Et Cosmochimica Acta, 2005, 69(13): 3367 –3384.

[153] Gerler J. Geochemische untrsuchungen an hydrothermal en, metamorphen granitischen und pegmatitischen quarzen und deren Flüssigkeitseinschlüssen [D]. Unpublished PhD thesis. University Göttingen, 1990.

[154] Gerler J, Schnier C. Neutron activation analysis of liquid inclusions exemplified by a quartz sample from the Ramsbeck Mine, FRG. Nucl[J]. Geophys, 1989, 3: 41 –48.

[155] Ghiorso M S, Sack R O. Fe – Ti Oxide Geothermometry – Thermodynamic Formulation and the Estimation of Intensive Variables in Silicic Magmas[J]. Contributions to Mineralogy and Petrology, 1991, 108(4): 485 –510.

[156] Giles, D. , Betts, P. , Lister, G. Far – field continental backarc setting for the 1. 80 – 1. 67 Ga basins of northeastern Australia[J]. Geology, 2002, 30(9): 823 – 826.

[157] Giles D, Nutman A P. SHRIMP U – Pb monazite dating of 1600 – 1580 Ma amphibolite facies metamorphism in the southeastern Mt Isa Block, Australia[J]. Australian Journal of Earth Sciences, 2002, 49(3): 455 – 465.

[158] Giles D, Nutman A P. SHRIMP U – Pb zircon dating of the host rocks of the Cannington Ag – Pb – Zn deposit, southeastern Mt Isa Block, Australia[J]. Australian Journal of Earth Sciences, 2003, 50(3): 295 – 309.

[159] Gillen D. A study of IOCG – related hydrothermal fulids in the Wernecke Mountains, Yukon Territory, Canada[D], James Cook Univeristy, Townsville, 2010.

[160] Ginibre C, Worner G, Kronz A. Crystal Zoning as an Archive for Magma Evolution[J]. ELEMENTS, 2007, 3(4): 261 – 266.

[161] Gnos E, Peters T. Tephroite – hausmannite – galaxite from a granulite – facies manganese rock of the United Arab Emirates[J]. Contributions to Mineralogy and Petrology, 1995, 120 (3): 372 – 377.

[162] Goad R E, Mumin A H, Duke N A. The NICO and Sue – Dianne Proterozoic, Iron Oxide – Hosted, Polymetallic Deposits, Northwest Territories: Application of the Olympic Dam Model in Exploration[J]. Exploration and Mining Geology, 2000, 9: 123 – 140.

[163] Gow P A, Wall V J, Oliver N H S. Proterozoic Iron – Oxide (Cu – U – Au – Ree) Deposits – Furt her Evidence of Hydrothermal Origins [J]. Geology, 1994, 22 (7): 633 – 636.

[164] Graham J. Manganochromite, palladium antimonide, and some unusual mineral associations of the Nairne pyrite deposit, south Australia [J]. American Mineralogist, 1978, 63: 1166 – 114.

[165] Grainger C J, Groves D I, Tallarico F H B. Metallogenesis of the Carajas Mineral Province, Southern Amazon Craton, Brazil: Varying styles of Archean through Paleoproterozoic to Neoproterozoic base – and precious – metal mineralisation[J]. Ore Geology Reviews, 2008, 33(3 – 4): 451 – 489.

[166] Grant F S. Aeromagnetics, geology and ore environments, I. Magnetite in igneous, sedimentary and metamorphic rocks: An overview [J]. Geoexploration, 1985a, 23 (3): 303 – 333.

[167] Grant F S. Aeromagnetics, geology and ore environments, II. Magnetite and ore environments [J]. Geoexploration, 1985b, 23(3): 335 – 362.

[168] Grew E S, Halenius U, Kritikos M. New data on welshite, e. g. $Ca_2Mg_{3.8}Mn^{2+0.6}Fe^{2+0.1}Sb^{5+1.5}O_2[Si_{2.8}Be_{1.7}Fe^{3+0.65}Al_{0.7}As_{0.17}O_{18}]$, an aenigmatite – group mineral[J]. Mineral Mag, 2001, 65(5): 665 – 674.

[169] Grohmann H. Beitrag zur Geochemie österreichischer Granitoide [J]. Mineralogy and

Petrology, 1965, 10(1): 436 – 474.

[170] Groves D I, Bierlein F P, Meinert, L. D. Iron Oxide Copper – Gold (IOCG) Deposits through Earth History: Implications for Origin, Lithospheric Setting, and Distinction from Other Epigenetic Iron Oxide Deposits[J]. Economic Geology, 2010, 105(3): 641 – 654.

[171] Gunther D, Audetat A, Frischknecht R. Quantitative analysis of major, minor and trace elements in fluid inclusions using laser ablation inductively coupled plasma mass spectrometry [J]. Journal of Analytical Atomic Spectrometry, 1998, 13(4): 263 – 270.

[172] Gupta M P, Mathur H B. The cation distribution in the ferrite FeV_2O_4: Mossbauer and X – ray diffraction studies[J]. Journal of Physics C: Solid State Physics, 1975, 8(3): 370.

[173] Hamaguchi H, Kuroda R, Okuma N. The geochemistry of tin [J]. Geochimica et Cosmochimica Acta, 1964, 28(7): 1039 – 1053.

[174] Hand M, Reid A, Jagodzinski L. Tectonic Framework and Evolution of the Gawler Craton, Southern Australia[J]. Economic Geology, 2007, 102(8): 1377 – 1395.

[175] Harlov D E, Andersson U B, Förster H – J. Apatite – monazite relations in the Kiirunavaara magnetite – apatite ore, northern Sweden[J]. Chemical Geology, 2002a, 191(1 – 3): 47 – 72.

[176] Harlov D E, Andersson U B, Forster H J. Apatite – monazite relations in the Kiirunavaara magnetite – apatite ore, northern Sweden[J]. Chemical Geology, 2002b, 191(1 – 3): 47 – 72.

[177] Harrison R J, Putnis A. Determination of the mechanism of cation ordering in magnesioferrite ($MgFe_2O_4$) from the time – and temperature – dependence of magnetic susceptibility[J]. Physics and Chemistry of Minerals, 1999, 26(4): 322 – 332.

[178] Haruta M, Tsubota S, Kobayashi T. Low – Temperature Oxidation of CO over Gold Supported on TiO_2, [alpha] – Fe_2O_3, and Co_3O_4[J]. Journal of Catalysis, 1993, 144(1): 175 – 192.

[179] Hastings J M, Corliss L M. Neutron Diffraction Study of Manganese Ferrite[J]. Physical Review, 1956, 104(2): 328.

[180] Hatton O J, Davidson G J. Soldiers Cap Group iron – formations, Mt Isa Inlier, Australia, as windows into the hydrothermal evolution of a base – metal – bearing Proterozoic rift basin[J]. Australian Journal of Earth Sciences, 2004, 51(1): 85 – 106.

[181] Hawley J E, Nichol I. Trace elements in pyrite, pyrrhotite and chalcopyrite of different ores [J]. Economic Geology, 1961, 56(3): 467 – 487.

[182] Haynes D W, Cross K C, Bills R T. Olympic Dam ore genesis; a fluid – mixing model[J]. Economic Geology, 1995, 90(2): 281 – 307.

[183] Heinrich C A, Bain J H C, Mernagh T P. Fluid and Mass – Transfer during Metabasalt Alteration and Copper Mineralization at Mount – Isa, Australia[J]. Economic Geology and the Bulletin of the Society of Economic Geologists, 1995, 90(4): 705 – 730.

[184] Heinrich C A, Pettke T, Halter W E. Quantitative multi – element analysis of minerals, fluid and melt inclusions by laser – ablation inductively – coupled – plasma mass – spectrometry

[J]. Geochimica et Cosmochimica Acta, 2003, 67(18): 3473 – 3497.

[185] Hem J D, Roberson C E, Lind C J. Synthesis and stability of hetaerolite, $ZnMn_2O_4$, at 25℃ [J]. Geochimica et Cosmochimica Acta, 1987, 51(6): 1539 – 1547.

[186] Hitzman M. Iron oxide – Cu – Au deposits. What, where, when and Why. In: Porter TM (ed) Hydrothermal Iron OxideCopper – Gold and Related Deposits: A Global Perspective [M]. AMF, Adelaide, pp. 9 – 26, 2000.

[187] Hitzman M W, Oreskes N, Einaudi M T. Geological characteristics and tectonic setting of proterozoic iron oxide (Cu – U – Au – REE) deposits[J]. Precambrian Research, 1992, 58 (1 – 4): 241 – 287.

[188] Hitzman M W, Valenta R K. Uranium in iron oxide – copper – gold (IOCG) systems[J]. Economic Geology, 2005, 100(8): 1657 – 1661.

[189] Hoeller W, Stumpfl E F. Cr – V oxides from the Rampura Agucha Pb – Zn – (Ag) deposit, Rajasthan, India[J]. Can Mineral, 1995, 33(4): 745 – 752.

[190] Holtstam D. A second occurrence of filipstadite in Värmland, Sweden. Geologiska Foereningan i Stockholm[J]. Foerhandlingar, 1993, 115(3): 239 – 240.

[191] Holtstam D, Larsson A – K. Tegengrenite, a new, rhombohedral spinel – related Sb mineral from the Jakobsberg Fe – Mn deposit, Varmland, Sweden[J]. American Mineralogist, 2000, 85(9): 1315 – 1320.

[192] Horn I, Hinton R W, Jackson S E. Ultra – Trace Element Analysis of NIST SRM 616 and 614 using Laser Ablation Microprobe – Inductively Coupled Plasma – Mass Spectrometry (LAM – ICP – MS): a Comparison with Secondary Ion Mass Spectrometry (SIMS) [J]. Geostandards and Geoanalytical Research, 1997, 21(2): 191 – 203.

[193] Horn I, von Blanckenburg F, Schoenberg R. In situ iron isotope ratio determination using UV – femtosecond laser ablation with application to hydrothermal ore formation processes[J]. Geochimica Et Cosmochimica Acta, 2006, 70(14): 3677 – 3688.

[194] Horstman E L. The distribution of lithium, rubidium and caesium in igneous and sedimentary rocks[J]. Geochimica et Cosmochimica Acta, 1957, 12(1 – 2): 1 – 28.

[195] Hu J, Lo Chen G. Fast Removal and Recovery of Cr(VI) Using Surface – Modified Jacobsite ($MnFe_2O_4$) Nanoparticles[J]. Langmuir, 2005, 21(24): 11173 – 11179.

[196] Hu S, Gao S, Lin S. Trace Elements Analysis of Geological Samples by Laser Ablation Inductively Coupled Plasma Mass Spectrometry [J]. Journal of China University of Geosciences, 2001, 12(3).

[197] Huang W. An assessment of the Fe – Mn system[J]. Calphad, 2001, 13(3): 243 – 252.

[198] Hudson D R, Travis G A. A native nickel – heazlewoodite – ferroan trevorite assemblage from Mount Clifford, Western Australia[J]. Economic Geology, 1981, 76(6): 1686 – 1697.

[199] Hunt J, Baker T, Thorkelson D. Regional – scale Proterozoic IOCG – mineralized breccia systems: examples from the Wernecke Mountains, Yukon, Canada [J]. Mineralium

Deposita, 2005, 40(5): 492 –514.

[200] Hunt J A, Baker T, Thorkelson D J. A Review of Iron Oxide Copper – Gold Deposits, with Focus on the Wernecke Breccias, Yukon, Canada, as an Example of a Non – Magmatic End Member and Implications for IOCG Genesis and Classification[J]. Exploration and Mining Geology, 2007, 16(3 –4): 209 –232.

[201] Huston D L, Sie S H, Suter G F. Trace – Elements in Sulfide Minerals from Eastern Australian Volcanic – Hosted Massive Sulfide Deposits. 1. Proton Microprobe Analyses of Pyrite, Chalcopyrite, and Sphalerite, And. 2. Selenium Levels in Pyrite – Comparison with Delta – S – 34 Values and Implications for the Source of Sulfur in Volcanogenic Hydrothermal Systems[J]. Economic Geology and the Bulletin of the Society of Economic Geologists, 1995a, 90(5): 1167 –1196.

[202] Huston D L, Sie S H, Suter G F. Trace elements in sulfide minerals from eastern Australian volcanic – hosted massive sulfide deposits; Part I, Proton microprobe analyses of pyrite, chalcopyrite, and sphalerite, and Part II, Selenium levels in pyrite; comparison with delta 34 S values and implications for the source of sulfur in volcanogenic hydrothermal systems[J]. Economic Geology, 1995b, 90(5): 1167 –1196.

[203] Ikeda K, Nakamura Y, Masumoto K. Optical Spectra of Synthetic Spinels in the System $MgA_2 O_4$; $MgCr_2 O_4$ [J]. Journal of the American Ceramic Society, 1997, 80 (10): 2672 –2676.

[204] Ivor Roberts F. Trace element chemistry of pyrite: A useful guide to the occurrence of sulfide base metal mineralization[J]. Journal of Geochemical Exploration, 1982, 17(1): 49 –62.

[205] Jackson S E, Longerich H P, Dunning G R. The application of laser – ablation microprobe; inductively coupled plasma – mass spectrometry (LAM – ICP – MS) to in situ trace – element determinations in minerals[J]. Can Mineral, 1992, 30(4): 1049 –1064.

[206] Jackson S E, Pearson N J, Griffin W L. The application of laser ablation – inductively coupled plasma – mass spectrometry to in situ U – Pb zircon geochronology[J]. Chemical Geology, 2004, 211(1 –2): 47 –69.

[207] Jacobs I S, Kouvel J S. Exchange Anisotropy in Mixed Manganites with the Hausmannite Structure[J]. Physical Review, 1961, 122(2): 412.

[208] Jacqueline V A, Guy Bologne. Iwan Roelandts Inductively coupled plasma – mass spectrometric(ICP – MS) analysis of silicate rocks and minerals[J]. Geologica Belgica, 199, 8(1): 49 –53.

[209] Jami M Dunlop A C, Cohen D R. Fluid inclusion and stable isotope study of the esfordi apatite – magnetite deposit, Central Iran[J]. Economic Geology, 2007, 102(6): 1111 –1128.

[210] Jarosch D. Crystal structure refinement and reflectance measurements of hausmannite, $Mn_3 O_4$ [J]. Mineralogy and Petrology, 1987, 37(1): 15 –23.

[211] Jensen G B, Nielsen O V. The magnetic structure of $Mn_3 O_4$ Hausmannite between 4. 7K and

Neel point, 41K[J]. Journal of Physics C: Solid State Physics, 1974, 7(2): 409.

[212] Jiang J Z, Goya G F, Rechenberg H R. Magnetic properties of nanostructured $CuFe_2O_4$[J]. Journal of Physics: Condensed Matter, 1999, 11(20): 4063.

[213] Jourdan A - L, Vennemann T W, Mullis J. Oxygen isotope sector zoning in natural hydrothermal quartz[J]. Mineral Mag, 2009, 73(4): 615 - 632.

[214] Jung L. High Purity Natural Quartz, part I: "High Purity Natural Quartz for Industrial Uses". Part II: High purity Natural Quartz Markets for Suppliers and Users[R]. Quartz Technology, 1992.

[215] KELLER P. Ekatite, $(Fe^{3+}, Fe^{2+}, Zn)_{12}(OH)_6[AsO_3]_6[AsO_3HOSiO_3]_2$, a new mineral from Tsumeb, Namibia, and its crystal structure [J]. Eur J Mineral, 2001, 13 (4): 769 - 777.

[216] Kendrick M A, Honda M, Gillen D. New constraints on regional brecciation in the Wernecke Mountains, Canada, from He, Ne, Ar, Kr, Xe, Cl, Br and I in fluid inclusions[J]. Chemical Geology, 2008, 255(1 - 2): 33 - 46.

[217] Kendrick M A, Mark G, Phillips D. Mid - crustal fluid mixing in a Proterozoic Fe oxide - Cu - Au deposit, Ernest Henry, Australia: Evidence from Ar, Kr, Xe, Cl, Br, and I [J]. Earth and Planetary Science Letters, 2007, 256(3 - 4): 328 - 343.

[218] Kim S J, Lee H K, Yin J W. Chemistry and origin of monazites from carbonatite dikes in the Hongcheon - Jaeun district, Korea[J]. Journal of Asian Earth Sciences, 2005, 25 (1): 57 - 67.

[219] Kin F D, Prudêncio M I, Gouveia M Â. Determination of Rare Earth Elements in Geological Reference Materials: A Comparative Study by INAA and ICP - MS[J]. Geostandards and Geoanalytical Research, 1999, 23(1): 47 - 58.

[220] Klein C, Hurlbut C S, Dana J D. Manual of Mineralogy (after James D. Dana) [M]. John Wiley & Sons, 1998.

[221] Klemme S, Van Miltenburg J C. The entropy of zinc chromite $(ZnCr_2O_4)$ [J]. Mineral Mag, 2004, 68(3): 515 - 522.

[222] Kotzeva B G, Guillong M, Stefanova E. LA - ICP - MS analysis of single fluid inclusions in a quartz crystal — A methodological survey[J]. Journal of Geochemical Exploration, 2009, 101(1): 55 - 55.

[223] Kouzmanov K, Pettke T, Heinrich C A. Direct Analysis of Ore - Precipitating Fluids: Combined IR Microscopy and LA - ICP - MS Study of Fluid Inclusions in Opaque Ore Minerals[J]. Economic Geology, 2010, 105(2): 351 - 373.

[224] Kuleshov N V, Mikhailov V P, Scherbitsky V G. Absorption and luminescence of tetrahedral Co^{2+} ion in $MgAl_2O_4$[J]. Journal of Luminescence, 1989, 55(5 - 6): 265 - 269.

[225] Kurosawa M, Ishii S, Sasa K. Quantitative PIXE analyses of single fluid inclusions in quartz crystals with a 1. 92 - MeV tandetron[J]. Nuclear Instruments and Methods in Physics

Research Section B: Beam Interactions with Materials and Atoms, 2008, 266 (16): 3633 – 3642.

[226] Kurosawa M, Shimano S, Ishii S. Quantitative trace element analysis of single fluid inclusions by proton – induced X – ray emission (PIXE): application to fluid inclusions in hydrothermal quartz[J]. Geochimica et Cosmochimica Acta, 2003, 67(22): 4337 – 4352.

[227] Landtwing M R, Pettke T. Relationships between SEM – cathodoluminescence response and trace – element composition of hydrothermal vein quartz[J]. American Mineralogist, 2005, 90(1): 122 – 131.

[228] Laneyrie T. Correlation of brecciation and grade at Ernest Henry Fe – oxide – Cu – Au deposit [D]. Honours Thesis, James Cook University, Townsville, 1 – 107, 2004.

[229] Large D J, MacQuaker J, Vaughan D J. Evidence for low – temperature alteration of sulfides in the Kupferschiefer copper deposits of southwestern Poland[J]. Economic Geology, 1995, 90(8): 2143 – 2155.

[230] Large R R, Maslennikov V V, Robert F. Multistage Sedimentary and Metamorphic Origin of Pyrite and Gold in the Giant Sukhoi Log Deposit, Lena Gold Province, Russia[J]. Economic Geology, 2007, 102(7): 1233 – 1267.

[231] Larsen R B. The distribution of rare – earth elements in K – feldspar as an indicator of petrogenetic processes in granitic pegmatites: Examples from two pegmatite fields in southern Norway[J]. Canadian Mineralogist, 2002, 40(1): 137 – 151.

[232] Larsen R B, Jacamon F, Kronz A. Trace element chemistry and textures of quartz during the magmatic hydrothermal transition of Oslo Rift granites [J]. Mineral Mag, 2009, 73 (4): 691 – 707.

[233] Lascelles D F. The genesis of the Hope Downs iron ore deposit, Hamersley Province, western Australia[J]. Economic Geology, 2006, 101(7): 1359 – 1376.

[234] Lavina B, Reznitskii L Z, Bosi F. Crystal chemistry of some Mg, Cr, V normal spinels from Sludyanka (Lake Baikal, Russia): the influence of V 3 + on structural stability[J]. Physics and Chemistry of Minerals, 2003, 30(10): 599 – 605.

[235] Leccabue F, Pelosi C, Agostinelli E. Crystal growth, thermodynamical and structural study of $CoGa_2O_4$ and $ZnCr_2O_4$ single crystals[J]. Journal of Crystal Growth, 1986, 79(1 – 3): 410 – 416.

[236] Liebermann R C, Schreiber E. Critical thermal gradients in the mantle[J]. Earth and Planetary Science Letters, 1969, 7(1): 77 – 81.

[237] Liu Y, Hu Z, Gao S. In situ analysis of major and trace elements of anhydrous minerals by LA – ICP – MS without applying an internal standard[J]. Chemical Geology, 2008, 257(1 – 2): 34 – 43.

[238] Longerich H P, Jackson S E, Gunther D. Inter – laboratory note. Laser ablation inductively coupled plasma mass spectrometric transient signal data acquisition and analyte concentration

calculation[J]. Journal of Analytical Atomic Spectrometry, 1996, 11(9): 899 – 904.

[239] Lu Q – x. Siliceous cathoduluminescence and analysis of origion of ore materials for micro – fine disseminated gold deposits[J]. Geoctectonica et Metalogenia, 2000, 24(1): 75 – 80.

[240] Lucchesi S, Russo U, Della Giusta A. Cation distribution in natural Zn – spinels; franklinite [J]. Eur J Mineral, 1999, 11(3): 501 – 511.

[241] Müller A. WIEDENBECK M, KERKHOF A M V D. Trace elements in quartz – a combined electron microprobe, secondary ion mass spectrometry, laser – ablation ICP – MS, and cathodoluminescence study[J]. European Journal of Mineralogy, 2003a, 15(4): 747 – 763.

[242] Müller B, Axelsson M D, Öhlander, B. Trace elements in magnetite from Kiruna, northern Sweden, as determined by LA – ICP – MS[J]. GFF, 2003b, 125(1): 1 – 5.

[243] Maas R, McCulloch M T, Campbell I H. Sm – Nd isotope systematics in uranium rare – earth element mineralization at the Mary Kathleen uranium mine, Queensland[J]. Econ Geol, 1987, 82(7): 1805 – 1826.

[244] Magalhães F, Pereira M C, Botrel S E C. Cr – containing magnetites $Fe_{3-x}CrxO_4$: The role of Cr^{3+} and Fe^{2+} on the stability and reactivity towards H_2O_2 reactions[J]. Applied Catalysis A: General, 2007, 332(1): 115 – 123.

[245] Maier W D. Platinum – group element (PGE) deposits and occurrences: Mineralization styles, genetic concepts, and exploration criteria[J]. Journal of African Earth Sciences, 2005, 41(3): 165 – 191.

[246] Maqueen K G, Cross A J. Magnetite as a geochemical sampling medium: Application to skarn deposits. In: Eggleton, R. A. (Ed.), The state of the Regolith. Proceedings of the second Australian Conference on Landscape Evolution and Mineral Exploration, Special Publication No. 20[M]. Geological Society of Australia, Brisbane, pp. 194 – 199, 1998.

[247] Mark D B, David A J. Alternative brine sources for Fe – Oxide (– Cu – au) systems: implications for hydrothermal alteration and metals. Hydrothermal Iron Oxide Copper – Gold & Related Deposits: A Global Perspective, 1[M]. PGC Publishing, Adelide, 2000.

[248] Mark G. Petrogenesis of Mesoproterozoic K – rich granitoids, southern Mt Angelay igneous complex, Cloncurry district, northwest Queensland. Australian [J]. Journal of Earth Sciences, 1999, 46(6): 933 – 949.

[249] Mark G. Nd isotope and petrogenetic constraints for the origin of the Mount Angelay igneous complex: implications for the origin of intrusions in the Cloncurry district, NE Australia[J]. Precambrian Research, 2001, 105(1): 17 – 35.

[250] Mark G, Carew M, Oliver N H S. Fe Oxide and Cu – Au mineralisation in the Cloncurry district: implications for the nature and origin of Fe oxide Cu – Au mineralisation. In Mark, G., Oliver, N. H. S., Foster, D. R. W. (eds), Mineralisation, alteration and magmatism in the Eastern Fold Belt, Mont Isa Block, Australia: Geological Review and Field Guide[J]. Geological Society of Australia Specialist Group in Economic Geology Publication, 2001, 5:

85 – 102.

[251] Mark G, Crookes R A. Epigeneti alteraion at the Ernest Henr Fe – oxide – (Cu – Au) deposit Australia. In Stanley, (eds) Proceedings of the Fifth Biennial SGA meeting and the Tenth quadrennial IAGOD symposium, Mineral deposit [J]. Processes to Proessing 5: 185 – 188, 1999.

[252] Mark G, Crookes R A, Oliver N H S. Unpublished Results of the 1999 collaborative SPIRT research project: Characteristics and origin of the Ernest Henry Iron – oxide copper – gold hydrothermal system [C]., Economic Geology Research Unit, School of Earth Sciences, James Cook University of North Queensland, Townsville, 1999.

[253] Mark G, Foster D R W. Magmatic – hydrothermal albite – actinolite – apatite – rich rocks from the Cloncurry district, NW Queensland, Australia[J]. Lithos, 2000, 51(3): 223 –245.

[254] Mark G, Foster D R W, Pollard P J. Stable isotope evidence for magmatic fluid input during large – scale Na – Ca alteration in the Cloncurry Fe oxide Cu – Au district, NW Queensland, Australia[J]. Terra Nova, 2004a, 16(2): 54 –61.

[255] Mark G, Oliver N, Williams P. Mineralogical and chemical evolution of the Ernest Henry Fe oxide – Cu – Au ore system, Cloncurry district, northwest Queensland, Australia [J]. Mineralium Deposita, 2006a, 40(8): 769 – 801.

[256] Mark G, Oliver N H S, Carew M J. Insights into the genesis and diversity of epigenetic Cu – Au mineralisation in the Cloncurry district, Mt Isa Inlier, northwest Queensland [J]. Australian Journal of Earth Sciences, 2006b, 53(1): 109 – 124.

[257] Mark G, Oliver N H S, J williams P. The evolution of the Ernest Henry Fe – oxide – (Cu – Au) hydrothermal system. In: Porter, T. M. (Ed.), Hydrothermal Iron Oxide Copper – Gold & Related Deposits: A Global Perspective[M]. PGC Publishing, Adelide, 2000.

[258] Mark G, Oliver N H S, Williams P J. Mineralogical and chemical evolution of the Ernest Henry Fe oxide – Cu – Au ore system, Cloncurry district, northwest Queensland, Australia [J]. Mineralium Deposita, 2006c, 40(8): 769 – 801.

[259] Mark G, Pollard P. Episodic, potassic, "A – type" Mesoproterozoic magmatism in the mount isa inlier, NE Australia: A syn – tectonic origin? [J]. Geochimica Et Cosmochimica Acta, 2006, 70(18): A393 – A393.

[260] Mark G, Wilde A, Oliver N H S. Modeling outflow from the Ernest Henry Fe oxide Cu – Au deposit: implications for ore genesis and exploration[J]. Journal of Geochemical Exploration, 2005a, 85(1): 31 –46.

[261] Mark G, Williams P J, Oliver N H S. Fluid inclusion and stable isotope geochemistry of the Ernest Henry iron oxide – copper – gold deposit, Queensland, Australia. In, Mao, J. and Bierlien, F. P. eds., Mineral Deposit Research: Meeting the Global Challenge [C]. Journal of Geochemical Exploration. Springer, Berlin, pp. 785 – 788, 2005b.

[262] Mark G, Williams P J, Ryan C. A coupled microanalytical approach to resolving the origin of

fluids and the genesis of ore formation in hydrothermal deposits[J]. Geological Soceity of Australia Abstracts, 2004b, 7 3: 97.

[263] Marschik R, Fontbote L. The Candelaria – Punta del Cobre Iron Oxide Cu – Au (– Zn – Ag) deposits, Chile[J]. Economic Geology, 2001a, 96: 1799 – 1826.

[271] Marschik R, Leveille R A, Martin W. La Candelaria and the Punta del Cobre District, Chile: Early Cretaceous Iron – Oxide Cu – Au (– Zn – Ag) mineralization. In: Porter, T. M. (Ed.), Hydrothermal Iron Oxide Copper – Gold & related deposits: A global perspective, Australian Mineral Foundation[M], Adelaide, pp. 163 – 175, 2000.

[264] Marshall D J. Cathodoluminescence of Geological Materials [M]. Springer, Unwin Hyman, 1988.

[265] Marshall L J. Brecciation within the Mary Kathleen Group of the Easterrn Succession, Mt Isa Block, Australia: implications of district – scale structural and metasoomatic processes for Fe – oxide – Cu – Au mineralisation[D]. PhD Thesis, James Cook University, Townsville, 323, 2003.

[266] Marshall L J, Oliver N H S. Examples of Dilational Fault Zone Brecciation and Veining in the Eastern Succession, Mt Isa Block, and Discussion of Genetic Mechanisms[J]. Econ. Geol. , 2004a.

[267] Marshall L J, Oliver N H S. Monitoring fluid chemistry in iron oxide – copper – gold – related metasomatic processes, eastern Mt Isa Block, Australia[J]. Geofluids, 2006, 6(1): 45 – 66.

[268] Marshall L J, Oliver N H S, Davidson G J. Carbon and oxygen isotope constraints on fluid sources and fluid – wallrock interaction in regional alteration and iron – oxide – copper – gold mineralisation, eastern Mt Isa Block, Australia[J]. Mineralium Deposita, 2006, 41(5): 429 – 452.

[269] Maslennikov V V, Maslennikova S P, Large R R. Study of Trace Element Zonation in Vent Chimneys from the Silurian Yaman – Kasy Volcanic – Hosted Massive Sulfide Deposit (Southern Urals, Russia) Using Laser Ablation – Inductively Coupled Plasma Mass Spectrometry (LA – ICPMS) [J]. Economic Geology, 2009, 104(8): 1111 – 1141.

[270] Mathison C I. Magnetites and ilmenites in the Somerset dam layered basic intrusion, southeastern Queensland[J]. Lithos, 1975, 8(2): 93 – 111.

[271] Mathur S, Veith M, Haas M. Single – Source Sol – Gel Synthesis of Nanocrystalline ZnAl$_2$O$_4$: Structural and Optical Properties[J]. Journal of the American Ceramic Society, 2001, 84(9): 1921 – 1928.

[272] McDonald G D, Collerson K D, Kinny P D. Late Archean and Early Proterozoic crustal evolution of the Mount Isa block, northwest Queensland, Australia[J]. Geology, 1997, 25 (12): 1095 – 1098.

[273] Menini L, da Silva M J, Lelis M F F. Novel solvent free liquid – phase oxidation of [beta] –

pinene over heterogeneous catalysts based on $Fe_{3-x}M_xO_4$ (M = Co and Mn) [J]. Applied Catalysis A: General, 2004, 269(1-2): 117-121.

[274] Michel J. Use of Breccias in IOCG (U) exploration. In: Mumin, L. C. a. H. (Ed.), Exploraing for Iron Oxide Copper - Gold Deposits: Canada and Global Analogues [J]. Geological Association of Canada Short Course Notes 20, pp. 79-87, 2009.

[275] Milliken K, Laubach S. Brittle deformation in sandstone diagenesis as revealed by scanned cathodoluminescence imaging with application to characterization of fractured reservoirs[J]. In: Pagel, M. , V. Barbin, P. Blanc, Ohnenstetter, D. (Eds.), Cathodoluminescence in geosciences. Springer - Verlag, Berlin, pp. 225-244, 2000.

[276] Miyoshi N, Yamaguchi Y, Makino K. Successive zoning of Al and H in hydrothermal vein quartz[J]. American Mineralogist, 2005, 90(2-3): 310-315.

[277] Mokgalaka N S, Gardea - Torresdey J L. Laser Ablation Inductively Coupled Plasma Mass Spectrometry: Principles and Applications [J]. Applied Spectroscopy Reviews, 2006, 41 (2): 131-150.

[278] Monecke T, Bombach G, Klemm W. Determination of Trace Elements in the Quartz Reference Material UNS - SpS and in Natural Quartz Samples by ICP - MS[J]. Geostandards and Geoanalytical Research, 2000, 24(1): 73-81.

[279] Monecke T, Kempe U, Götze J. Genetic significance of the trace element content in metamorphic and hydrothermal quartz: a reconnaissance study [J]. Earth and Planetary Science Letters, 2002, 202(3-4): 709-724.

[280] Monteiro L, Xavier R, de Carvalho E. Spatial and temporal zoning of hydrothermal alteration and mineralization in the Sossego iron oxide - copper - gold deposit, Carajás Mineral Province, Brazil: paragenesis and stable isotope constraints [J]. Mineralium Deposita, 2008a, 43(2): 129-159.

[281] Monteiro L V S, Xavier R P, de Carvalho E R. Spatial and temporal zoning of hydrothermal alteration and mineralization in the Sossego iron oxide - copper - gold deposit, Caraja's Mineral Province, Brazil: paragenesis and stable isotope constraints [J]. Mineralium Deposita, 2008b, 43(2): 129-159.

[282] Monteiro L V S, Xavier R P, Hitzman M W. Mineral chemistry of ore and hydrothermal alteration at the Sossego iron oxide - copper - gold deposit, Carajás Mineral Province, Brazil [J]. Ore Geology Reviews, 2008c3, 4(3): 317-336.

[283] Morey A A, Tomkins A G, Bierlein F P. Bimodal Distribution of Gold in Pyrite and Arsenopyrite: Examples from the Archean Boorara and Bardoc Shear Systems, Yilgarn Craton, Western Australia[J]. Economic Geology, 2008, 103(3): 599-614.

[284] Mortimer G E, Cooper J A, Paterson H L. Zircon U - Pb dating in the vicinity of the Olympic Dam Cu - U - Au deposit, Roxby Downs, South Australia[J]. Economic Geology, 1988, 83 (4): 694-709.

[285] Mudd G M. Mound Springs of the Great Artesian Basin in South Australia: a case study from Olympic Dam[J]. Environmental Geology, 2000, 39(5): 463 – 476.

[286] Mulaba – Bafubiandi A F, Pollak H, Mashlan M. Technical note a fast determination of ratio in industrial minerals[J]. Minerals Engineering, 2001, 14(4): 445 – 448.

[287] Muller A, Welch M D. Frontiers in Quartz Research: Preface[J]. Mineral Mag, 2009, 73 (4): 517 – 518.

[288] Muller A, Wiedenbeck M, Kerkhof A M V D. Trace elements in quartz – a combined electron microprobe, secondary ion mass spectrometry, laser – ablation ICP – MS, and cathodoluminescence study[J]. Eur J Mineral, 2003a, 15(4): 747 – 763.

[289] Muller B, Axelsson M D, Ohlander B. Trace elements in magnetite from Kiruna, northern Sweden, as determined by LA – ICP – MS[J]. Gff, 2003b, 125: 1 – 5.

[290] Mumme W G, Sparrow G J, Walker G S. Roxbyite, a new copper sulphide mineral from the Olympic Dam deposit, Roxby Downs, South Australia[J]. Mineralogical Magazine, 1988, 52: 323 – 330.

[291] Nadoll P. Advances in LA – ICP – MS Analyses on Magnetite [J]. Geoanalysis 2009: Abstract book and final programme.

[292] Nadoll P. Geochemistry of magnetite from hydrothermal ore deposits and host rocks – case studies from the Proterozoic Belt Supergroup, Cu – Mo – porphyry + skarn and Climax – Mo deposits in the western United States[D]. Unpublished PhD thesis Thesis, The Uiversity of Auckland, Auckland, 2010.

[293] Nejad M A, Jonsson M. Reactivity of hydrogen peroxide towards Fe_3O_4, Fe_2CoO_4 and Fe_2NiO_4[J]. Journal of Nuclear Materials, 2004, 334(1): 28 – 34.

[294] Nickel E H. The new mineral cuprospinel ($CuFe_2O_4$) and other spinels from an oxidized ore dump at Baie Verte, Newfoundland[J]. Can Mineral, 1973, 11(5): 1003 – 1007.

[295] Niiranen T. Iron Oxide – Copper – Gold Deposits in Finland: case studies from the Perapohja Schist belt and the Central Lapland greenstone belt [D]. Univeristy of Helsinki, 1 – 27, 2005.

[296] Niiranen T, Manttari I, Poutiainen M. Genesis of Palaeoproterozoic iron skarns in the Misi region, northern Finland[J]. Mineralium Deposita, 2005, 40(2): 192 – 217.

[297] Niiranen T, Poutiainen M, Manttari I. Geology, geochemistry, fluid inclusion characteristics, and U – Pb age studies on iron oxide – Cu – Au deposits in the Kolari region, northern Finland[J]. Ore Geology Reviews, 2007, 30(2): 75 – 105.

[298] Nitta T, Terada Z, Hayakawa S. Humidity – Sensitive Electrical Conduction of $MgCr_2O_4 – TiO_2$ Porous Ceramics[J]. Journal of the American Ceramic Society, 1980, 63(5 – 6): 295 – 300.

[299] Nockolds S E. The behaviour of some elements during fractional crystallization of magma[J]. Geochimica et Cosmochimica Acta, 1966, 30(3): 267 – 278.

[300] Norman J C, Haskin L A. The geochemistry of Sc: A comparison to the rare earths and Fe

[J]. Geochimica et Cosmochimica Acta, 1968, 32(1): 93 – 108.

[301] Norman M, Pearson N, Sharma A. Quantitative analysis of trace elements in geological materials by laser ablation icpms: instrumental operating conditions and calibration values of NIST glasses[J]. Geostandards and Geoanalytical Research, 1996, 20(2): 247 – 261.

[302] Norman M D, Griffin W L, Pearson N J. Quantitative analysis of trace element abundances in glasses and minerals: a comparison of laser ablation inductively coupled plasma mass spectrometry, solution inductively coupled plasma mass spectrometry, proton microprobe and electron microprobe data[J]. Journal of Analytical Atomic Spectrometry, 1998, 13: 477 – 482.

[303] Nystrom J O, Billstrom K, Henriquez F. Oxygen isotope composition of magnetite in iron ores of the Kiruna type in Chile and Sweden[J]. Gff, 2008, 130: 177 – 188.

[304] Nystrom J O, Henriquez F. Magmatic Features of Iron – Ores of the Kiruna Type in Chile and Sweden – Ore Textures and Magnetite Geochemistry[J]. Economic Geology and the Bulletin of the Society of Economic Geologists, 1994, 89(4): 820 – 839.

[305] Nystrom J O, Henriquez F. Magmatic Features of Iron – Ores of the Kiruna Type in Chile and Sweden – Ore Textures and Magnetite Geochemistry – a Reply[J]. Economic Geology and the Bulletin of the Society of Economic Geologists, 1995, 90(2): 473 – 475.

[306] O'Driscoll E S T. Observations of the Lineament – Ore Relation. Philosophical Transactions of the Royal Society of London[J]. Series A, Mathematical and Physical Sciences, 1986, 317 (1539): 195 – 218.

[307] O'Horo M P, Frisillo A L, White W B. Lattice vibrations of $MgAl_2O_4$ spinel[J]. Journal of Physics and Chemistry of Solids, 1973, 34(1): 23 – 28.

[308] O'Neill H S C. Temperature dependence of the cation distribution in zinc ferrite ($ZnFe_2O_4$) from powder XRD structural refinements[J]. Eur J Mineral, 1992, 4(3): 571 – 580.

[309] O'Neill H S C, Annersten H, Virgo D. The temperature dependence of the cation distribution in magnesioferrite ($MgFe_2O_4$) from powder XRD structural refinements and Moessbauer spectroscopy[J]. American Mineralogist, 1992, 77(7 – 8): 725 – 740.

[310] O'Neill H S C, Dollase W A. Crystal structures and cation distributions in simple spinels from powder XRD structural refinements: $MgCr_2O_4$, $ZnCr_2O_4$, Fe_3O_4 and the temperature dependence of the cation distribution in $ZnAl_2O_4$ [J]. Physics and Chemistry of Minerals, 1994, 20(8): 541 – 555.

[311] O'Neill H S C, Redfern S A T, Kesson S. An in situ neutron diffraction study of cation disordering in synthetic qandilite Mg_2TiO_4 at high temperatures[J]. American Mineralogist, 2003, 88(5 – 6): 860 – 865.

[312] O'Reilly W. Magnetic minerals in the crust of the Earth[R]. Reports on Progress in Physics, 1976, 39(9): 857.

[313] O'Reilly W. The identification of titanomaghemites: Model mechanisms for the maghemitization and inversion processes and their magnetic consequences[J]. Physics of The

Earth and Planetary Interiors, 1983, 31(1): 65 - 76.

[314] Obermayer H A, Dachs H, Schröcke H. Investigations concerning the coexistence of two magnetic phases in mixed crystals (Fe, Mn) WO_4 [J]. Solid State Communications, 1973, 12(8): 779 - 784.

[315] Oliveira L C A, Fabris J D, Rios R R V A. $Fe_{3-x}Mn_xO_4$ catalysts: phase transformations and carbon monoxide oxidation[J]. Applied Catalysis A: General, 2004, 259(2): 253 - 259.

[316] Oliver N H S. Hydrothermal History of the Mary - Kathleen Fold Belt, Mt Isa - Block, Queensland[J]. Australian Journal of Earth Sciences, 1995, 42(3): 267 - 279.

[317] Oliver N H S, Butera K M, Rubenach M J. The protracted hydrothermal evolution of the Mount Isa Eastern Succession: A review and tectonic implications [J]. Precambrian Research, 2008, 163(1 - 2): 108 - 130.

[318] Oliver N H S, Cleverley J S, Mark G. Modeling the Role of Sodic Alteration in the Genesis of Iron Oxide - Copper - Gold Deposits, Eastern Mount Isa Block, Australia[J]. Economic Geology, 2004, 99(6): 1145 - 1176.

[319] Oliver N H S, Cleverley J S, Mark G, Pollard P J, Fu B, Marshall L J, Rubenach M J, Williams P J, Baker T. Mode - ling the role of sodic alteration in the genesis of iron oxide - copper - gold deposits, Eastern Mount Isa Block, Australia[J]. Economic Geology, 2004, 99: 1145 - 1176.

[320] Oliver N H S, Dickens G R, Dipple G M. Oxygen isotope study of infiltration of heated meteoric water to form giant Hamersley iron ores[J]. Geochimica Et Cosmochimica Acta, 2006a, 70(18): A457 - A457.

[321] Oliver N H S, J Rubenach M, Centre P M D C R. Distunguishing Basinal - and Magmatic - Hydrothermal IOCG deposits, Cloncurry District, Northern Australia[C]. Smart sciences for exploration and mining - Proceedings of the 10th Biennial SGA meeting. Townsville, 2: 647 - 649, 2009a.

[322] Oliver N H S, McLellan J G, Hobbs B E. Numerical models of extensional deformation, heat transfer, and fluid flow across basement - cover interfaces during basin - related mineralization[J]. Economic Geology, 2006b, 101(1): 1 - 31.

[323] Oliver N H S, Pearson P J, Holcombe R J. Mary Kathleen metamorphic - hydrothermal uranium - rare - earth element deposit: ore genesis and numerical model of coupled deformation and fluid flow[J]. Australian Journal of Earth Sciences, 1999, 46(3): 467 - 483.

[324] Oliver N H S, Rubenach, M J, Fu B. Granite - related overpressure and volatile release in the mid crust: fluidized breccias from the Cloncurry District, Australia [J]. Geofluids, 2006c, 6(4): 346 - 358.

[325] Oliver N H S, Rusk B G, Ryan L. The 10^h Biennial SGA Meeting Field Guide: Copper - and Iron - Oxide - Cu - Au deposits, and Their Associated Alteration and Brecciation, Mount

Isa Block [M]. Economic Geology Research Unit, James Cook University, Townsville, 2009b.

[326] Oreskes N, Einaudi M T. Origin of rare earth element – enriched hematite breccias at the Olympic Dam Cu – U – Au – Ag deposit, Roxby Downs, South Australia[J]. Economic Geology, 1990, 85(1): 1 – 28.

[327] Oreskes N, Einaudi M T. Origin of hydrothermal fluids at Olympic Dam; preliminary results from fluid inclusions and stable isotopes[J]. Economic Geology, 1992, 87(1): 64 – 90.

[328] Orihashi Y, Nakai S, Hirata T. U – Pb Age Determination for Seven Standard Zircons using Inductively Coupled Plasma – Mass Spectrometry Coupled with Frequency Quintupled Nd – YAG (λ =213 nm) Laser Ablation System: Comparison with LA – ICP – MS Zircon Analyses with a NIST Glass Reference Material[J]. Resource Geology, 2008, 58(2): 101 – 123.

[329] Otake T, Wesolowski D J, Anovitz L M. Mechanisms of iron oxide transformations in hydrothermal systems[J]. Geochimica Et Cosmochimica Acta, 2010, 74(21): 6141 – 6156.

[330] Özdemir Ö. Inversion of titanomaghemites[J]. Physics of The Earth and Planetary Interiors, 1987, 46(1 – 3): 184 – 196.

[331] Williams P J, Kendrick M A, Xavier R P. Sources of ore fluid components in IOCG deposits; in Porter, T. M., (ed), Hydrothermal Iron Oxide Coper – Gold &Related deposits: A Global Perspective V3 – Advances in the understanding of IOCG deposits [M]. PGC Bublihing, Adelaide, 41 – 55, 2010.

[332] Page R W. Timing of Superposed Volcanism in the Proterozoic Mount Isa Inlier, Australia [J]. Precambrian Research, 1983, 21(3 – 4): 223 – 245.

[333] Page R W, Sun S – S. Aspects of geochronology and crustal evolution in the Eastern Fold Belt, Mt Isa Inlier. Australian Journal of Earth Sciences[J]. An International Geoscience Journal of the Geological Society of Australia, 1998a, 45(3): 343 – 361.

[334] Page R W, Sun S S. Aspects of geochronology and crustal evolution in the Eastern Fold Belt, Mt Isa Inlier[J]. Australian Journal of Earth Sciences, 1998b, 45(3): 343 – 361.

[335] Palin E J, Walker A M, Harrison R J. A computational study of order – disorder phenomena in $MgTiO_4$ spinel (qandilite) [J]. American Mineralogist, 2008, 93(8 – 9): 1363 – 1372.

[336] Pan Y, Nilges M J, Mashkovtsev R I. Radiation – induced defects in quartz: a multifrequency EPR study and DFT modelling of new peroxy radicals [J]. Mineral Mag, 2009, 73(4): 519 – 535.

[337] Papike J J, Karner J M, Shearer C K. Comparative planetary mineralogy: V/(Cr + Al) systematics in chromite as an indicator of relative oxygen fugacity[J]. American Mineralogist, 2004, 89(10): 1557 – 1560.

[338] Parnell J, Carey P F, Monson B. Fluid inclusion constraints on temperatures of petroleum migration from authigenic quartz in bitumen veins[J]. Chemical Geology, 1996, 129(3 – 4): 217 – 226.

[339] Parsons I. Feldspars defined and described: a pair of posters published by the Mineralogical Society. Sources and supporting information[J]. Mineral Mag, 2010, 74(3): 529 – 551.

[340] Parsons I, Magee C W, Allen C M. Mutual replacement reactions in alkali feldspars II: trace element partitioning and geothermometry[J]. Contributions to Mineralogy and Petrology, 2009, 157(5): 663 – 687.

[341] Pearce N J, Perkins W T, Westgate J A. A Compilation of New and Published Major and Trace Element Data for NIST SRM 610 and NIST SRM 612 Glass Reference Materials[J]. Geostandards and Geoanalytical Research, 1997a, 21(1): 115 – 144.

[342] Pearce N J G, Perkins W T, Westgate J A. A compilation of new and published major and trace element data for NIST SRM 610 and NIST SRM 612 glass reference materials[J]. Geostandards Newsletter – the Journal of Geostandards and Geoanalysis, 1997b, 21 (1): 115 – 144.

[343] Pearson N J, Alard O, Griffin W L. In situ measurement of Re – Os isotopes in mantle sulfides by laser ablation multicollector – inductively coupled plasma mass spectrometry: analytical methods and preliminary results[J]. Geochimica et Cosmochimica Acta, 2002, 66 (6): 1037 – 1050.

[344] Peng H – j, Wang X – w, Tang J – x. The application of quartz cathodoluminescence in study of igneous rock[J]. Rock and Mineral Analysis, 2010, 29(2): 153 – 160.

[345] Perkins W G, Bell T H. Stratiform replacement lead – zinc deposits: A comparison between Mount Isa, Hilton, and McArthur River[J]. Economic Geology and the Bulletin of the Society of Economic Geologists, 1998, 3(8): 1190 – 1212.

[346] Perring C S, Pollard P J, Dong G. The Lightning Creek sill complex, Cloncurry district, northwest Queensland: A source of fluids for Fe oxide Cu – Au mineralization and sodic – calcic alteration[J]. Economic Geology and the Bulletin of the Society of Economic Geologists, 2000a, 5(5): 1067 – 1089.

[347] Perring C S, Pollard P J, Dong G. The Lightning Creek Sill Complex, Cloncurry District, Northwest Queensland: A Source of Fluids for Fe Oxide Cu – Au Mineralization and Sodic – Calcic Alteration[J]. Economic Geology, 2000b, 95(5): 1067 – 1089.

[348] Perring C S, Pollard P J, Nunn A J. Petrogenesis of the Squirrel Hills granite and associated magnetite – rich sill and vein complex: Lightning creek prospect, Cloncurry district, Northwest Queensland. precambrian Research, 2001, 6(3 – 4): 213 – 238.

[349] Petric A, Jacob K T. Thermodynamic Properties of $Fe_3O_4 – FeV_2O_4$ and $Fe_3O_4 – FeCr_2O_4$ Spinel Solid Solutions[J]. Journal of the American Ceramic Society, 1982, (2): 117 – 123.

[340] Pettke T, Diamond L W. RbSr isotopic analysis of fluid inclusions in quartz: Evaluation of bulk extraction procedures and geochronometer systematics using synthetic fluid inclusions [J]. Geochimica et Cosmochimica Acta, 1995, (19): 4009 – 4027.

[351] Piekarczyk W. Thermodynamic model of chemical vapour transport and its application to some

ternary compounds: II. Application of the model to the complex oxides: $ZnCr_2O_4$, $Y_3Fe_5O_{12}$ and Fe_2TiO_5[J]. Journal of Crystal Growth, 1988, (2-3): 267-286.

[352] Pimentel M M, Lindenmayer Z G, Laux J H. Geochronology and Nd isotope geochemistry of the Gameleira Cu-Au deposit, Serra dos Carajais, Brazil: 1.8-1.7 Ga hydrothermal alteration and mineralization [J]. Journal of South American Earth Sciences, 2003, (7): 803-813.

[353] Pinckney D M, Haffty J. Content of zinc and copper in some fluid inclusions from the Cave-in-Rock District, southern Illinois[J]. Economic Geology, 1970, 65(4): 451-458.

[354] Polito P A, Kyser T K, Stanley C. The Proterozoic, albitite-hosted, Valhalla uranium deposit, Queensland, Australia: a description of the alteration assemblage associated with uranium mineralisation in diamond drill hole V39[J]. Mineralium Deposita, 2009, 44(1): 11-40.

[355] Pollard D P. Evidence of a Magmatic Fluid Source for Iron Oxide-Cu-Au Mineralisation. In: Porter, T. M. (Ed.), Hydrothermal Iron Oxide Copper-Gold and Related Deposits: A Global Perspective[M]. PGC Publishing, Adelaide, 27-41, 2000.

[356] Pollard P, McNaughton N U/Pb geochronology and Sm/Nd isotope characterization of Proterozoic intrusive rocks in the Cloncurry district, Mount Isa inlier, Australia[R]. AMIRA Project P438 Cloncurry Base Metals and Gold Annual Report, September 1997; Section 4.

[357] Pollard P J. Sodic (-calcic) alteration in Fe-oxide-Cu-Au districts: an origin via unmixing of magmatic $H_2O-CO_2-NaCl+/-CaCl_2-KCl$ fluids [J]. Mineralium Deposita, 2001, 36(1): 93-100.

[358] Pollard P J. An intrusion-related origin for Cu-Au mineralization in iron oxide-copper-gold (IOGG) provinces[J]. Mineralium Deposita, 2006, 41(2): 179-187.

[359] Pollard P J, Mark G, Mitchell L C. Geochemistry of post-1540 Ma granites in the Cloncurry district, northwest Queensland[J]. Economic Geology and the Bulletin of the Society of Economic Geologists, 1998, 93(8): 1330-1344.

[360] Porter T M M. Hydrothermal iron-oxide Copper-gold and related ore deposits. In: Porter, T. M. (Ed.), Hydrothermal Iron Oxide Copper-Gold and Related Deposits: A Global Perspective[J]. PGC Publishing, Adelaide, 3-6, 2000b.

[361] Prichard H M, Hutchinson D, Fisher P C. Petrology and Crystallization History of Multiphase Sulfide Droplets in a Mafic Dike from Uruguay: Implications for the Origin of Cu-Ni-PGE Sulfide Deposits[J]. Economic Geology, 2004, 99(2): 365-376.

[362] Rösler H J. Lehrbuch der mineralogie. 2. aufl., VEB Deutscher Verlag Für Grundstoffindustrie[M]. Leipzig, Germany. 1-833, 1981.

[363] Raiswell R, Plant J. The incorporation of trace elements into pyrite during diagenesis of black shales, Yorkshire, England[J]. Economic Geology, 1980, 75(5): 684-699.

[364] Raju P V S, Barnes S-J, Savard D. Using Magnetite as an Indicator Mineral, Step 1:

Calibration of LA – ICP – MS[C], 11th International Platinum Symposium, 2010.

[365] Ramankutty C G, Sugunan S, Thomas B. Study of cyclohexanol decomposition reaction over the ferrospinels, $A_{1-x}CuxFe_2O_4$ (A = Ni or Co and x = 0, 0. 3, 0. 5, 0. 7 and 1), prepared by [′] soft' chemical methods[J]. Journal of Molecular Catalysis A: Chemical, 2002, 187 (1): 105 – 117.

[366] Ray G E, Dick L A. The Productora prospect in north – central Chile: An example of an intrusion – related, Candelaria type Fe – Cu – Au hydrothermal system. In: Porter, T. M. (Ed.), Hydrothermal Iron Oxide Copper – Gold and Related Deposits: A Global Perspective [M]. PGC Publishing, Adelaide, pp. 131 – 151, 2002.

[367] Reeder R J. Interaction of divalent cobalt, zinc, cadmium, and barium with the calcite surface during layer growth[J]. Geochimica et Cosmochimica Acta, 1996, 60(9): 1543 – 1552.

[368] Rehkämper M, Schönbächler M, Stirling C H. Multiple Collector ICP – MS: Introduction to Instrumentation, Measurement Techniques and Analytical Capabilities[J]. Geostandards and Geoanalytical Research, 2001, 25(1): 23 – 40.

[369] Requia K, Fontbote L. The Salobo Iron Oxide Copper – Gold deposit, Carajas, Nothern Brasil. In: Porter, T. M. (Ed.), Hydrothermal Iron Oxide Copper – Gold & related deposits: A global perspective [J], Australian Mineral Foundation, Adelaide, 225 – 236, 2000.

[370] Ribeiro A A, Suita M T F, Sial A N. Lithogeochemistry and stable isotopic geology (C, S, O) of the Cristalino Cu(Au) Deposit, an archean IOCGtype, Carajás Province, Pará, Brazil, Goldschmidt Conference[C]. pp. A1096, 2009.

[371] Ringwood A E. The principles governing trace element distribution during magmatic crystallization Part I: The influence of electronegativity[J]. Geochimica et Cosmochimica Acta, 7(3 –4): 189 – 202, 1955.

[372] Roberts D E, Hudson G R T. The Olympic Dam copper – uranium – gold deposit, Roxby Downs, South Australia[J]. Economic Geology, 1983, 78(5): 799 – 822.

[373] Ross V F. Geochemistry, crystal structure and mineralogy of the sulfides[J]. Economic Geology, 1957, 52(7): 755 – 774.

[374] Rossiter M J, Clarke P T. Cation Distribution in Ulvospinel Fe_2TiO_4[J]. Nature, 1965, 207 (4995): 402 – 402.

[375] Rossman G R, Weis D, Wasserburg G J. Rb, Sr, Nd and Sm concentrations in quartz[J]. Geochimica et Cosmochimica Acta, 1987, 51(9): 2325 – 2329.

[376] Rotherham J F. A metasomatic origin for the iron – oxide Au – Cu Starra orebodies, Eastern Fold Belt, Mount Isa Inlier[J]. Mineralium Deposita, 1997, 32(3): 205 – 218.

[377] Rotherham J F, Blake K L, Cartwright I and Williams P J. Stable isotope evidence for the origin of the Starra Au – Cu deposit, Cloncurry district[J]. Economic Geology, 1998, 93: 1435 – 1449.

[378] Rubenach M J. Relative timing of albitization and chlorine enrichment in biotite in Proterozoic schists, Snake Creek Anticline, Mount Isa Inlier, northeastern Australia [J]. Canadian Mineralogist, 2005, 43: 349 – 366.

[379] Rubenach M J, Barker A J. Metamorphic and metasomatic evolution of the Snake Creek Anticline, Eastern Succession, Mt Isa Inlier[J]. Australian Journal of Earth Sciences, 1998, 45(3): 363 – 372.

[380] Rubenach M J, Foster D R W, Evins P M. Age constraints on the tectonothermal evolution of the Selwyn Zone, Eastern Fold Belt, Mount Isa Inlier[J]. precambrian Research, 2008, 163 (1 – 2): 81 – 107.

[381] Rubenach M J, Lewthwaite K A. Metasomatic albitites and related biotite – rich schists from a low – pressure polymetamorphic terrane, Snake Creek Anticline, Mount Isa Inlier, north – eastern Australia: microstructures and P – T – d paths[J]. Journal of Metamorphic Geology, 2002, 20(1): 191 – 202.

[382] Rusk B, Oliver N, Blenkinsop T. Physical and Chemical Characteristics of the Ernest Henry Iron Oxide Copper Gold Deposit, Cloncurry, Queensland, Australia; implications for IOCG Genesis In: Porter, T. M. E. (Ed.), Hydrothermal Iron Oxide Copper – Gold and Related Deposits: A Global Perspective, volume 3, Advances in the Understanding of IOCG Deposits [M]. PGC Publishing, Adelaide, 2011.

[383] Rusk B, Reed M. Scanning electron microscope – cathodoluminescence analysis of quartz reveals complex growth histories in veins from the Butte porphyry copper deposit, Montana [J]. Geology, 2002, 30(8): 727 – 730.

[384] Rusk B G, Lowers H A, Reed M H. Trace elements in hydrothermal quartz: Relationships to cathodoluminescent textures and insights into vein formation[J]. Geology, 2008, 36(7): 547 – 550.

[385] Rusk B G, Oliver N H S, Brown A. Barren magntite breccias in the Cloncurry region, Australia; comparisons to IOCG deposits Smart sciences for exploration and mining – Proceedings of the 10th Biennial SGA meeting[C]. Townsville, 2: 656 – 658, 2009c.

[386] Rusk B G, Oliver N H S, Feltrin L. From exploration to mining: new geological strategies for sustaining high levels of copper production from the Mount Isa district [M], Townsville, 2010b.

[387] Rusk B G, Reed M H, Dilles J H. Intensity of quartz cathodoluminescence and trace – element content in quartz from the porphyry copper deposit at Butte, Montana[J]. American Mineralogist, 2006, 91(8 – 9): 1300 – 1312.

[388] Rusk B G, Reed M H, Dilles J H. Compositions of magmatic hydrothermal fluids determined by LA – ICP – MS of fluid inclusions from the porphyry copper – molybdenum deposit at Butte, MT[J]. Chemical Geology, 2004, 210(1 – 4): 173 – 199.

[389] Ryall W R. Anomalous trace elements in pyrite in the vicinity of mineralized zones at

Woodlawn, N. S. W., Australia[J]. Journal of Geochemical Exploration, 1977, 8(1 – 2):
73 – 83.

[390] Ryan A. Ernest Henry copper – gold deposit.. In: Berkman, D., Mackenzie, D. (Eds.),
Geology of Australian and Papua New Guinean Mineral Deposits[J]. Australasian Inst Mining
Metal, 759 – 768, 1998.

[391] Sack R O. Spinels as petrogenetic indicators: Activity – composition relations at low pressures
[J]. Contributions to Mineralogy and Petrology, 1982, 79(2): 169 – 186.

[392] Saric N, Kreft C, Huete C. Geology of Lo Aguirre copper deposit, Chile[J]. Revista
Geologica De Chile, 2003, 30(2): 317 – 331.

[393] Sartale S D, Lokhande C D. Electrochemical deposition and oxidation of $CuFe_2$ alloy: a new
method to deposit $CuFe_2O_4$ thin films at room temperature[J]. Materials Chemistry and
Physics, 2001, 70(3): 274 – 284.

[394] Scott K M, Taylor G F. The Oxidized Profile of Bif – Associated Pb – Zn Mineralization –
Pegmont, Northwest Queensland, Australia[J]. Journal of Geochemical Exploration, 1987,
27(1 – 2): 103 – 124.

[395] Selvan R K, Augustin C O, Berchmans L J. Combustion synthesis of $CuFe_2O_4$[J]. Materials
Research Bulletin, 2003, 38(1): 41 – 54.

[396] Sener A K, Grainger C J, Groves D I. Epigenetic gold – platinum – group element deposits:
examples from Brazil and Australia [J]. Transactions of the Institution of Mining and
Metallurgy Section B – Applied Earth Science, 2002, 111: B65 – B73.

[397] Seyedolali A, Krinsley D H, Boggs S. Provenance interpretation of quartz by scanning electron
microscope – cathodoluminescence fabric analysis[J]. Geology, 1997, 25(9): 787 – 790.

[398] Shaw D M. Element distribution laws in geochemistry[J]. Geochimica et Cosmochimica
Acta, 1961, 23(1 – 2): 116 – 134.

[399] Sileo E E, Alvarez M, Rueda E H. Structural studies on the manganese for iron substitution
in the synthetic goethite – jacobsite system[J]. International Journal of Inorganic Materials,
2001, 3(4 – 5): 271 – 279.

[400] Sillitoe R H. Iron oxide – copper – gold deposits: an Andean view[J]. Mineralium Deposita,
2003, 38(7): 787 – 812.

[401] Sillitoe R H, Burrows D R. New field evidence bearing on the origin of the El Laco magnetite
deposit, northern Chile[J]. Economic Geology and the Bulletin of the Society of Economic
Geologists, 2002, 97(5): 1101 – 1109.

[402] Sillitoe R H, Burrows D R. New field evidence bearing on the origin of the El Laco magnetite
deposit, northern Chile – A reply[J]. Economic Geology and the Bulletin of the Society of
Economic Geologists, 2003, 98(7): 1501 – 1502.

[403] Sim F, Catlow C R A. Mott – littleton calculations on defects in α – quartz[J]. International
Journal of Quantum Chemistry, 1989, 36(S23): 651 – 675.

[404] Simmons S F, Browne P R L. Hydrothermal Minerals and Precious Metals in the Broadlands – Ohaaki Geothermal System: Implications for Understanding Low – Sulfidation Epithermal Environments[J]. Economic Geology, 2000, 95(5): 971 –999.

[405] Singer D A. World – Class Base and Precious – Metal Deposits – a Quantitative – Analysis [J]. Economic Geology and the Bulletin of the Society of Economic Geologists, 1995, 90 (1): 88 –104.

[406] Singletary S J, Grove T L. Experimental petrology of the Mars Pathfinder rock composition: Constraints on the interpretation of Martian reflectance spectra[J]. Journal of Geophysical Research – Planets, 2008, 1 –113.

[407] Singoyi B, Danyushevsky L, Davidson G. Determination of trace elements in magnetites from hydrothermal deposits using the LA ICP – MS technique[C]. SEG Keystone Conference. CD – ROM, Denver, USA, 2006.

[408] Skirrow R G, Bastrakov E N, Baroncii K. Timing of iron oxide Cu – Au – (U) hydrothermal activity and Nd isotope constraints on metal sources in the Gawler craton, south Australia[J]. Economic Geology, 2007, 102(8): 1441 –1470.

[409] Slaby E, Gotze J. Feldspar crystallization under magma – mixing conditions shown by cathodoluminescence and geochemical modelling – a case study from the Karkonosze pluton (SW Poland) [J]. Mineral Mag, 2004, 68(4): 561 –577.

[410] Slaby E, Lensch G, Mihm A. Alkali Metasomatism of Plagiaplites from Tholey (Saarland, W – Germany). 2. Fe – Ti Oxides[J]. Neues Jahrbuch Fur Mineralogie – Abhandlungen, 1989, 160(1): 83 –91.

[411] Slaby E, Seltmann R, Kober B. LREE distribution patterns in zoned alkali feldspar megacrysts from the Karkonosze pluton, Bohemian Massif implications for parental magma composition[J]. Mineral Mag, 2007, 71(2): 155 –178.

[412] Slonczewski J C. Origin of Magnetic Anisotropy in Cobalt – Substituted Magnetite [J]. Physical Review, 1958, 110(6): 1341 –1348.

[413] Smith J V. Geochemical Influences on Life's Origins and Evolution[J]. ELEMENTS, 2005, 1(3): 151 –156.

[414] Smith M, Chengyu W. The Geology and Genesis of the Bayan Obo Fe – Ree – Nb Deposit: A Review. In: Porter, T. M. (Ed.), Hydrothermal Iron Oxide Copper – Gold and Related Deposits: A Global Perspective[M]. PGC Publishing, Adelaide, 271 –281, 2000.

[415] Smith M, Coppard J, Herrington R. The geology of the Rakkurijarvi Cu – (Au) prospect, Norrbotten: A new iron oxide – copper – gold deposit in northern Sweden[J]. Economic Geology, 2007, 102(3): 393 –414.

[416] Smith M P, Storey C D, Jeffries T E. In Situ U – Pb and Trace Element Analysis of Accessory Minerals in the Kiruna District, Norrbotten, Sweden: New Constraints on the Timing and Origin of Mineralization[J]. Journal of Petrology, 2009a, 50(11): 2063 –2094.

[417] Smith M P, Storey C D, Jeffries T E. In Situ U – Pb and Trace Element Analysis of Accessory Minerals in the Kiruna District, Norrbotten, Sweden: New Constraints on the Timing and Origin of Mineralization[J]. Journal of Petrology, 2009b, 50(11): 2063 – 2094.

[418] So C S. Geochemistry and Origin of Amphibolite and Magnetite from Yangyang Iron Deposit in Gyeonggi Metamorphic Complex, Republic – of – Korea. Mineralium Deposita, 1978, 13 (1): 105 – 117.

[419] Spikings R A, Foster D A, Kohn B P. Post – orogenic (< 1500 Ma) thermal history of the proterozoic Eastern Fold Belt, Mount Isa Inlier, Australia. Precambrian Research, 2001, 109 (1 – 2): 103 – 144.

[420] Spry P G. Compositional zoning in zincian spinel. Can Mineral, 1987, 25(1): 97 – 104.

[421] Stavast W J A, Keith J D, Christiansen E H. The Fate of Magmatic Sulfides During Intrusion or Eruption, Bingham and Tintic Districts, Utah. Economic Geology, 2006, 101(2): 329 – 345.

[422] Stevens – Kalceff M A. Cathodoluminescence microcharacterization of point defects in {alpha} – quartz. Mineral Mag, 2009, 73(4): 585 – 605.

[423] Suk D W, Vandervoo R, Peacor D R. Origin of Magnetite Responsible for Remagnetization of Early Paleozoic Limestones of New – York – State. Journal of Geophysical Research – Solid Earth, 1993, 98(B1): 419 – 434.

[424] Suttner L J, Leininger R k. Comparison of the Trace Element Content of Plutonic, Volcanic, and Metamorphic Quartz from Southwestern Montana. Geological Society of America Bulletin, 1972, 83(6): 1855 – 1862.

[425] Sutton S R, Delaney J S, Smith J V. Copper and nickel partitioning in iron meteorites. Geochimica et Cosmochimica Acta, 1987, 51(10): 2653 – 2662.

[426] Sylvester P J. LA – (MC) – ICP – MS Trends in 2006 and 2007 with Particular Emphasis on Measurement Uncertainties. Geostandards and Geoanalytical Research, 2008, 32(4): 469 – 488.

[427] Tallarico F H B, Figueiredo B R, Groves D I. Geology and SHRIMP U – Pb geochronology of the Igarape Bahia deposit, Carajas Copper – Gold belt, Brazil: An Archean (2. 57 Ga) example of iron – oxide Cu – Au – (U – REE) mineralization. Economic Geology, 2005, 100 (1): 7 – 28.

[428] Tazava E, Oliveira C G d. The Igarapé Bahia Au – Cu – (REE – U) Deposit, Carajás Mineral Province, Northern Brazil. In: Porter, T. M. (Ed.), Hydrothermal Iron Oxide Copper – Gold and Related Deposits: A Global Perspective. PGC Publishing, Adelaide, 203 – 212, 2000.

[429] Tischendorf G, Forster H – J, Gottesmann B. Minor – and trace – element composition of trioctahedral micas: a review. Mineral Mag, 2001, 65(2): 249 – 276.

[430] Torab F M, Lehmann B. Magnetite – apatite deposits of the Bafq district, Central Iran:

apatite geochemistry and monazite geochronology. Mineralogical Magazine, 2007, 71(3): 347 – 363.

[431] Twyerould S C. The geology and genesis of the Ernest Henry Fe – Cu – Au deposit, Northwest Queensland, Australia[D]: Unpublished PhD thesis thesis, University of Oregon, 1997.

[432] Ulrich T, Gunther D, Heinrich C A. Evolution of a porphyry Cu – Au deposit, based on L A – ICP – MS analysis of fluid inclusions: Bajo de la Alumbrera, Argentina (vol 96, pg 1743, 2001) [J]. Economic Geology and the Bulletin of the Society of Economic Geologists, 2002, 97(8): 1863 – 1869.

[433] Ulrich T, Kamber B S, Jugo P J. Imaging element – distribution patterns in minerals by laser ablation – inductively coupled plasma – mass spectrometry (LA – ICP – MS) [J]. The Canadian Mineralogist, 2009, 47(5): 1001 – 1012.

[434] Goldschmidt V M. The principles of distribution of chemical elements in minerals and rocks [J]. Journal of chemical society: 1937, 655 – 72.

[435] Van Vuuren C P J, Stander P P. The oxidation kinetics of FeV_2O_4 in the range 200 – 500°C [J]. Thermochimica Acta, 1995, 254: 227 – 233.

[436] Verwey E J, Haayman P W, Romeijn F C. Physical Properties and Cation Arrangement of Oxides with Spinel Structures II. Electronic Conductivity[J]. The Journal of Chemical Physics, 1947, 15(4): 181 – 187.

[437] Vienna J D, Hrma P, Crum J V. Liquidus temperature – composition model for multi – component glasses in the Fe, Cr, Ni, and Mn spinel primary phase field[J]. Journal of Non – Crystalline Solids, 2001, 292(1 – 3): 1 – 24.

[438] W S F. Isomorphism and bond – type[J]. American mineralogist, 1951, 36: 538 – 542.

[439] Wada T, Kinoshita H, Kawata S. Preparation of chalcopyrite – type CuInSe2 by non – heating process[J]. Thin Solid Films, 2003, 431 – 432: 11 – 15.

[440] Wager L R, Mitchell R L. The distribution of trace elements during strong fractionation of basic magma — a further study of the Skaergaard intrusion, East Greenland[J]. Geochimica et Cosmochimica Acta, 1951, 1(3): 129 – 144, IN1 – IN2, 145 – 174, IN3 – IN5, 175 – 208.

[441] Wakihara M, Shimizu Y, Katsura T. Preparation and magnetic properties of the FeV_2O_4 – Fe_3O_4 system[J]. Journal of Solid State Chemistry, 1971, 3(4): 478 – 483.

[442] Walshe J L, Cleverley J S. Gold Deposits: Where, When and Why[J]. ELEMENTS, 2009, 5(5): 288 – 298.

[443] Wark D A, Hildreth W, Spear F S. Pre – eruption recharge of the Bishop magma system[J]. Geology, 2007, 35(3): 235 – 238.

[444] Wasilewski P, Warner R D. Magnetic petrology of deep crustal rocks – Ivrea Zone, Italy[J]. Earth and Planetary Science Letters, 1988, 87(3): 347 – 361.

[445] Weihed P, Arndt N, Billstrom K. Precambrian geodynamics and ore formation: The

Fennoscandian Shield[J]. Ore Geology Reviews, 2005, 27(1 – 4): 273 – 322.

[446] Weil J A. A review of electron spin spectroscopy and its application to the study of paramagnetic defects in crystalline quartz[J]. Physics and Chemistry of Minerals, 1984, 10 (4): 149 – 165.

[447] Willams P J, Pollard P J. Australian Proterozoic Iron Oxide – Cu – Au Deposits: An Overview with New Metallogenic and Exploration Data from the Cloncurry District, Northwest Queensland[J]. Exploration and Mining Geology, 2001, 10(3): 191 – 213.

[448] Williams H A, Betts P G. The Benagerie Shear Zone: 1100 Myr of reactivation history and control over continental lithospheric deformation [J]. Gondwana Research, 2009, 15 (1): 1 – 13.

[449] Williams P, Beach M, Xavier R. Sources of Ore Fluid Components in IOCG Deposits In: Porter, T. M. (Ed.), Hydrothermal Iron Oxide Copper – Gold and Related Deposits: A Global Perspective[M]. PGC Publishing, Adelaide, 2011.

[450] Williams P, Pollard P. Australian Proterozoic iron oxide – Cu – Au deposits: an overview with new metallogenic and exploration data from the Cloncurry district, northwest Queensland[J]. Explor Mining Geol, 2003, 10: 191 – 213

[451] Williams P J. Metalliferous economic geology of the Mt Isa Eastern Succession, Queensland [J]. Australian Journal of Earth Sciences, 1998, 45(3): 329 – 341.

[452] Williams P J. "Magnetite – group" IOCGs with special refernce to Cloncurry (NW Queensland) and Northern Sweden: settings, alteration, deposit characteristics, fluid sources, and their relationship to Apatite – rich iron ores. In: Mumin, L. C. a. H. (Ed.), Exploraing for Iron Oxide Copper – Gold Deposits: Canada and Global Analogues [J]. Geological Association of Canada Short Course Notes 20, pp. 23 – 38, 2009.

[453] Williams P J, Barton M D, Johnson D A. Iron oxide copper – gold deposits: geology, space – time distribution, and possible modes of origin[J]. Economic Geology, Economic Geology and theBulletin of the Society of Economic Geologists: One Hundredth Anniversary Volume 1905 – 2005: 2005b, 371 – 405.

[454] Williams P J, Dong G Y, Ryan C G. Geochemistry of hypersaline fluid inclusions from the Starra (Fe oxide) – Au – Cu deposit, Cloncurry district, Queensland[J]. Economic Geology and the Bulletin of the Society of Economic Geologists, 2001, 96(4): 875 – 883.

[455] Williams P J, Kendrick M A, Xavier R P. Sources of ore fluid components in IOCG deposits; in Porter, T. M., (ed), Hydrothermal Iron Oxide Coper – Gold &Related deposits: A Global Perspective V3 – Advances in the understanding of IOCG deposits [M]; PGC Bublihing, Adelaide, 2010.

[456] Williams P J, Skirrow R G. Overview of iron oxide – copper – gold deposits in the Curnamona Province and Cloncurry district (Eastern Mount Isa Block), Australia. In: Porter T. M. ed. Hydrothermal Iron Oxide Copper – Gold and Related Deposits: a Global Perspective[J].

Australian Mineral Foundation, Adelaide, 2000.

[457] Williams R J, Gibson E K. Origin and Stability of Lunar Goethite, Hematite and Magnetite [J]. Earth and Planetary Science Letters, 1972, 17(1): 84 – 88.

[458] Wilson B K, Hrma P, Alton J. The effect of composition on spinel equilibrium and crystal size in high – level waste glass [J]. Journal of Materials Science, 2002, 37(24): 5327 – 5331.

[459] Wirtz G P, FINE M E. Precipitation and Coarsening of Magnesioferrite in Dilute Solutions of Iron in MgO [J]. Journal of the American Ceramic Society, 1968, 51(7): 402 – 406.

[460] Woodall R. Empiricism and Concept in Successful Mineral Exploration [J]. Australian Journal of Earth Sciences, 1994, 41(1): 1 – 10.

[461] Wu C Y. Bayan Obo Controversy: Carbonatites versus Iron Oxide – Cu – Au – (REE – U) [J]. Resource Geology, 2008, 58(4): 348 – 354.

[462] Xavier R P, Wiedenbeck M, Trumbull R B. Tourmaline B – isotopes fingerprint marine evaporites as the source of high – salinity ore fluids in iron oxide copper – gold deposits, Carajás Mineral Province (Brazil) [J]. Geology, 2008, 36(9): 743 – 746.

[463] Xu J S, Yang G M, Li G W. Dingdaohengite – (Ce) from the Bayan Obo REE – Nb – Fe Mine, China: Both a true polymorph of perrierite – (Ce) and a titanic analog at the C1 site of chevkinite subgroup [J]. American Mineralogist, 2008, 93(5 – 6): 740 – 744.

[464] Yang Y, Chen N – s. UV – cathodoluminescene Mechanism of secondary Enlarged quartz and its importance [J]. Rock and Mineral Analysis, 2003, 22(1): 1 – 4.

[465] Youles I P. The Olympic Dam copper – uranium – gold deposit, Roxby Downs, South Australia; discussion [J]. Economic Geology, 1984, 79(8): 1941 – 1944.

[466] Yuan H, Gao S, Liu X. Accurate U – Pb Age and Trace Element Determinations of Zircon by Laser Ablation – Inductively Coupled Plasma – Mass Spectrometry [J]. Geostandards and Geoanalytical Research, 2004, 28(3): 353 – 370.

[467] Yumashev K V, Denisov I A, Posnov N N. Nonlinear absorption properties of Co^{2+}: $MgAl_2O_4$ crystal [J]. Applied Physics B: Lasers and Optics, 2000, 70(2): 179 – 184.

[468] Zabicky J, Frage N, Kimmel G. Metastable magnesium titanate phases synthesized in nanometric systems [J]. Philosophical Magazine Part B, 1997, 76(4): 605 – 614.

[469] Zakrzewski M A, Burke E A J, Lustenhouwer W J. Vuorelainenite, a new spinel, and associated minerals from the Satra (Doverstorp) pyrite deposit, central Sweden [J]. Can Mineral, 1982, 20(2): 281 – 290.

[470] Zhang D, Dai T, Rusk B. Advances in quartz research [J]. Acta Petrologic et Mineralogic, 2011, 30(2): 333 – 341.

[471] Zhang D, Rusk B G, Oliver N H S. Trace elements in sulfides and magnetite from the Ernest Henry Iron Oxide – copper – gold deposit, Australia [J]. In Geological Society of America Abstracts with Programs, Portland., 2009a.

［472］ Zhang S-p, Dun T-j. Application of the cathodoluminescence microscope in the mineral identification[J]. Journal of Xi'an college of geology, 1989, 11(1): 40-49.

［473］ Zhang Y B, Sun S H, Xu C Y. Carbonatitic volcanic genesis of Hetaoqing Fe-Cu deposit in central Yunnan, China[J]. Resource Geology, 2003, 53(4): 261-272.

［474］ Zhou W, Peacor D R, Van der Voo R. Determination of lattice parameter, oxidation state, and composition of individual titanomagnetite/titanomaghemite grains by transmission electron microscopy[J]. J. Geophys. Res. , 1999, 104(B8): 17689-17702.

［475］ Zingernagel V. Cathodoluminescence of quartz and its application to sandstone petrology[J]. Contribution to Sedimentology, 1978, 8(1-69).

［476］ Ziolo R F, Giannelis E P, Weinstein B A. Matrix-Mediated Synthesis of Nanocrystalline ggr -Fe_2O_3: A New Optically Transparent Magnetic Material[J]. Science, 1992, 257(5067): 219-223.

［477］ 方维萱, 柳玉龙, 张守林. 全球铁氧化物铜金型(IOCG)矿床的3类大陆动力学背景与成矿模式[J]. 西北大学学报(自然科学版), 2009, 39(3): 404-413.

［478］ 毛景文, 余金杰, 袁顺达. 铁氧化物-铜-金(IOCG)型矿床: 基本特征、研究现状和打矿勘查[J]. 矿床地质, 2008, 27(3): 267-278.

［479］ 王绍伟. 重视近20年认识的一类重要热液矿床——铁氧化物-铜-金(-铀)-稀土矿床[J].《国土资源情报》, 2004, (2): 45-52.

［480］ 朱志敏, 曾令熙, 周家云. 四川拉拉铁氧化物铜金矿床(IOCG)形成的矿相学证据[J]. 高校地质学报, 2009(4).

［481］ 李泽琴. 中国首例铁氧化物-铜-金-铀-稀土型矿床的厘定及其成矿演化[J]. 矿物岩石地球化学通报, 2002, 4(21): 3.

［482］ 柳小明, 高山, 袁洪林. 193nm LA-ICPMS对国际地质标准参考物质中42种主量和微量元素的分析[J]. 岩石学报, 2002, 18(3): 408-418.

［483］ 胡圣虹, 胡兆初, 刘勇胜. 单个流体包裹体元素化学组成分析新技术-激光剥蚀电感耦等离子体质谱(LA-ICP-MS)[J]. 地学前缘, 8: 434-440.

［484］ 第五春荣, 柳小明, 袁洪林. 193 nm ArF准分子激光剥蚀等离子体质谱法测定熔融玻璃中微量铌和钽[J]. 岩矿测试, 2002, 26(1): 1-3.

［485］ 彭惠娟, 汪雄武, 唐菊兴. 石英阴极发光在火成岩研究中的应用[J]. 岩矿测试, 2010, 29(2): 153-160.

［486］ 卢秋霞. 微细浸染型金矿的硅质阴极发光与成矿物源分析[J]. 大地构造与成矿学, 2000, 24(1): 75-80.

［487］ 张兴春. 国外铁氧化物铜-金矿床的特征及其研究现状[J]. 地球科学进展, 2003, 18(4): 551-559.

［488］ 张绍平, 顿铁军. 阴极发光显微镜在岩矿鉴定方面的应用[J]. 西安地质学院学报, 1989, 11(1): 40-49.

［489］ 杨勇, 陈能松. 次生石英的紫外阴极发光机理及意义[J]. 岩矿测试, 2003, 22(1): 1-4.

[490] 罗志高，王岳军，张菲菲，张爱梅，张玉芝. 金滩和白马山印支期花岗岩体 LA – ICPMS 锆石 U – Pb 定年及其成岩启示[J]. 大地构造与成矿学，2010，34(2)：282 – 290.

[491] 聂凤军，江思宏，路彦明. 氧化铁型铜 – 金(IOCG)矿床的地质特征、成因机理与找矿模型[J]. 中国地质，2008，35(6)：1074 – 1087.

[492] 许德如，肖勇，马驰. 石碌铁 – 钴 – 铜(金)多金属矿床：一个 IOCG 型层控矽卡岩矿床？[J]. 矿物学报，2007，27(增刊)：307 – 308.

[493] 顾晟彦，华仁民，戚华文. 广西姑婆山花岗岩单颗粒锆石 LA – ICP – MS U – Pb 定年及全岩 Sr – Nd 同位素研究[J]. 地质学报，2006，80(4)：543 – 553.

附　录

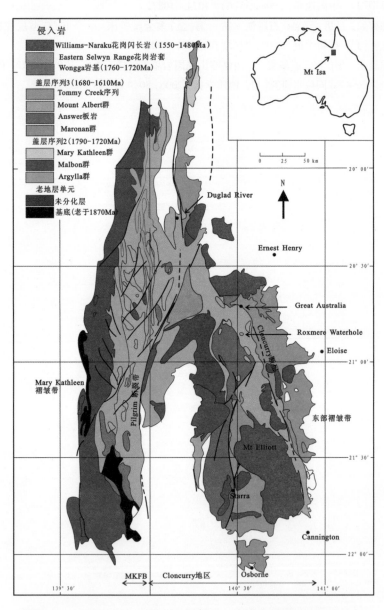

彩图1 澳大利亚昆士兰州西北部 Cloncurry 地区铁氧化物型铜金矿床的位置及地质背景[据 Blake(1987)、Williams(1998)描述的信息进行更新]

彩图2 全球重要的铁氧化物型铜金(IOCG)矿床的分布(红点)。具体IOCG矿床为:
澳大利亚: Gawler (Olympic Dam, Acropolis, Moonta, Oak Dam, Prominent Hill 和
Wirrda Well deposits), Cloncurry 地区(Ernest Henry, Eloise, Mount Elliot, Osborne 和
Starra deposits), Curnamona(North Portia 和 Cu, Blow deposits)和 Tennant Creek(Gecko,
Peko/Juno 和 Warrego deposits) districts; 巴西: Carajas district(Cristalino, Alemao/
Igarapé Bahia, Salobo, 和 Sossego deposits); 加拿大: Great Bear Magmatic Zone(Sue-
Dianne 和 NICO deposits), Wernecke, Iran Range, West Coast skarns 和 Central Mineral.
Belt districts, 和 Kwyjibo deposit; 智利: Chilean Iron Belt(Candelaria, El Algarrobo, El
Romeral, Manto Verde, 和 Punta del Cobre deposits); 中国: 白云鄂博(内蒙古), 长江中
下游(眉山和大冶); 伊兰: Bafq district(Chogust, Chadoo Malu, Seh Chahoon deposit);
Mauritania: Akjoujt deposit; 墨西哥: Durango district (Cerro de Mercado); 秘鲁:
Peruvian Coastal Belt(Raul, Condestable, Eliana, Monterrosas 和 Marcona deposits); 瑞
典: Kiruna district(Kiirunavaara, Loussavaara), Aitik deposit (porphyry Cu deposit);
South Africa: Phalaborwa 和 Vergenoeg deposits; 美国: Southeast Missouri(Pea Ridge 和
Pilot Knob deposits); Adirondack 和 Mid-Atlantic Iron Belt(Reading Prong); 赞比亚:
Shimyoka, Kantonga, 和 Kitumba prospects(据 Corriveau, 2007)

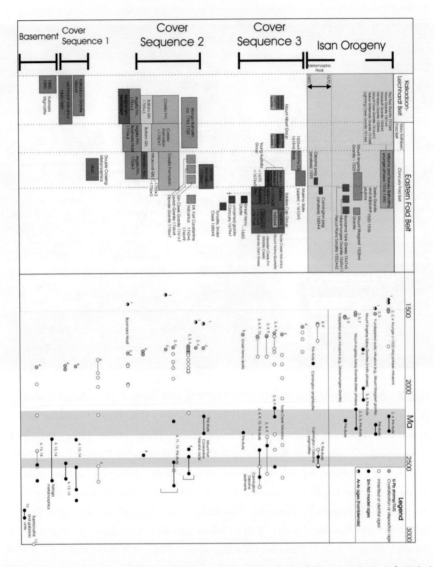

彩图 3 The Eastern Succession 区域岩浆与地层中地质相关图解，显示平均地壳残余年龄(不透明圈)和矿床年龄(灰色圈)的时间相关性，也显示了区内岩浆岩中典型的角闪石 Ar－Ar 年龄(半充填圈)，连接线连接了两个数据点(直线是 Sm－Nd 数据，而点划线是 U－Pb 数据[图中数据来源于 1. Spikings 等(2001)；2. Page 和 Sun(1998b)，3. Davis 等(2001)；4. Geoscience Australia(Unpublished data)，5. Pollard 和 Mc Naughton (1997)；6. Mark(2001)；7. Pollard 等(1998)；8. Gauthier 等(2001)；9. Giles 和 Nutman(2003)；10. Giles 和 Nutman(2002)；11. Page(1983)；12. Maas 等(1987)；13. McDonald 等(1997)；14. Bierlein 和 Betts(2004)]

彩图4 样品来自于钻孔 EH690，靠近矿体的底部。显示了在角砾岩的角砾部分地被磁铁矿、硫化物和方解石以及大量的"微晶角砾"和一些基质中新生的钾长石所交代。黄线代表了先前的可能角砾边界。角砾百分比和铜的品位间的相关性在矿体深部比较模糊，因为可能存在着角砾的交代现象，也就是说在角砾岩化以后可能存在着更多的矿化

彩图5 岩芯来自 Jupiter 预测区，显示了明显的第二世代的富磁铁矿角砾岩切穿了 Naraku 岩基中的辉长岩。在上部分图片中，磁铁矿（和少量黄铁矿）出现在脉中，但是黄铁矿晶形已被溶蚀。然而，在下部分图片中，钠化定向拉长的钙硅酸盐碎片被 SGBX 所捕获，切穿了辉长岩。这些结构在 Ernest Henry 矿床深部亦有出现

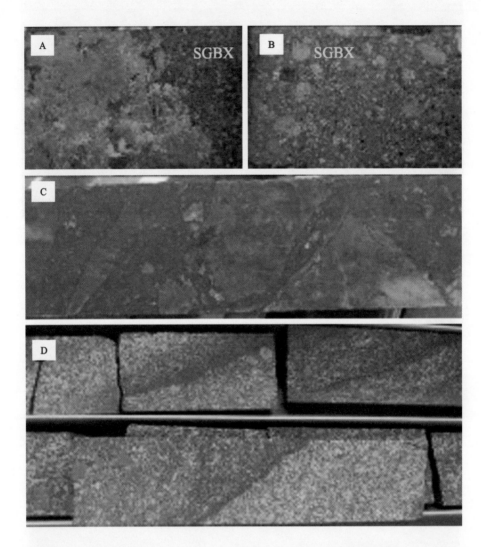

彩图6 来自钻孔 EH665，为一深部钻孔，图中所示为 1145 ~ 1190 m 的岩芯。显示了大量的富磁铁矿 - 硫化物的"斑点狗"的 SGBX，在这里我们称为 SGBX。注意，在磨碎的角砾岩中硫化物的角砾状结构，这种硫化物切割了早已矿化的角砾岩(A 和B)，高度不整合的物质作为流化了的角砾岩，具有比较尖锐的边缘切割了弱矿化的火山岩，并且增加了(C)的品位。(D)是一种非常有等级的结构，这主要是由于流化了的粒子在 SGBX 中按密度分选

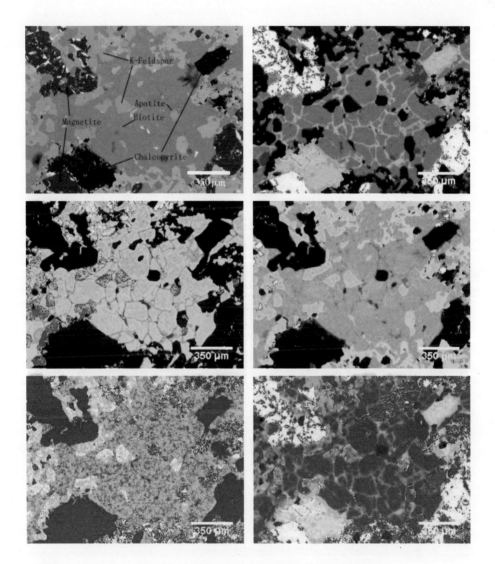

彩图 7 来自钻孔 EH569 725.8m(样品 TF16 - M3)钾长石的 BSE(左上),Fe(右上),K(左中),Si(右中),Ba + Si + Ca 叠加(左下)和 Na + Ba + Fe 叠加(右下)图像,样品主要由以钠长石(化学结构式为 NaAlSi₃O₈,其中含 Na 8.30%)、阳起石[化学结构式为 Ca₂(Mg,Fe²⁺)₅Si₈O₂₂(OH)₂,其中含 Ti 0.11%]、方解石、斜长石[化学结构式为(Na,Ca)(Si,Al)₄O₈,其中分别含 Na 4.25% 和 Ca 7.40%]、磷灰石[分子式为 Ca₅(PO₄)₃(OH,F,Cl),其中含 Ca 39.36% 和 P 18.25%]、钾长石(化学结构式为 KAlSi₃O₈,其中含 K 14.05%),石英、磁铁矿、黄铁矿和少量黄铜矿为主的变质火山岩组成

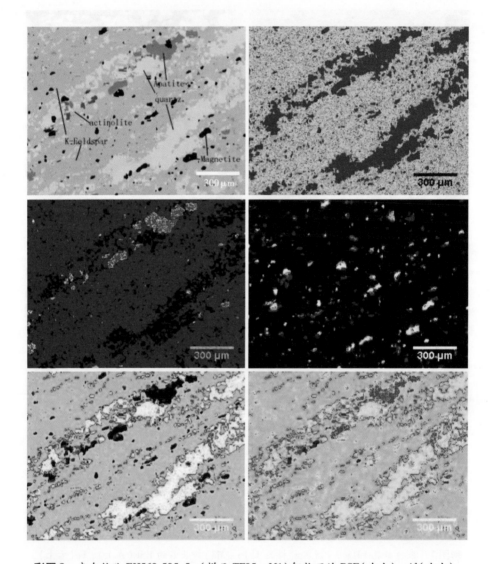

彩图 8 来自钻孔 EH569 505.5m(样品 TF05 - M1)钾长石的 BSE(左上),Al(右上),
Ca(左中),Fe(右中),Si(左下)和 Si + Ca + Fe 叠加(右下)图像,样品主要为以石
英、钾长石、斜长石、阳起石、磷灰石和少量硫化物组成的变形了的变火山岩。其中
Fe 沿着石英和钾长石的边缘分布,说明磁铁矿是由含石英的流体进入成矿热液的。
甚至磷灰石充填于变形的钾长石和石英颗粒之间。这块样品中阳起石是变质作用的
产物

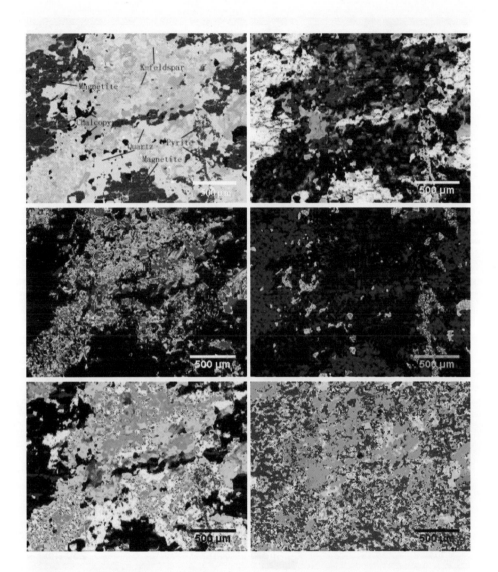

彩图 9 来自钻孔 EH438 170m(样品 TD15 – M1)钾长石的 BSE(左上),Ba(右上),Fe(左中),Cu(右中),Si(左下)和 Ba + Fe + Si 叠加(右下) 图像,样品基质由黑云母、磁铁矿、硫化物、碳酸盐组成,角砾为 MSBX 组成的次圆状的长英质火山岩,岩石强烈钾化和赤铁矿化。图像显示 Cu 矿化与 Ba 的蚀变有着重要的联系,沿着钾长石的边缘,硅含量相对非常高,而在钾长石的中部,黄铜矿中的 Fe 和 Cu 相对较低,这说明这里的 Cu – Au 矿化明显晚于钾长石

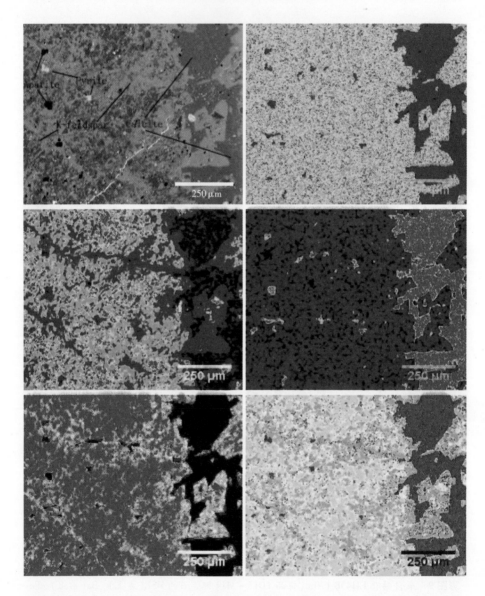

彩图 10 来自钻孔 EH554 660.5m(样品 SB29832 - M2)钾长石的 BSE(左上),Al(右上),Ba(左中),Ca(右中),Si(左下)和 Ba + Fe + Si 叠加(右下) 图像,样品中以磁铁矿 - 黑云母、少量硫化物和碳酸盐为基质,角砾是暗红色 MSBX 和次圆状长英质的火山岩(<20 mm)。岩石具强烈的红化(主要是钾长石化和赤铁矿化)。图片显示了 Ba 和碳酸盐有明显的成因关系,Ba 是通过晚期含碳酸盐的流体进入钾长石中的

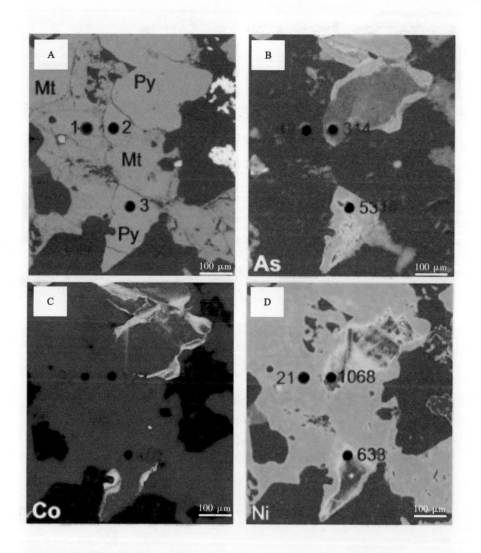

彩图 11　电子探针微量元素图像，用于显示在三个邻近的黄铁矿颗粒中 As、Co 和 Ni 的分布。图片上有几个 LA – ICP – MS 的剥蚀孔和相对应的分析数据。其中孔 1 是磁铁矿，孔 2 和孔 3 是黄铁矿。不同类型的黄铁矿颗粒显示了这些微量元素间的相关关系。上面的颗粒 As 和 Co 富集，但是整体贫 Ni。中间的颗粒具环带构造，核部 As 和 Co 较贫，但是 Ni 富集。边缘 As 和 Co 富集却贫 Ni。底部的黄铁矿颗粒也具有环带构造，核部 As 和 Ni 富集，边部 Co 和 As 富集

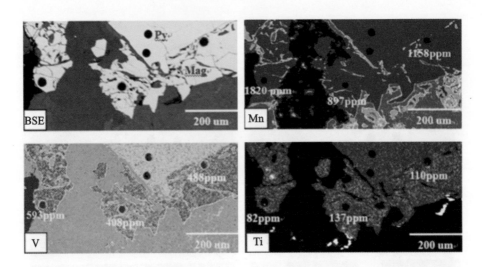

彩图 12 磁铁矿的电子探针面扫描和用 LA – ICP – MS 分析的数据。矿物简写：Mag：磁铁矿；Py：黄铁矿；BSE：背射电子图像。样品来自 EH554 551.3 m(ppm：10^{-6})

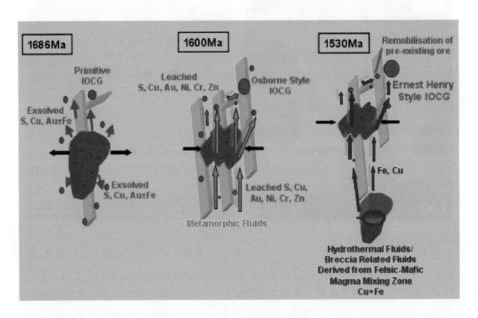

彩图 13 S 从 1686 Ma 的基性岩浆中直接出溶，从 1600 Ma 的变质作用中淋滤和热液活化的金属以及从 1530 Ma 混合的长英质 – 基性岩浆流体中添加的 Cu 的进化模型

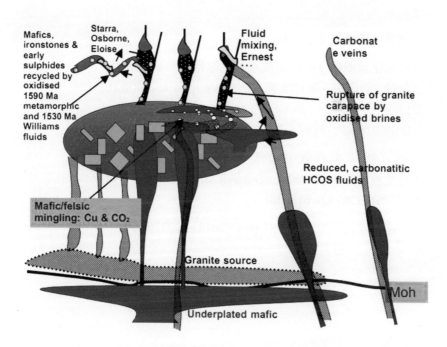

彩图 14　图片用于显示在 Williams 岩基侵位过程中推断的幔源流体和熔融的花岗岩结晶、流体来源和早期硫化物的循环之间的关系。在一些地区，硫化物被 Williams 时代氧化的流体叠加和活化，导致溶解、再移动和再次沉淀(如 Starra)；但是其他一些地方，早期还原的流体特征仍被保存(如 Osborne 东区，Eloise)。在 Williams - Naraku 岩基顶部氧化的卤水的释放可能引起基性岩 - 酸性岩混合，紧接着含 CO_2 流体，这种流体和原始的、潜在的碳酸盐性的 HCOS 流体将会有助于理解 Ernest Henry IOCG 矿床中流体的混合模型

图书在版编目（ＣＩＰ）数据

铁氧化物型铜金矿床地质地球化学特征和矿床成因／
张德贤，戴塔根，潘君庆著. --长沙：中南大学出版社，
2018.9
　　ISBN 978 - 7 - 5487 - 3364 - 5

　　Ⅰ.①铁… Ⅱ.①张… ②戴… ③潘… Ⅲ.①金属矿
床－地质地球化学－研究 ②金铜矿床－矿床成因－研究
Ⅳ.①P618.202 ②P618.201

中国版本图书馆 CIP 数据核字(2018)第 213642 号

铁氧化物型铜金矿床地质地球化学特征和矿床成因
**TIEYANGHUAWUXING TONGJIN KUANGCHUANG DIZHI DIQIU
HUAXUE TEZHENG HE KUANGCHUANG CHENGYIN**

张德贤　戴塔根　潘君庆　著

□责任编辑	伍华进	
□责任印制	易建国	
□出版发行	中南大学出版社	
	社址：长沙市麓山南路	邮编：410083
	发行科电话：0731 - 88876770	传真：0731 - 88710482
□印　　装	长沙鸿和印务有限公司	

□开　　本	710×1000　1/16　□印张 15.75　□字数 315 千字	
□版　　次	2018 年 9 月第 1 版　□2018 年 9 月第 1 次印刷	
□书　　号	ISBN 978 - 7 - 5487 - 3364 - 5	
□定　　价	110.00 元